高等学校电工电子类课程规划教材

电路分析基础学习指导

李建兵　常青美　王雪明　李　冰　编著

国防工业出版社

·北京·

内 容 简 介

　　"电路分析基础"是电子信息类专业的一门重要的专业基础课,学生需要在深刻理解基础理论知识的基础上,进行一定的练习才能较好地掌握和运用电路基本知识。本教材系统、完整地归纳了该课程的知识体系。全书共分 8 章,分别为电路的基本概念和基本定律、电路的等效变换、电路的一般分析方法、电路定理、动态电路、正弦稳态电路、耦合电感和理想变压器、双口网络。每章包括基本要求、要点·难点、基本内容、例题详解、习题答案等内容,附录提供了近年来各高校的电路课程考研题及分析解答。

　　本书可作为"电路分析基础"课程的辅助教材,在线上线下混合式教学过程中用于学生自学和练习的参考书,也可作为研究生入学考试人员和承担电路类课程教学的教师的参考书。

图书在版编目(CIP)数据

电路分析基础学习指导 / 李建兵等编著. —北京:
国防工业出版社,2024.1
　ISBN 978-7-118-13077-5

Ⅰ. ①电⋯　Ⅱ. ①李⋯　Ⅲ. ①电路分析-高等学校-
教学参考资料　Ⅳ. ①TM133

中国国家版本馆 CIP 数据核字(2023)第 236927 号

※

国防工业出版社 出版发行
(北京市海淀区紫竹院南路 23 号　邮政编码 100048)
北京富博印刷有限公司印刷
新华书店经售

*

开本 787×1092　1/16　印张 19¾　字数 453 千字
2024 年 1 月第 1 版第 1 次印刷　印数 1—1500 册　定价 88.00 元

(本书如有印装错误,我社负责调换)

国防书店:(010)88540777　　书店传真:(010)88540776
发行业务:(010)88540717　　发行传真:(010)88540762

前　言

　　"电路分析基础"是电子信息类专业学生的一门重要的专业基础课。该课程讲授电路的基本概念、基本理论和基本分析方法，注重培养学生的科学思维能力、电路分析计算能力和理论联系实际的工程观念，为后续课程的学习奠定电路知识基础。

　　当前，很多高校专业基础课的课内教学课时大量压缩，但教学要求反而更高，这就需要学生在课外花更多的时间自学和练习。另外，随着线上线下混合式教学方式逐渐普及，一本合适的学习指导书就显得非常重要。学生需要在深刻理解基础理论知识的基础上，进行一定的练习才能较好地掌握和运用电路基本知识。本教材系统、完整地归纳了该课程的知识体系，包括基本要求、要点·难点、基本内容、例题详解、习题解答等。为方便考研学生复习备考，精选了各高校的考研题，并进行了分析解答。本书可作为"电路分析基础"课程的辅助教材，在线上线下混合式教学过程中用于学生自学和练习的参考书，也可作为研究生入学考试人员和承担电路类课程教学的教师的参考书。

　　选题和解题过程体现了作者多年来的教学经验积累。例题选编时紧扣教学重点和难点，加深对基本概念的理解。习题解析时思路清晰、步骤完整、简洁明快。对一些概念性较强的典型题目，给出了不同解法，以资比较，相互验证。针对主教材《电路分析基础》（国防工业出版社出版，常青美主编）中每章习题给出详细的解题步骤、解题思路，以帮助学生理解和掌握理论知识，验证课堂学习效果，提高实际应用能力，是对主教材《电路分析基础》的补充和完善。

　　全书共分 8 章。李建兵担任主编，负责全书的组织和统稿，并编写了第 6 章，常青美编写了第 1 章、第 5 章、第 7 章和第 8 章，王雪明编写了第 2 章、第 3 章和第 4 章，李冰整理了考研题及解答部分。

　　本书中的不当之处，恳请广大读者批评指正。

编　者

2023 年 6 月

目　　录

第1章　电路的基本概念和基本定律

本章主要讲述电路的基本概念和电量在电路中遵循的基本规律。这些概念和规律是电路理论的核心内容，也是电路分析的基础和灵魂。

1.1　基本要求

（1）理解电路和电路模型的概念。

（2）深刻理解并能熟练运用电流、电压参考方向和电流、电压间关联参考方向的概念。

（3）熟练掌握基尔霍夫电流、电压定律和欧姆定律，并能灵活地运用于电路的分析计算。

（4）充分理解并掌握基本电路元件的特性，能熟练地运用这些特性来分析、计算电路。

1.2　要点·难点

（1）电流、电压的参考方向及关联参考方向。

（2）基尔霍夫定律及其应用。

（3）对电压源、电流源概念的理解和受控源在电路分析中的处理原则。

1.3　基本内容

1.3.1　电路及电路模型

1. 电路的组成和作用

电流流通的路径称为电路。电路由电源、中间环节和负载三部分组成，如图1-1所示。

电源为提供电能的设备，负载为取用电能的设备，中间环节指连接电源和负载的部分。电路按功能可分为能量传输和转换电路、信号传递和处理电路。

2. 实际电路

实际电路是人们根据不同的需要，将若干实际的电器元件（如电阻器、电容器、电感器、二极管、三极管等）和设备（如电动机、电视机、计算机、发射机、接收机等）按一定方式连

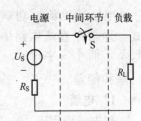

图1-1　电路的组成

接构成的电流通路。实际电路的功能取决于两个因素：一个是构成电路的电器元件的电磁特性；另一个是器件的连接方式（称为拓扑特性）。

根据实际电路的几何尺寸（d）和电路工作信号的波长（λ）的关系，将电路分为集总参数电路和分布参数电路两大类。满足 d 远小于 λ 条件的电路称为集总参数电路，其特点是电路中任意两个端点间的电压和流入任一器件端钮的电流是完全确定的。不满足 d 远小于 λ 条件的电路称为分布参数电路，其特点是电路中的电压和流入不仅是时间的函数，还与器件的尺寸和几何位置有关。

3．元件模型

实际电器元件的物理过程是相当复杂的，为了便于分析电路的主要特性和功能，对实际的电气设备和器件进行理想化、抽象化，突出其主要的电磁性能，忽略其次要特性并用规定的图形符号及相应的参数来表征，就得到了实际器件的理想化模型，称为理想元件或元件模型。表1-1中列出了几种实际器件的主要特性和元件模型。

表1-1 实际器件的元件模型

实际器件		主要物理特性	元件模型
无源器件	电阻器	消耗电能	i R $+$ u $-$
	电感器	存储磁场能	i L $+$ u $-$
	电容器	存储电场能	i C $+$ u $-$
有源器件	电压源	提供恒定电压	$+$ u_S
	电流源	提供恒定电流	i_S

4．电路模型

用一个或几个理想电路元件构成的模型来模拟实际电路，这个模型称为电路模型。电路分析都是针对电路模型进行的，所以结果只是实际电路的一种近似。

根据构成电路元件模型的不同特性，电路可分为：线性与非线性电路，时变与非时变电路，集总参数与分布参数电路。本课程主要讨论和分析线性、非时变、集总参数电路。

1.3.2 电路基本变量

电压、电流、功率和能量是电路分析的基本物理量，它们是电路功能的表示形式。通常在直流电路中，电压、电流、功率和能量分别用大写字母 U、I、P 和 W 表示，而小写字母 u、i、p 和 w 既可以表示直流，也可以表示时变的电压、电流、功率和能量。

1．电流

在电场作用下，电荷的定向移动形成电流。电流的大小可用单位时间内通过导体横截面的电荷量来计算，即 $i(t) = \dfrac{\mathrm{d}q(t)}{\mathrm{d}t}$，式中 q 是沿指定方向通过导体横截面的正电荷 q_+ 与反方向通过截面的负电荷 q_- 的绝对值之和。电荷量单位为库仑（C），时间单位为秒（s），电流单位为安培（A）。习惯上规定正电荷移动方向为电流的实际方向。

2. 电压

电路中两点间的电压是指电场力把单位正电荷从电路的一点移到另一点所做的功，即 $u(t) = \dfrac{\mathrm{d}w(t)}{\mathrm{d}q(t)}$，式中电荷单位为库仑（C），功的单位为焦耳（J），电压的单位为伏特（V）。

电压也可用电位差来表示。任选电路中某一点作为参考点，设该点电位为零，其他点相对于参考点的电压称为电位。这样电路中任意两点 a、b 间的电压可用 a 点电位与 b 点电位之差来表示。

规定电位降低的方向为电压的实际方向。其高电位端用"+"标记，称为正极性端；低电位端用"-"标记，称为负极性端。

3. 电流、电压的参考方向

电流、电压有其大小和方向，在一个复杂电路中有时很难判断电流、电压的实际方向，因此在对电路进行计算时，首先要为支路电流（或电压）假设一个方向（极性），这个假设的方向就称为电流（或电压）的参考方向（极性）。物理学中描述任何运动总要选择参考系，在电路理论中，这个参考系就是电流（或电压）的参考方向。参考方向是人为任意假定的，但是一经选定，在分析计算电路过程中不能随意更改。按参考方向计算，结果若为正值，表示实际方向与参考方向相同；若为负值，表示实际方向与参考方向相反。电流、电压的"大小"即是计算结果的绝对值。可见，任意假定的参考方向和其下的计算结果结合起来，表征了电流和电压的大小和实际方向。

4. 电流、电压的关联参考方向

电流、电压的参考方向均可任意假设，两者互不相关。但为了分析电路方便起见，常常把某一元件或一段电路上电流与电压的参考方向取为一致，称为关联参考方向，简称为关联方向，如图 1-2（a）所示；否则二者参考方向相反，称为非关联参考方向，简称为非关联方向，如图 1-2（b）所示。

图 1-2　电流、电压的关联参考方向和非关联参考方向

5. 功率和能量

电场力在单位时间内所做的功称为电功率，简称为功率，单位为瓦（W）。即

$$p(t) = \frac{\mathrm{d}w(t)}{\mathrm{d}t} \tag{1-1}$$

若一个元件（或电路）上，电压 u 和电流 i 具有关联参考方向，则该元件（或电路）吸收的功率为 $p = ui$；若一个元件（或电路）上，电压 u 和电流 i 具有非关联参考方向，则该元件（或电路）吸收的功率为 $p = -ui$。

初学者必须注意，按以上公式计算的功率只有当结果 $p>0$ 时，才表示元件确实吸收功率；而当 $p<0$ 时，则表示元件产生功率。元件（或电路）上产生功率与吸收功率的关系为 $p_{产生}=-p_{吸收}$。

能量是功率对时间的积分，单位为焦耳（J），即

$$W(t)=\int_{-\infty}^{t}p(\xi)\mathrm{d}\xi \tag{1-2}$$

一个二端元件（或电路），如果对所有的时刻 t 都有 $W(t)=\int_{-\infty}^{t}p(\xi)\mathrm{d}\xi\geqslant 0$，则称该元件（或电路）是无源的，否则称为有源的。

1.3.3 电阻电路中的常用元件

1. 线性非时变电阻元件

1）电阻的电路符号和伏安关系

理想电阻元件，简称电阻，它是消耗电能器件的理想化模型。其元件模型和伏安关系如图 1-3 所示。

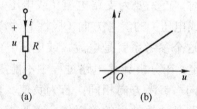

图 1-3 电阻元件的符号和伏安关系

2）欧姆定律

欧姆定律描述了线性非时变电阻元件的伏安特性。设 u 和 i 分别为电阻元件上的电压和电流，则欧姆定律为

$$u=\pm Ri \tag{1-3}$$

或

$$i=\pm\frac{1}{R}u=\pm Gu \tag{1-4}$$

当 u 和 i 为关联参考方向时取正号，反之 u 和 i 为非关联参考方向时取负号。R 和 G 是电阻元件的电阻和电导参数，单位分别为欧姆（Ω）和西门子（S）。

3）电阻的功率

电阻元件上吸收的功率为

$$p=\pm ui=Ri^2=Gu^2 \tag{1-5}$$

式中，当 u 和 i 为关联方向时取正号，为非关联方向时取负号。

当 $R>0$（或 $G>0$）时，总有 $p\geqslant 0$，表明正电阻总是吸收功率，不可能产生功率。当 $R<0$（或 $G<0$）时，总有 $p\leqslant 0$，表明负电阻可以产生功率。各种实际电阻器总是消耗功率，不可能产生功率。但是利用某些电子器件（例如运算放大器等）构成的电子

4

线路可以实现负电阻，负电阻可以提供能量，它所提供的能量来自电子电路工作时所需的电源。

4）电阻的能量

在 t 时刻电阻 R 上吸收的能量为

$$w(t) = \int_{-\infty}^{t} p(\xi)\mathrm{d}\xi \qquad\qquad (1\text{-}6)$$

5）线性非时变电阻元件的特性

线性非时变电阻元件具有以下特性：无记忆性、耗能性、无源性。

2. 独立源——电压源和电流源

电压源和电流源都是有源元件，能独立地给电路提供能量。它们都是实际电源的理想化模型，也称为理想电压源和理想电流源。其定义、模型符号、伏安关系和主要特性如表 1-2 所示。

表 1-2 电压源和电流源定义、模型符号、伏安关系和主要特性

类型	电压源	电流源
定义	能独立向外电路提供规定的电压，而与流过的电流无关的二端元件	能独立向外电路提供规定的电流，而与端电压无关的二端元件
模型符号	$+ \quad u_S$	i_S
$u-i$ 关系		
主要特性	任意时刻 t $\begin{cases} u = u_S(t) \\ i = \text{任意值} \end{cases}$	任意时刻 t $\begin{cases} i = i_S(t) \\ u = \text{任意值} \end{cases}$

3. 受控源

受控源一般出现在电子器件（晶体三极管、场效应管、运算放大器等）的等效模型中。受控源也是一种电源元件，其输出电压或电流受电路中其他支路的电压或电流的控制。受控源是一种四端元件，由两条支路构成，一条为控制支路，另一条为被控制支路，被控制支路的电压或电流由控制支路的电压或电流控制。其分类比较如表 1-3 所示。

表 1-3 受控源的分类比较

名称	电压控制电压源	电压控制电流源	电流控制电压源	电流控制电流源
代号	VCVS	VCCS	CCVS	CCCS
模型符号	μu_1	$g u_1$	$r i_1$	βi_1
控制量	u_1	u_1	i_1	i_1

名称	电压控制电压源	电压控制电流源	电流控制电压源	电流控制电流源
被控量	u_2	i_2	u_2	i_2
u-i 关系	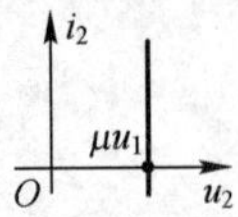	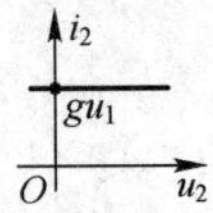	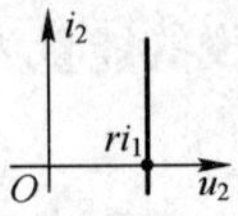	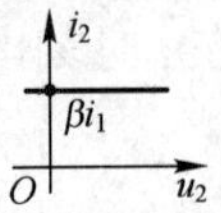
主要特性	任意时刻 t $\begin{cases} u_2 = \mu u_1 \\ i_2 = \text{任意值} \end{cases}$	任意时刻 t $\begin{cases} i_2 = g u_1 \\ u_2 = \text{任意值} \end{cases}$	任意时刻 t $\begin{cases} u_2 = r i_1 \\ i_2 = \text{任意值} \end{cases}$	任意时刻 t $\begin{cases} i_2 = \beta i_1 \\ u_2 = \text{任意值} \end{cases}$

4. 独立源与受控源的区别

实际应用时，应注意独立源与受控源的区别：

（1）独立电压源的输出电压和独立电流源的输出电流是由电源本身的特性决定的，与外电路无关。而受控电压源的输出电压和受控电流源的输出电流的大小和方向，受其控制支路上的电流或电压的控制。

（2）独立源在电路中代表外界对电路的输入或激励，对电路提供能量，即对电路起激励作用。而受控源则主要表征电路内部某处的电流或电压对另一处电流或电压的控制关系，是某些电子器件的电路模型，对电路不起激励作用，即受控源单独作用于电路时不会产生电流、电压。

1.3.4 基尔霍夫定律

1. 有关术语

支路：一个二端元件或若干二端元件的串联称为支路。

节点：支路的连接点称为节点。

回路：由支路构成的闭合路径称为回路。

网孔：若回路的内部区域没有任何的支路和节点，则这样的回路称为网孔。网孔一定是回路，但回路不一定是网孔。

电路图：由支路和节点构成的集合称为电路图，支路是电路的基石，支路电流、支路电压、支路功率是电路分析与求解的基本对象。

2. 基尔霍夫电流定律（KCL）

KCL 描述了电路中与任一节点关联的各支路电流之间的约束关系。它有两种数学描述：

（1）任一集总参数电路，在任意时刻，流出任一节点的支路电流之和恒等于流入该节点的支路电流之和，即

$$\sum i_{出} = \sum i_{入} \tag{1-7}$$

（2）任一集总参数电路，在任意时刻，流入任一节点的支路电流的代数和（流入取正，流出取负，或反之）恒等于零，即

$$\sum_{k=1}^{n} i_k = 0 \tag{1-8}$$

式中，n 为与节点相接的支路数。

基尔霍夫电流定律可以推广到任一假想平面，也称为广义基尔霍夫电流定律：任一集总参数电路中，在任意时刻，流入任一封闭曲面的支路电流的代数和恒等于零，即

$$\sum_{k=1}^{n} i_k = 0 \qquad (1\text{-}9)$$

注意：KCL 仅仅涉及与节点关联的支路电流，至于支路上具体是什么元件，并未加以任何限制，即 KCL 与电路元件的性质无关。KCL 是电荷守恒定律在电路中的反映。

3. 基尔霍夫电压定律（KVL）

KVL 描述了电路的任一回路中各支路电压之间的约束关系。

数学描述：任一集总参数电路的任一回路，在任意时刻，按一定绕行方向上的支路电压代数和恒等于零，即

$$\sum_{k=1}^{n} u_k = 0 \qquad (1\text{-}10)$$

式中，n 为回路中包含的支路数。列写方程时，若电压的参考方向与回路的绕行方向一致，则该电压前取"+"号，否则取"–"号。

广义基尔霍夫电压定律表述为：任一集总参数电路的任一假想回路（也称广义或虚拟回路）中，在任意时刻，按一定绕行方向各段电压降的代数和恒等于零，即

$$\sum_{k=1}^{n} u_k = 0 \qquad (1\text{-}11)$$

注意：KVL 也与电路元件的性质无关。物理上 KVL 是能量守恒定律在电路中的反映。基尔霍夫定律（KCL 和 KVL）和电路元件的伏安特性是电路分析的基本依据。

1.4 例 题 详 解

例 1-1 图 1-4 中，已知电流 $I = -5\,\text{A}$，$R = 10\,\Omega$。试求电压 U，并标出电压的实际方向。

分析：当电阻两端电压 U 的参考方向与流过该电阻中的电流参考方向一致时，则电压 $U = RI$；相反时，$U = -RI$。

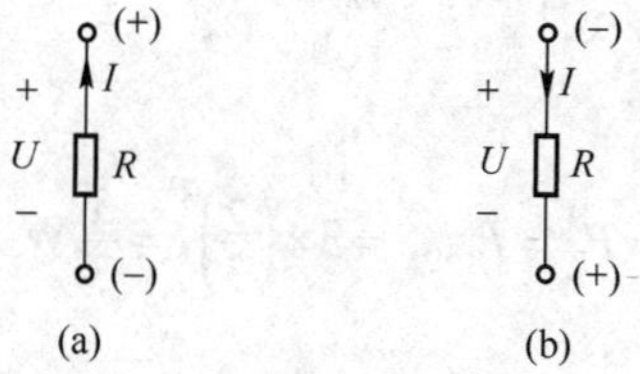

图 1-4 例 1-1 图

解：图（a）中，U 与 I 参考方向相反（非关联），则

$$U = -IR = -(-5) \times 10 = 50\,\text{V}$$

由于 $U>0$，所以电压 U 的实际方向与参考方向相同，如图中"(+)""(-)"所示。

图（b）中，U 与 I 参考方向相同（关联），则

$$U = IR = (-5) \times 10 = -50 \text{ V}$$

由于 $U<0$，所以电压 U 的实际方向与参考方向相反，如图中"(-)""(+)"所示。

评注： 电流的参考方向的选取是任意的，所选的参考方向并不一定与电流的实际方向一致，在电流参考方向选定之后，电流才有正负之分。在图（a）中，$U = -IR$，公式中有一个负号，而代入 $I = -5\text{A}$ 时，又出现一个负号，这两套符号代表的意义不一样，千万不能混淆。

例 1-2 图 1-5（a）、（b）和（c）所示各电路中，已知 $U_S = 2 \text{ V}$，$I_S = 1 \text{ A}$，$R_1 = 3 \Omega$，$R_2 = 1 \Omega$。试求各电阻消耗的功率及各电源产生的功率。

分析： 计算电路时，应标出各待求元件（或支路）中电压、电流的参考方向，如图 1-5（d）、（e）和（f）所示。根据元件（或支路）参考方向的关联关系确定待求量。一般情况下，参考方向可直接标在原电路图中，不必另画出电路图。

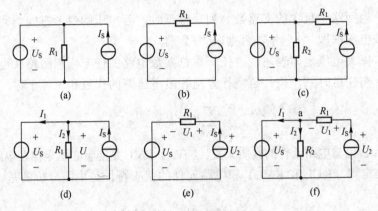

图 1-5　例 1-2 图

解：（1）图 1-5（d）中，由于电压源与电阻和电流源并联，则 $U = U_S = 2 \text{ V}$，则

$$I_2 = \frac{U}{R_1} = \frac{2}{3} \text{ A}$$

根据 KCL 得

$$I_1 = I_S - I_2 = 1 - \frac{2}{3} = \frac{1}{3} \text{ A}$$

电阻 R_1 消耗功率为

$$P_R = R_1 I_2{}^2 = 3 \times \left(\frac{2}{3}\right)^2 = \frac{4}{3} \text{ W}$$

电压源 U_S 的功率为

$$P_{U_S} = U_S I_1 = 2 \times \frac{1}{3} = \frac{2}{3} \text{ W}$$

即 U_S 产生功率为 $-\frac{2}{3} \text{ W}$。

电流源 I_S 的功率为

$$P_{I_S} = -UI_S = -2 \times 1 = -2 \text{ W}$$

即电流源 I_S 产生功率为2W。

（2）图 1-5（e）中，由于电流源与电阻、电压源串联，回路中电流为 $I_S = 1 \text{ A}$，则

$$U_1 = R_1 I_S = 3 \times 1 = 3 \text{ V}$$

$$U_2 = U_1 + U_S = 3 + 2 = 5 \text{ V}$$

故电阻 R_1 消耗功率为

$$P_{R_1} = U_1 I_S = 3 \times 1 = 3 \text{ W}$$

电压源 U_S 产生的功率为（对电源可以直接计算产生功率，但需说明）

$$P_{U_S} = -U_S I_S = -2 \times 1 = -2 \text{ W}$$

电流源 I_S 产生的功率为

$$P_{I_S} = U_2 I_S = 5 \times 1 = 5 \text{ W}$$

（3）图 1-5（f）中，由电阻伏安关系得到

$$U_1 = R_1 I_S = 3 \times 1 = 3 \text{ V}$$

$$I_2 = \frac{U_S}{R_2} = \frac{2}{1} = 2 \text{ A}$$

由节点 a 的 KCL 得

$$I_1 = I_S - I_2 = 1 - 2 = -1 \text{ A}$$

由 KVL 得

$$U_2 = U_1 + U_S = 3 + 2 = 5 \text{ V}$$

故电阻 R_1 消耗功率为

$$P_{R_1} = U_1 I_S = 3 \times 1 = 3 \text{W}$$

电阻 R_2 消耗功率为

$$P_{R_2} = U_S I_2 = 2 \times 2 = 4 \text{ W}$$

电压源 U_S 产生的功率为

$$P_{U_S} = -U_S I_1 = -2 \times (-1) = 2 \text{ W}$$

电流源 I_S 产生的功率为

$$P_{I_S} = U_2 I_S = 5 \times 1 = 5 \text{ W}$$

评注：值得注意的是，电路中的电源元件并不一定都起电源的作用，有的电源在电路中可能起负载作用。图（a）、（b）中电压源 U_S 分别在电路中起负载的作用，即该电源在电路中不是产生功率，而是从电路中吸收功率。电源与负载的判别方法有两种：

（1）根据电压与电流的实际方向判定：

电源 U 和 I 实际方向相反，电流从"+"流出，发出功率；

负载 U 和 I 实际方向相同，电流从"+"流入，取用功率。

（2）根据实际功率判定：

若电压、电流参考方向一致，则

电源 $P = UI < 0$；

负载 $P = UI > 0$。

若电压、电流参考方向相反，则

电源 $P = -UI < 0$；

负载 $P = -UI > 0$。

例 1-3　在图 1-6 中，1A 电流源发出功率 $50\,\mathrm{W}$，求 I_0。

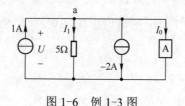

图 1-6　例 1-3 图

分析：因为元件 A 未知，所以求 I_0 不能应用元件伏安关系，只能应用 KCL。

解：设 1A 电流源电压为 U，则

$$U = \frac{50}{1} = 50\,\mathrm{V}$$

所以

$$I_1 = \frac{U}{5} = \frac{50}{5} = 10\,\mathrm{A}$$

对节点 a 应用 KCL 得

$$-1 + I_1 + (-2) + I_0 = 0$$

得到 $I_0 = -7\,\mathrm{A}$。

例 1-4　在图 1-7 所示电路中，已知 $R_1 = 10\,\Omega$，$R_2 = 5\,\Omega$，$R_3 = 4\,\Omega$，$U_S = 3\,\mathrm{V}$，其他各电流如图所示。试求电路中电流 I_x 和电压 U_{ab}。

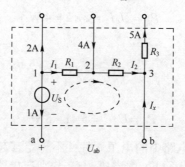

图 1-7　例 1-4 图

分析：图示电路应用 KCL 和 KVL 可分别求出 I_x 和 U_{ab}。因为 KCL 可推广到一个封闭面（亦称广义节点），KVL 可推广到一个虚拟回路（亦称广义回路），使计算简化。

解：（1）求电流 I_x。根据 KCL 得

节点 1　　　　$I_1 = -(1+2) = -3\,\mathrm{A}$

节点 2　　　　$I_2 = I_1 + 4 = -3 + 4 = 1\,\mathrm{A}$

节点 3　　　　$I_x = 5 - I_2 = 5 - 1 = 4\,\mathrm{A}$

也可以取广义节点（方形虚线封闭面），根据 KCL 直接得

$$I_x = 1 + 2 - 4 + 5 = 4\,\mathrm{A}$$

（2）求电压 U_{ab}。将 a、b 两端点间设想有一条虚拟支路，该支路端电压为 U_{ab}。这样构成一个虚拟回路，应用 KVL 有

$$R_1 I_1 + R_2 I_2 - U_{ab} = U_S$$

所以

$$U_{ab} = R_1 I_1 + R_2 I_2 - U_S = 10 \times (-3) + 5 \times 1 - 3 = -28\,\mathrm{V}$$

例 1-5　求图 1-8 所示电路中的电压 U。

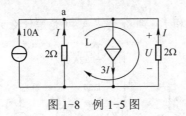

图 1-8　例 1-5 图

分析：可以应用 KVL 或欧姆定律求电阻元件两端的电压。由于电路中含有受控源，此时必须将受控源当作独立电源看待。

解：**方法 1**：先求电阻元件的电流 I，然后应用欧姆定律求 U。两个 $2\,\Omega$ 电阻并联，其电流如图 1-8 所示，故

$$10 + I + I - 3I = 0$$

得 $I = 10\,\mathrm{A}$。

由于右边 $2\,\Omega$ 电阻的电压、电流为非关联参考方向，则由欧姆定律得到

$$U = -2I = -2 \times 10 = -20\,\mathrm{V}$$

方法 2：应用 KVL 求 U。对节点 a 应用 KCL，得到

$$10 + I - 3I - \frac{U}{2} = 0 \qquad\qquad (1)$$

对回路 L 应用 KVL，得到

$$U + 2I = 0 \qquad\qquad (2)$$

联立（1）、（2）方程，求解得 $U = -20\,\mathrm{V}$。

例 1-6　已知图 1-9 所示电路中，$U_{ab} = 2\,\mathrm{V}$，求 R。

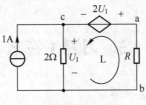

图 1-9　例 1-6 图

分析：求电阻的参数必须用欧姆定律。同时电路中受控源当作独立源看待。

解：对回路 L 应用 KVL，得到

$$2U_1 + U_1 - U_{ab} = 0$$

所以 $U_1 = \dfrac{2}{3}$ V。

对节点 c 应用 KCL，得到

$$1 - \frac{U_1}{2} - I_{ab} = 0$$

即

$$I_{ab} = 1 - \frac{U_1}{2} = \frac{2}{3} A$$

应用欧姆定律，得到

$$R = \frac{U_{ab}}{I_{ab}} = \frac{2}{2/3} = 3\ \Omega$$

例 1-7　图 1-10 中求 U 和 I，判断元件 A 可能是什么元件？

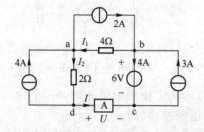

图 1-10　例 1-7 图

分析：根据电路结构，要求 U、I 需应用 KCL、KVL 和欧姆定律，同时根据 U、I 之值和 U、I 的参考方向可确定元件 A 的性质。

解：对节点 c 应用 KCL

$$I = 3 - 4 = -1\,\text{A}$$

对节点 b 应用 KCL

$$I_1 = 2 + 3 - 4 = 1\,\text{A}$$

对节点 d 应用 KCL

$$I_2 = 4 + I = 3\,\text{A}$$

所以

$$U = 6 - 4I_1 - 2I_2 = 6 - 4\times1 - 2\times3 = -4\,\text{V}$$

根据 U、I 参考方向和取值正负分析，元件 A 可能是 4V 独立电压源，或者是 1A 独立电流源。

1.5　习题 1 答案

1-1　习题 1-1 图所示为一段导体。

（1）若已知通过导体横截面的电荷 $q(t) = 5t^2$ (C)，试求电流 $i(t)$ 的表达式，并求

$t_1 = -1\text{s}$ 和 $t_2 = 1\text{s}$ 时的电流 $i(t_1)$ 和 $i(t_2)$；

（2）若已知电流 $i(t) = \text{e}^{-t}\ (\text{A})\ (t > 0)$，试求流过导体横截面的电荷 $q(t)$ 的表达式，并求 0 到 1s 期间流过横截面的总电荷量。

解：（1）图中电流与电荷量为关联参考方向，电流 $i(t)$ 的表达式为

$$i(t) = \frac{\text{d}q}{\text{d}t} = 10t\ (\text{A})$$

$t = -1\text{s}$ 时，电流 $i(t_1) = 10 \times (-1) = -10\text{A}$；

$t_2 = 1\text{s}$ 时电流 $i(t_2) = 10 \times 1 = 10\text{A}$。

（2）电荷 $q(t)$ 的表达式为

$$q(t) = \int_0^t \text{e}^{-t}\text{d}t = -\text{e}^{-t}\Big|_0^t = 1 - \text{e}^{-t}\ (\text{C})$$

0 到 1s 期间流过横截面的总电荷量为 $q(1) = 1 - \text{e}^{-1} = 0.632\text{C}$。

1-2 习题 1-2 图中 A 与 B 为两个二端元件。

（1）u、i 的参考方向对 A 和对 B 是否关联？

（2）如果 $u > 0$，$i < 0$，A 和 B 元件实际吸收还是发出功率？

解：（1）u、i 的参考方向对 A 是非关联参考方向，u、i 的参考方向对 B 是关联参考方向；

（2）因为 u、i 的参考方向对 A 是非关联参考方向，其功率为 $p_A = -ui$，如果 $u > 0$、$i < 0$，则 $p > 0$，表明 A 元件实际吸收功率。

因为 u、i 的参考方向对 B 是关联参考方向，所以功率 $p_B = ui$，如果 $u > 0$、$i < 0$，则 $p < 0$，表明 B 元件实际发出功率。

1-3 计算习题 1-3 图所示电路中各元件的功率，并验证是否满足功率平衡。

解：

$$P_A = -10 \times 5 = -50\text{W}$$

$$P_B = 10 \times 1 = 10\text{W}$$

$$P_C = 6 \times 4 = 24\text{W}$$

$$P_D = 4 \times 4 = 16\text{W}$$

$$P_A + P_B + P_C + P_D = 0$$

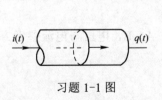

习题 1-1 图

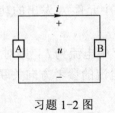

习题 1-2 图

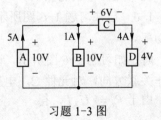

习题 1-3 图

1-4 某二端元件的电压、电流取关联参考方向，试求下列两种情况下该二端元件的功率。

（1）$u = 220\cos(100\pi t)\ (\text{V})$，$i = 2\cos(100\pi t)\ (\text{A})$；

（2）$u = 220\cos(100\pi t)\ (\text{V})$，$i = 2\sin(100\pi t)\ (\text{A})$。

解：（1）因为 u、i 关联，所以功率为

$$p = ui = 220\cos(100\pi t) \cdot 2\cos(100\pi t)$$
$$= 440\cos^2(100\pi t)$$
$$= 220[1 + \cos(200\pi t)] \, (\text{W})$$

（2）因为 u、i 关联，所以功率为

$$p = ui = 220\cos(100\pi t) \cdot 2\sin(100\pi t) = 220\sin(200\pi t) \, (\text{W})$$

1-5 某元件的电压、电流在关联参考方向下的波形如习题 1-5 图（a）和（b）所示，试绘出该元件功率 p 的波形，并分别计算 0 到 1s 和 1s 到 2s 期间该元件吸收的能量。

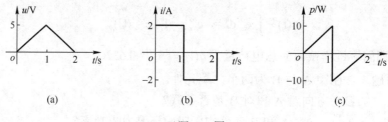

(a)   (b)   (c)

习题 1-5 图

解：当 $0 \leqslant t < 1$ 时，$u = 5t$，$i = 2$，功率 $p(t) = ui = 10t(\text{W})$；

当 $1 \leqslant t < 2$ 时，$u = 10 - 5t$，$i = -2\text{A}$，功率 $p(t) = ui = -2 \times (10 - 5t) = 10t - 20 \, (\text{W})$；

当 $t \geqslant 2\text{s}$ 时，功率 $p(t) = 0$。波形如图习题 1-5 图（c）所示。

0 到 1s 期间该元件吸收的能量为

$$W_1 = \int_0^1 p \, \mathrm{d}t = \int_0^1 10t \, \mathrm{d}t = 5t^2 \Big|_0^1 = 5 \, \text{J}$$

说明元件吸收能量 5J。

1s 到 2s 期间该元件吸收的能量

$$W_2 = \int_1^2 p \, \mathrm{d}t = \int_1^2 (10t - 20) \, \mathrm{d}t = 5t^2 \Big|_1^2 - 20t \Big|_1^2$$
$$= 5 \times (2^2 - 1^2) - 20 \times (2 - 1) = -5 \, \text{J}$$

说明元件释放能量 5J。

1-6 已知习题 1-6 图所示电路中元件 A 发出的功率为 36W，试求元件 B、C 吸收的功率。

解：如习题 1-6 图所示，设电路中电流为 I，则对元件 A、B，电压与电流参考方向为非关联方向，对元件 C，电压与电流的参考方向关联。

由于 $P_A = -U_A I$，得

$$I = -\frac{P_A}{U_A} = -\frac{-36}{12} = 3 \, \text{A}$$

则 B、C 两元件吸收功率分别为

$$P_B = -U_B I = -4 \times 3 = -12 \, \text{W}$$
$$P_C = U_C I = (U_A + U_B)I = (12 + 4) \times 3 = 48 \, \text{W}$$

1-7 已知习题 1-7 图所示电路中元件 A 发出的功率为36W，试求元件 B、C 吸收的功率。

解：如习题 1-7 图所示，设电路中电压为 U，则元件 A、B 电压与电流参考方向非关联，元件 C 电压与电流的参考方向关联。

由 $P_A = -U_A I$，得

$$U_A = -\frac{P_A}{I} = -\frac{-36}{2} = 18\text{V}$$

$$P_B = -U_B I = -18 \times 1 = -18\text{W}$$

$$P_C = U I_C = U(I_A + I_B) = (1+2) \times 18 = 54\text{W}$$

 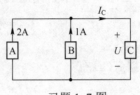

习题 1-6 图   习题 1-7 图

1-8 试求习题 1-8 图所示电路中的 I_1，I_2，I_3。

解：图中对于节点 a，据 KCL 有

$$4 - 1 - I_1 - 2 = 0$$

得 $I_1 = 1\text{A}$。

对于封闭面 S，据 KCL 有

$$4 - 1 - I_3 = 0$$

得 $I_3 = 3\text{A}$。

对于节点 c，据 KCL 有

$$I_2 + (-1) - (-1) - I_3 = 0$$

得 $I_2 = 3\text{A}$。

1-9 试求习题 1-9 图所示电路中的 U_1，U_2，U_3。

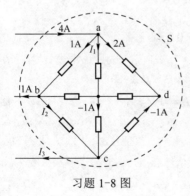

习题 1-8 图   习题 1-9 图

解：对于回路 abda，据 KVL 有

$$U_1 + 18 - 15 = 0$$

15

得 $U_1 = -3\text{V}$ 。

对于回路 abca，据 KVL 有

$$U_1 + U_2 - 6 = 0$$

得 $U_2 = 9\text{V}$ 。

对于回路 acda，据 KVL 有

$$6 + U_3 - 15 = 0$$

得 $U_3 = 9\text{V}$ 。

1-10 求习题 1-10 图所示电路中的 I ，I_1 ，I_2 ，I_3 。

解：习题 1-10 图中，对于封闭面 S，据 KCL 有

$$2 + 4 - 5 - I = 0$$

得 $I = 1\text{A}$ 。

对于节点 b，据 KCL 有

$$I_2 + I_3 - 5 - I = 0$$

即

$$I_2 + I_3 - 6 = 0 \qquad\qquad ①$$

对于节点 a，据 KCL 有

$$2 - I_1 - I_2 = 0 \qquad\qquad ②$$

对于回路 abca，据 KVL 有

$$I_1 R + I_3 R - I_2 R = 0 \qquad\qquad ③$$

联立式①、式②和式③，求解得 $I_1 = -\dfrac{2}{3}\text{A}$ ，$I_2 = \dfrac{8}{3}\text{A}$ ，$I_3 = \dfrac{10}{3}\text{A}$ 。

1-11 求习题 1-11 图所示电路中的 I ，U_S 及 R 。

解：图中，对于封闭面 S，据 KCL 有

$$8 - 6 - I = 0$$

得 $I = 2\text{A}$ 。

对于节点 b，据 KCL 有

$$6 - I_1 - 3 = 0$$

得 $I_1 = 3\text{A}$ 。

对于回路 abca，据 KVL 有

$$U_\text{S} + 6 \times 3 + 6I_1 = 0$$

得 $U_\text{S} = -36\text{V}$ 。

对于节点 d，据 KCL 有

$$3 - I_2 - I = 0$$

得 $I_2 = 1\text{A}$ 。

对于回路 adca，据 KVL 有

$$U_\text{S} + 6 \times 3 + 3 \times 1 + RI_2 = 0$$

得 $R = 15\,\Omega$ 。

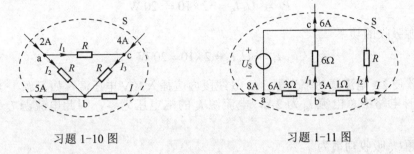

习题 1-10 图　　　　　　习题 1-11 图

1-12　习题 1-12 图（a）中电阻 $R = 5\text{k}\Omega$ ，其电流 i 的波形如习题 1-12 图（b）所示。

（1）写出电阻电压 u 的表达式；

（2）求电阻吸收的功率；

（3）求电阻吸收的总能量。

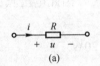
(a)

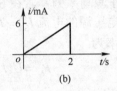
(b)

习题 1-12 图

解：（1）电流 i 的表达式为 $i = 3t(\text{mA})$ $(0 \leqslant t \leqslant 2\text{s})$ ，则电阻电压 u 的表达式为

$$u = Ri = 5000 \times 3t \times 10^{-3} = 15t(\text{V}) \qquad (0 \leqslant t \leqslant 2\text{s})$$

（2）电阻吸收的功率为

$$p = ui = 15t \cdot 3t \times 10^{-3} = 45t^2(\text{mW}) \qquad (0 \leqslant t \leqslant 2\text{s})$$

（3）电阻吸收的总能量为

$$W = \int_0^2 p\,\mathrm{d}t = \int_0^2 45 \times 10^{-3} t^2 \mathrm{d}t = \frac{1}{3} \times 45 \times 10^{-3} t^3 \Big|_0^2$$

$$= 120 \times 10^{-3} \text{J} = 120\text{mJ}$$

1-13　习题 1-13 图（a）所示电路中 $I_S = 2\text{A}$ ， $U_S = 10\text{V}$ 。

（1）求电流源和电压源吸收的功率；

（2）欲使 2A 电流源功率为零，在 a、b 之间应插入何种元件？此时各元件的功率如何？

（3）欲使 10V 电压源的功率为零，在 b、c 间并入何种元件？此时各元件的功率又如何？

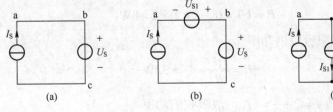
(a)　　　　　　(b)　　　　　　(c)

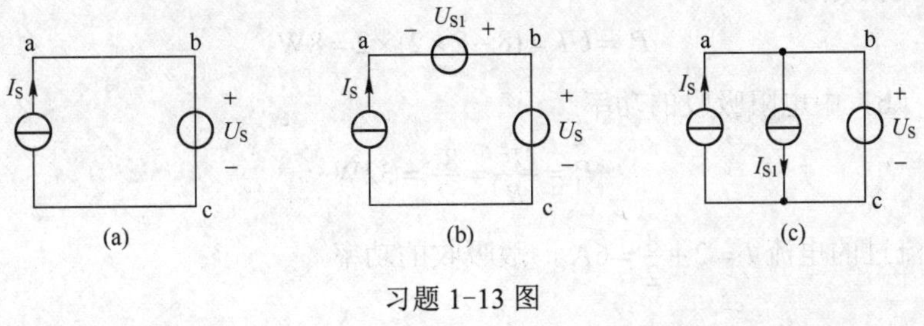

习题 1-13 图

解：（1）电流源吸收的功率

$$P_{I_{\rm S}} = -U_{\rm S}I_{\rm S} = -2\times10 = -20\ {\rm W}$$

电压源吸收的功率

$$P_{U_{\rm S}} = U_{\rm S}I_{\rm S} = 2\times10 = 20\ {\rm W}$$

（2）欲使2A电流源功率为零，a、b线段内应插入10V电压源，如习题1-13图（b）所示。此时电路中总电流 $I_{\rm S}$ 为2A，电流源 $I_{\rm S}$ 的端电压为零，因此电流源 $I_{\rm S}$ 发出功率为零。

电压源 $U_{\rm S}$ 吸收功率为

$$P_{U_{\rm S}} = U_{\rm S}I_{\rm S} = 10\times2 = 20{\rm W}$$

电压源 $U_{\rm S1}$ 发出功率

$$P_{U_{\rm S1}} = U_{\rm S1}I_{\rm S} = 10\times2 = 20{\rm W}$$

（3）欲使10V电压源功率为零，在b、c间并入2A电流源，如习题1-13图（c）所示。此时电路中流过电压源的电流 $I_{\rm S2} = I_{\rm S} - I_{\rm S1} = 0\ {\rm A}$，因此电压源 $U_{\rm S}$ 吸收功率为零。

电流源 $I_{\rm S}$ 发出功率为

$$P_{I_{\rm S}} = U_{\rm S}I_{\rm S} = 10\times2 = 20{\rm W}$$

电流源 $I_{\rm S1}$ 吸收功率为

$$P_{I_{\rm S1}} = U_{\rm S}I_{\rm S1} = 10\times2 = 20{\rm W}$$

1-14　求习题1-14图（a）和（b）所示两电路中各元件吸收的功率。

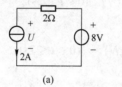 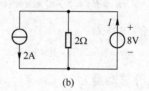

(a)　　　　　　　　　(b)

习题1-14图

解：（1）图（a）中电阻吸收的功率

$$P_1 = I^2R = 2^2\times2 = 8{\rm W}$$

电压源吸收的功率

$$P_2 = -8\times2 = -16{\rm W}$$

电流源吸收的功率

$$P_3 = UI = (8-2\times2)\times2 = 8{\rm W}$$

（2）图（b）中电阻吸收的功率

$$P_1 = \frac{U^2}{R} = \frac{8^2}{2} = 32{\rm W}$$

电压源流过的电流 $I = 2 + \dfrac{8}{2} = 6{\rm A}$，故吸收的功率

$$P_2 = -8 \times 6 = -48\text{W}$$

电流源吸收的功率

$$P_3 = UI = 8 \times 2 = 16\text{W}$$

1-15 求习题 1-15 图（a）和（b）所示两电路中的 U。

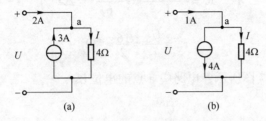

习题 1-15 图

解：（1）图（a）中对于节点 a，据 KCL 有 $I - 2 - 3 = 0$，得 $I = 5\text{A}$。所以

$$U = IR = 5 \times 4 = 20\text{V}$$

（2）图（b）中对于节点 a，据 KCL 有 $I + 4 - 1 = 0$，得 $I = -3\text{A}$。所以

$$U = IR = -3 \times 4 = -12\text{V}$$

1-16 习题 1-16 图所示电路中已知 $U_a = 28\text{V}$，$U_b = 16\text{V}$，$U_c = 36\text{V}$，试求 I_1、I_2、R_1 和 R_2。

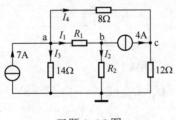

习题 1-16 图

解： 由电阻元件伏安关系得到

$$I_3 = \frac{U_a}{14} = \frac{28}{14} = 2\text{A}$$

$$I_4 = \frac{U_a - U_c}{8} = \frac{28 - 36}{8} = -1\text{A}$$

对于节点 a，据 KCL 有

$$7 - I_3 - I_1 - I_4 = 0$$

得

$$I_1 = 7 - I_3 - I_4 = 7 - 2 - (-1) = 6\text{A}$$

对于节点 b，据 KCL 有

$$I_1 - I_2 - 4 = 0$$

得

$$I_2 = I_1 - 4 = 6 - 4 = 2\text{A}$$

由电阻的伏安关系，得到

$$R_1 = \frac{U_\text{a} - U_\text{b}}{I_1} = \frac{28 - 16}{6} = 2\Omega$$

$$R_2 = \frac{U_\text{b}}{I_2} = \frac{16}{2} = 8\Omega$$

1-17　求习题 1-17 图所示各电路中 a 点的电位 U_a。

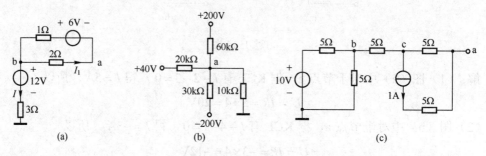

习题 1-17 图

解：（1）图（a）中由于 $I = 0$，所以

$$I_1 = \frac{6}{1+2} = 2\text{A}$$

$$U_\text{ba} = 2I_1 = 2 \times 2 = 4\text{V}$$

b 点电位 $U_\text{b} = 12\text{V}$，所以 a 点电位为

$$U_\text{a} = U_\text{ab} + U_\text{b} = -4 + 12 = 8\text{V}$$

（2）图（b）中对于节点 a，据 KCL 有

$$\frac{40 - U_\text{a}}{20} + \frac{200 - U_\text{a}}{60} + \frac{0 - U_\text{a}}{10} + \frac{-200 - U_\text{a}}{30} = 0$$

得 a 点电位 $U_\text{a} = -\dfrac{20}{3}\text{V}$。

（3）图（c）中 b 点电位为

$$U_\text{b} = 10 \times \frac{5}{5+5} = 5\text{V}$$

$$U_\text{bc} = 0\text{V}$$

$$U_\text{ac} = 1 \times 5 = 5\text{V}$$

a 点电位为

$$U_\text{a} = U_\text{ac} + U_\text{cb} + U_\text{b} = 5 + 0 + 5 = 10\text{V}$$

1-18　求习题 1-18 图（a）和（b）所示两电路中的电流 I。

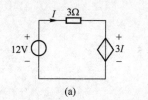 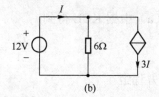

习题 1-18 图

解：（1）图（a）中，据 KVL 有

$$12 - 3I - 3I = 0$$

得 $I = 2\text{A}$。

（2）图（b）中根据 KCL 有

$$I - \frac{12}{6} - 3I = 0$$

得 $I = -1\text{A}$。

1-19　求习题 1-19 图（a）中的 I 及 U_S 和习题 1-19 图（b）中的 U_{ab}。

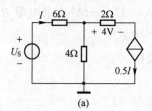 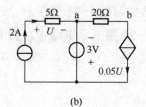

习题 1-19 图

解：（1）图（a）中由于

$$2 \times 0.5I = 4$$

得 $I = 4\text{A}$。

据 KVL 有

$$U_\text{S} = 6I + 4(I - 0.5I) = 8I = 8 \times 4 = 32\text{V}$$

（2）图（b）中由于

$$U = 2 \times 5 = 10\text{V}$$

所以

$$U_{\text{ab}} = 20 \times 0.05U = 10\text{V}$$

1-20　（1）求习题 1-20 图（a）所示电路中的 I 及 U_S；

（2）求习题 1-20 图（b）所示电路中的 I。

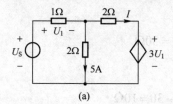 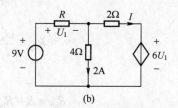

习题 1-20 图

解：（1）图（a）中据 KCL 得到

$$\frac{U_1}{1} = I + 5$$

由 KVL 得到方程组

$$\begin{cases} U_1 + 2 \times 5 = U_S \\ 2I + 3U_1 = 10 \end{cases}$$

解得 $I = -1\text{A}$，$U_S = 14\text{V}$。

（2）图（b）所示电路中，对于左边回路据 KVL 有

$$U_1 + 2 \times 4 = 9$$

得 $U_1 = 1\text{V}$。

对于右边回路，据 KVL 有

$$2I + 6U_1 = 2 \times 4$$

得 $I = 1\text{A}$。

1-21　电路如习题 1-21 图所示，已知 $I = 2\text{A}$，$U_{AB} = 6\text{V}$，求电阻 R_1。

解：习题 1-21 图所示电路中，据 KVL 有

$$4I_2 + 6I = 24$$

得 $I_2 = 3\text{A}$。

由 KCL 得到

$$I_1 = I_2 - I = 3 - 2 = 1\text{A}$$

由支路 AB 的 VCR，得

$$U_{AB} = 3 + R_1 I_1$$

所以

$$R_1 = \frac{U_{AB} - 3}{I_1} = \frac{6 - 3}{1} = 3\Omega$$

1-22　习题 1-22 图所示电路中，已知电位器 $R = 40\Omega$，若要求开关 S 闭合与断开都不改变电路的工作状态，求电阻 R_{ab} 和 R_{bc} 的值。

解：设 1A 电流源电压为 U，如图所示，据 S 断开时，据 KVL 有

$$U = RI_S - 10 = 40 \times 1 - 10 = 30\text{V}$$

据题意知开关 S 闭合，仍有 $U = 30\text{V}$，此时由 KVL，得到

$$U_{bc} = R_{bc} I_S = U = 30\text{V}$$

所以

$$R_{bc} = \frac{U_{bc}}{I_S} = \frac{30}{1} = 30\Omega$$

于是

$$R_{ab} = R - R_{bc} = 40 - 30 = 10\Omega$$

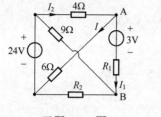
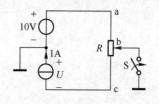

习题 1-21 图　　　　　　　　习题 1-22 图

1-23　求习题 1-23 图（a）中 a、b 间的开路电压 U_{oc} 和短路电流 I_{sc}。

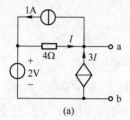
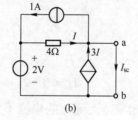

(a)　　　　　　　　　　　(b)

习题 1-23 图

解：a、b 开路时，据 KCL 有

$$I + 3I = 1$$

得到 $I = 0.25A$，所以 a、b 开路电压为

$$U_{oc} = U_{ab} = -4I + 2 = 1V$$

a、b 短路时，电路如图（b）所示，据 KVL 有

$$4I = 2$$

所以 $I = 0.5A$。由 KCL，得到

$$I_{sc} = I_{ab} = I + 3I - 1 = 4I - 1 = 1A$$

1-24　求习题 1-24 图所示电路中电流 I 和电压 U。

解：由节点 a，据 KCL 有

$$I = -2 - 3 = -5A$$

由节点 b，据 KCL 有

$$I_1 = 3 - I = 8A$$

由中间回路的 KVL，得到

$$U = -1 \times I - 2 \times I + 1 \times I_1 + 3$$
$$= -2 \times (-5) + 8 + 3 = 26V$$

1-25　电路如习题 1-25 图所示，若 $U_S = -19.5V$，$U_1 = 1V$，求 R 值。

解：据电阻 VCR 有

$$I_1 = \frac{U_1}{1} = 1A$$

$$I_2 = \frac{10U_1 - U_1}{2} = 4.5\text{A}$$

由 KCL 有

$$I_3 = I_1 - I_2 = 1 - 4.5 = -3.5\text{A}$$

由 KVL，得到

$$U_4 = U_S - 3I_3 - U_1 = -19.5 - 3\times(-3.5) - 1 = -10\text{V}$$

$$U_R = U_S - 3I_3 + 2I_2 = -19.5 - 3\times(-3.5) + 2\times4.5 = 0\text{V}$$

而

$$I_4 = \frac{U_4}{4} = -2.5\text{A}$$

再由 KCL 有

$$I_R = I_3 - I_4 = -3.5 - (-2.5) = -1\text{A} \neq 0$$

电阻 R 两端电压为零，而通过的电流不为零，则电阻被短路，电阻值为

$$R = \frac{U_R}{I_R} = 0$$

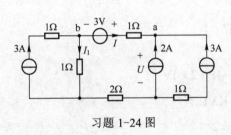

习题 1-24 图　　　　　　　习题 1-25 图

第 2 章 电路的等效变换

本章主要学习单口网络的等效变换法，运用"等效"的概念将电路结构简化，从而简化分析计算，用以分析网络特性或计算某部分电路的电流、电压和功率。

2.1 基 本 要 求

（1）掌握单口网络伏安关系的求法。
（2）理解二端网络等效的概念，掌握等效电路的求法。
（3）熟练掌握两种实际电源模型的等效变换。
（4）熟练运用常用网络的等效变换法分析解决电路问题。

2.2 要点·难点

（1）网络的伏安关系及等效的概念。
（2）等效电阻的求法。
（3）两种实际电源模型的等效变换。

2.3 基 本 内 容

2.3.1 单口网络的伏安关系

1. 二端网络的伏安关系

二端网络的伏安关系，即二端网络端口电压、电流之间的关系，用大写字母 VCR 表示。一个二端网络的伏安关系由该网络内部的结构和参数决定，与外电路无关，是网络本身固有性质的反映。

2. 二端网络的伏安关系的求法

二端网络的 VCR 与外电路无关，所以可用外加电源法求 VCR，即外加电压源求端口电流或外加电流源求端口电压，从而得到端口电压、电流的关系。在用外加电源法求解时，端口电压、电流的参考方向可以任意确定，如图 2-1 所示。

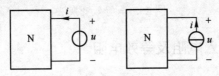

图 2-1 外加电源法求 VCR

2.3.2 等效电路的概念

1. 等效电路的定义

如果两个内部结构和参数均不相同的二端网络 N_1 和 N_2，它们端口的伏安关系完全相同，即 $u-i$ 平面上两条曲线重合，那么这两个电路是互为等效的。等效的两个电路内部可以具有完全不同的结构，但对任意一个外电路，它们具有完全相同的响应。简而言之，等效是对外电路而言，对电路内部不等效。

2. 等效变换

将一个二端电路用其等效电路来代替，称为等效变换。我们经常将复杂二端网络用与其等效的简单二端网络来代替，使电路得到简化。由于端口伏安关系不变，等效变换不影响电路其余部分的支路电压和电流，但可以简化电路的分析和计算。这种等效变换常用于线性电路的分析当中，对于含非线性元件电路的线性部分也是适用的。

3. 等效电路的求法

（1）先求二端网络的 VCR，从 VCR 出发可得等效电路，此时，一定要注意求 VCR 时端口电压、电流的参考方向。同一个二端网络，不会因为端口电压、电流参考方向不同其等效电路就不同。端口电压、电流参考方向不同，得到的 VCR 表达式不同，但等效电路不会变。根据二端网络的 VCR 可以设计出具有相同 VCR 的最简单的等效电路模型。

（2）根据常用网络的等效变换简化电路，得到其等效电路。

（3）可以用第 4 章学习的戴维南定理求一个二端网络的等效电路。

4. 等效变换的目的

（1）简化电路的分析计算。

（2）从研究角度看，是为了进一步研究更深层次的电路理论并获得更深层次的理论成果。

（3）电路等效变换本身就是电路理论研究的重要课题和成果之一。

等效是电路分析中一个重要的概念，是分析电路常用的方法和手段。为了计算局部电路 A 中的电流、电压或功率，常先对剩余部分电路 B 在保持连接处伏安特性相同的条件下，用另一个结构更为简单的电路 C 来代替（C 是 B 的等效电路），如图 2-2 所示。然后分析新构成的电路，得到所需的电流、电压和功率，这种方法称为电路的等效变换法。关于等效的概念对多端网络也是适用的。

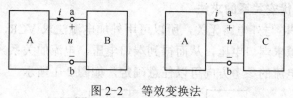

图 2-2　等效变换法

2.3.3 二端网络输入电阻及等效电阻

若单口网络 N_0 只含有线性电阻、线性受控源和理想运算放大器，则端口电压与端口电流的比称为单口网络的等效电阻，在电子电路中也称为输入电阻或输出电阻。从输入端看进去的电阻为输入电阻，从输出端看进去的电阻为输出电阻。即

$$R = \frac{u}{i}$$

这里要注意端口电压和电流的参考方向对单口网络 N_0 来说是关联的，如图2-3所示。如果网络 N 中含有独立源，要将独立源置零。独立源置零时，将独立电流源开路，独立电压源短路，此时端口电压与端口电流的比称为网络 N 的除源等效电阻，也称为网络 N 的等效电阻。

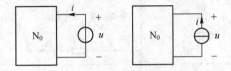

图2-3 用外加电源法求等效电阻

求等效电阻经常用外加电源法。先将网络中独立源除去，然后用外加电源法（外加电压源求电流或外加电流源求电压）求出端口电压和电流的关系，电压和电流的比值即为等效电阻，这是一种对任何二端网络都适用的求等效电阻最常用的方法，特别适用于复杂电路和含有受控源的电路。如果二端网络除源后变为简单的电阻串、并联电路，则可直接化简电路得到等效电阻。

2.3.4 常用网络等效

表2-1列出了一些在电路分析中常用的等效变换和等效规律。在使用电源等效变换时，注意等效前后网络内部电压源电压及电流源电流的方向，否则等效前后两个网络的伏安关系会不一致。在使用电阻串联分压和电阻并联分流时，注意各分电压和分电流的方向。

表2-1 常用电路的等效变换

电路名称	原电路	等效电路	等效变换公式及说明
电阻串联电路			$R_{eq} = \sum_{k=1}^{n} R_k$ $u = \sum_{k=1}^{n} u_k$ $u_k = R_k i = \frac{R_k}{R_{eq}} u$
电阻并联电路			$G_{eq} = \sum_{k=1}^{n} G_k$ $R_{eq} = \frac{1}{G_{eq}}$ $i = \sum_{k=1}^{n} i_k$ $i_k = \frac{G_k}{G_{eq}} i$

电路名称	原电路	等效电路	等效变换公式及说明
△形电路			$R_1 = \dfrac{R_{12}R_{13}}{R_{12}+R_{23}+R_{13}}$ $R_2 = \dfrac{R_{12}R_{23}}{R_{12}+R_{23}+R_{13}}$ $R_3 = \dfrac{R_{13}R_{23}}{R_{12}+R_{23}+R_{13}}$
Y形电路			$R_{12} = \dfrac{R_1R_2+R_2R_3+R_1R_3}{R_3}$ $R_{23} = \dfrac{R_1R_2+R_2R_3+R_1R_3}{R_1}$ $R_{13} = \dfrac{R_1R_2+R_2R_3+R_1R_3}{R_2}$
实际电压源和实际电流源模型			$i_S = \dfrac{u_S}{R}$，$u_S = i_S R$ 二者互为等效电路；做等效变换时，要特别注意电压源和电流源的方向
独立电压源串联			$u_S = \sum\limits_{k=1}^{n} u_{Sk}$ 串联的含源支路只有都被转化为电压源和电阻串联形式，才能进一步化简
独立电流源并联			$i_S = \sum\limits_{k=1}^{n} i_{Sk}$ 并联的含源支路只有都被转化为电流源和电阻并联形式，才能进一步化简
与独立电压源并联电路			与独立电压源并联的元件或网络对外电路没有影响，可以开路
与独立电流源串联电路			与独立电流源串联的元件或网络对外电路没有影响，可以短路

2.4 例 题 详 解

例 2-1 求图 2-4 所示二端电路的伏安关系，并求其输入电阻。

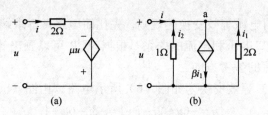

图 2-4　例 2-1 图

分析：伏安关系是指端口电压和电流的关系，用外加电源法求得。本题是含有受控源的电阻电路，不含独立源，可等效为一个纯电阻，端口电压与端口电流之比就是二端网络的等效电阻。

解：（1）图（a）所示电路的 KVL 为

$$u = 2i - \mu u$$

即 VCR 为

$$u = \frac{2}{1+\mu}i$$

二端电路的输入电阻为

$$R = \frac{u}{i} = \frac{2}{1+\mu}$$

（2）图（b）所示电路中，据 KVL 有 $i_2 = 2i_1$，于是

$$u = -i_2 = -2i_1$$

对于节点 a，据 KCL 有

$$i + i_2 + i_1 - \beta i_1 = 0$$

得

$$i = (\beta - 3)i_1$$

得 VCR

$$u = \frac{2}{3-\beta}i$$

二端电路的输入电阻

$$R = \frac{u}{i} = \frac{2}{3-\beta}$$

当 $\beta > 3$ 时，等效电阻为负值。

例 2-2　求图 2-5（a）所示电路的 VCR，并画出其等效电路。

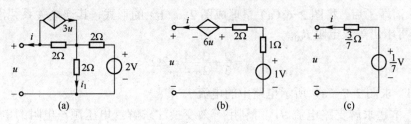

图 2-5　例 2-2 图

分析：该题可以用电源等效变换的规则，先化简电路，再求端口的 VCR。也可直接列 KVL 方程，得到端口电压和电流的关系。根据 VCR 可以画出等效电路。这道题要注意二端网络电压、电流的参考方向。

解：将电路图（a）等效变换为如图（b）所示电路。由图（b）得伏安关系：

$$\begin{cases} u = -6u - 2i - i + 1 = -3i - 6u + 1 \\ u = -\dfrac{3}{7}i + \dfrac{1}{7} \end{cases}$$

根据上面的 VCR 得等效电路，如图（c）所示，注意，该二端网络的等效电阻为 $\dfrac{3}{7}\Omega$，而不是 $-\dfrac{3}{7}\Omega$。伏安关系中的负号是表示电压电流的参考方向对该二端网络来说是非关联的。

本题也可以直接列 KVL 方程，得到端口电压和电流的关系。先设电流 i_1 如图（b）所示，则

$$\begin{cases} u = 2(-3u - i) + 2i_1 \\ u = 2(-3u - i) + 2(-i - i_1) + 2 \end{cases}$$

解方程得：

$$u = -\dfrac{3}{7}i + \dfrac{1}{7}$$

列方程时注意电流的方向。

例 2-3　求图 2-6（a）所示电路的等效电阻 R_{AB}。

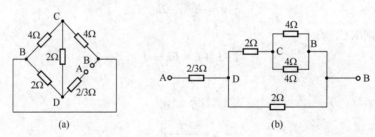

图 2-6　例 2-3 图

分析：该电路是简单的电阻电路，电阻的连接关系是简单的电阻串、并联。在求等效电阻时一定要认清各电阻的端子，在图中将各端子标清楚，如图中标明端子 A、B、C、D。注意，用短路线连接的两个节点标上同一个字母 B。然后再看哪些电阻是串联，哪些电阻是并联。

解：认清端子后，将图 2-6（a）整理成图 2-6（b）的形式，其连接关系并没有改变。由图（b）可求出等效电阻 R_{AB}。

$$R_{AB} = \frac{2}{3} + \frac{2 \times 4}{2 + 4} = 2\Omega$$

例 2-4　求图 2-7（a）所示电路中的电流 I。

分析：本题求解支路电流 I，可利用等效变换法求解。电压源与电阻的串联组合支路与另一个电阻并联，可以通过两次等效变换去掉一个电阻，这是利用等效变换法进行

电路分析时常采用的方法。

解：将图 2-7（a）中 ab 左边和 cd 右边二端电路，分别进行等效变换。化简为图（b）等效电路，进一步化简为图（c）所示单回路。利用 KVL，即得

$$I = \frac{6-3}{2+5+1} = 0.375 \text{ A}$$

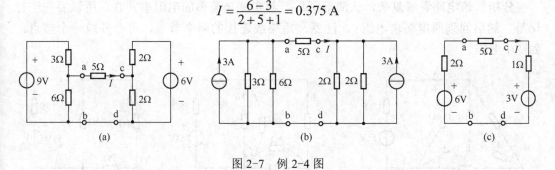

图 2-7　例 2-4 图

例 2-5　电路如图 2-8（a）所示，求电流 i 及受控源发出的功率。

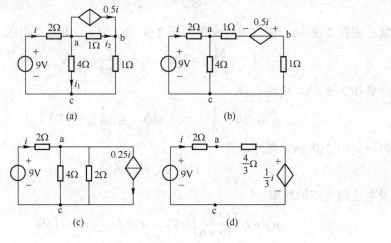

图 2-8　例 2-5 图

分析：本题电路比较复杂，可先用电源等效变换化简电路，求出电流 i，再回到原电路求受控源功率。

解：将图 2-8（a）依次等效变换为图 2-8（b）、（c）、（d）电路，根据图（d）利用 KVL 得

$$9 = \left(2 + \frac{4}{3}\right)i - \frac{1}{3}i$$
$$i = 3\text{A}$$

再回到图 2-8（a）电路，得

$$u_{ac} = -2i + 9 = 3\text{V}, \quad i_1 = \frac{u_{ac}}{4} = 0.75\text{A}$$

$$i_2 = i - 0.5i - i_1 = 0.75\text{A}, \quad u_{ab} = 1 \times i_2 = 0.75\text{V}$$

故受控源功率为

$$p = u_{ab} \times 0.5i = 1.125W$$

受控源消耗 1.125W 的功率，或者说受控源发出-1.125W 的功率。

例 2-6 电路如图 2-9（a）所示，求电流 i 及电压源支路的功率。

分析：该电路看着复杂，认清端子后，其实就是简单的电阻串并联。所以要先进行化简，然后回到原电路求电流 i。注意，短路线连接的两个节点，可合并成一个节点，如图中 b 点。

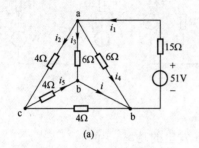 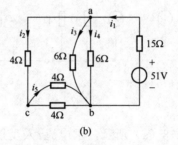 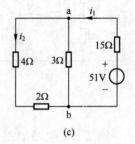

图 2-9　例 2-6 图

解：将图 2-9（a）依次等效变换为图 2-9（b）、（c）电路，由图（c）得

$$i_1 = \frac{51}{15+2} = 3A, \quad i_2 = \frac{3}{6+3}i_1 = 1A$$

回到图 2-9（b）电路，得

$$i_3 = i_4 = \frac{1}{2}(i_1 - i_2) = 1A, \quad i_5 = \frac{1}{2}i_2 = 0.5A$$

再回到图 2-9（a）电路，得

$$i = i_3 + i_5 = 1.5A$$

求电压源支路的功率

$$u_{ab} = i_1 \times \left(\frac{3 \times 6}{3 + 6}\right) = 6V, \quad P = -u_{ab} \times i_1 = -18W$$

所以，电压源支路向外提供 18W 的功率。

例 2-7 电路如图 2-10（a）、（b）、（c）所示，求各电路的等效电阻 R_{ab}。

分析：求含受控源的二端电路的等效电阻可用外加电源法。外加电源法的实质是求伏安关系。受控源在电路中不起激励作用，但能改变电路的等效电阻，而且含有受控源的二端电路，其等效电阻可以是正值，也可以是负值。

解：（1）由图 2-10（a）所示电路知，受控源的控制量在端口内。故可用求端口伏安关系的方法确定其等效电阻。设外施电压为 U，则根据 KVL、KCL 和欧姆定律得

$$U = (I - 3I) \times 2 + 3I = -I$$

所以

$$R_{ab} = \frac{U}{I} = -1\Omega$$

（2）由图 2-10（b）所示电路，根据 KVL、KCL 和欧姆定律得

$$U = (I - 3U) \times 2 + 3I = 5I - 6U$$

32

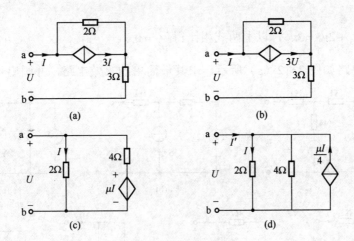

图 2-10　例 2-7 图

解之得

$$U = \frac{5}{7}I$$

所以

$$R_{ab} = \frac{U}{I} = \frac{5}{7}\Omega$$

（3）对于图 2-10（c）所示电路，按照电源等效变换，得到等效电路如图 2-10（d）所示，其端口伏安关系为

$$R_{ab} = \frac{U}{I'} = \frac{2I}{I - \dfrac{\mu I}{4} + \dfrac{2I}{4}} = \frac{8}{6 - \mu}$$

例 2-8　电路如图 2-11（a）所示，求 $\dfrac{u_2}{u_1}$ 的值。

分析：将电路等效变换后，电路只有一个网孔，而且各电阻串联，都为 1Ω，各电阻上的电压都为 u_3，因此分析计算变得更简单。

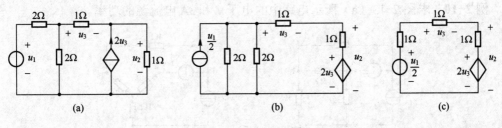

图 2-11　例 2-8 图

解：将图 2-11（a）依次等效变换为图 2-11（b）、（c）电路，根据图 2-11（c）列 KVL 方程有

$$u_3 + u_3 + u_3 + 2u_3 = \frac{1}{2}u_1, \qquad u_1 = 10u_3$$

又有 $u_2 = u_3 + 2u_3 = 3u_3$ ，以上两式相比得 $\dfrac{u_2}{u_1} = 0.3$ 。

例 2-9 电路如图 2-12（a）所示，求其最简单的等效电路，并画出伏安特性曲线。

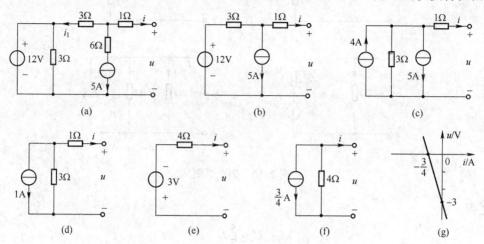

图 2-12 例 2-9 图

分析：本题可以先求出电路的伏安关系，再根据伏安关系画出最简单的等效电路，即实际电压源电路模型或实际电流源电路模型。也可直接对原电路进行等效变换得最简单的等效电路。

解：将图 2-12（a）依次等效变换为图 2-12（b）、（c）、（d）、（e）、（f）电路，图 2-12（e）电路为等效实际电压源电路模型，图 2-12（f）电路为等效实际电流源电路模型。

由图 2-12（a）得 VCR，有

$$i_1 = -i - 5$$
$$u = -i + 3i_1 + 12 \Rightarrow u = -4i - 3$$

根据 VCR 画出等效电压源电路，如图 2-12（e）所示，进一步又可画出实际电流源电路，如图 2-12（f）所示。其 VCR 曲线如图 2-12（g）所示。

例 2-10 求图 2-13（a）所示电路中的电压 u_1 和 3A 电流源的功率。

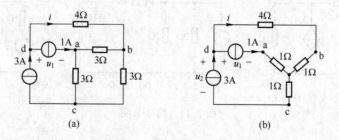

图 2-13 例 2-10 图

分析：本电路中的电阻不是简单的串、并联关系，我们可以用△形电路与 Y 形电路的等效变换将电路化为简单电阻串、并联，这样分析问题更方便。

解：将图 2-13（a）中的 a、b、c 三点连成的三角形电路等效为图 2-13（b）所示的

对外有三个端子 a、b、c 的 Y 形电路，由图 2-13（b）列 KCL 方程和 KVL 方程得

$$\begin{cases} i = 3 - 1 = 2\text{A} \\ u_2 = 4i + i + 3 \times 1 = 13\text{V} \\ u_1 = u_2 - 3 \times 1 - 1 \times 1 = 9\text{V} \end{cases}$$

故 3A 电流源的功率为

$$P = -3 \times u_2 = -3 \times 13 = -39\text{W}$$

即，3A 电流源向外提供 39W 的功率。

2.5　习题 2 答案

2-1　求习题 2-1 图（a）、（b）所示电路的 VCR。

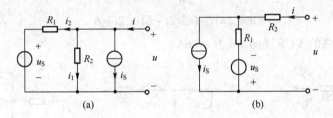

习题 2-1 图

解：（1）由图（a）列 KCL 得

$$i = i_1 + i_2 + i_S = \frac{u}{R_1} + \frac{u - u_S}{R_1} + i_S$$

则 VCR 为

$$i = \frac{R_1 + R_2}{R_1 R_2} u + \left(i_S - \frac{u_S}{R_1} \right)$$

或

$$u = \frac{R_1 R_2}{R_1 + R_2} i + \left(\frac{u_S}{R_1} - i_S \right) \frac{R_1 R_2}{R_1 + R_2}$$

本题也可先用电源等效变换对电路进行化简再求 VCR。

（2）由图（b）得

$$u = R_2 i + R_1(i - i_S) - u_S$$

则 VCR 为

$$u = (R_1 + R_2)i - u_S - R_1 i_S$$

2-2　求习题 2-2 图所示电路的 VCR。

解：由习题 2-2 图列 KVL 方程

$$U_1 = 2I_1 + I + 12$$

$$U_1 = 2I_1 + 2U_1 + 3 \times (I_1 - I)$$

得 $$U_1 = 2I_1 + 2U_1 + 3(I_1 - U_1 + 2I_1 + 12)$$

所以，VCR 为

$$U_1 = 5.5I_1 + 18$$

2-3 求习题 2-3 图（a）、（b）所示电路的 VCR。

解：（1）设端口电压 U、电流 I 如图（a）中所示，列 KVL

$$U = 2I + 10I_0 + 4I_0$$
$$I_0 = 2 + I$$

得 $$U = 16I + 28$$

（2）设端口电压 u、电流 i 如图（b）中所示，列 KVL

$$u = 2 \times (i - 0.2U) + U$$

控制量为 $$U = 3 \times \left(i - \frac{U - 18}{6} \right) \Rightarrow U = 2i + 6$$

代入上式得 $$u = 2 \times [i - 0.2(2i + 6)] + 2i + 6$$

所以，该二端网络的 VCR 为 $u = 3.2i + 3.6$。

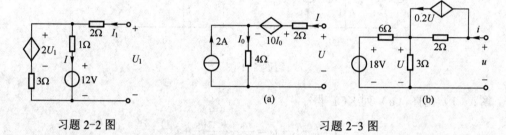

习题 2-2 图　　　　　　　　　　　习题 2-3 图

2-4 求习题 2-4 图（a）、（b）所示两个单口网络的输入电阻。

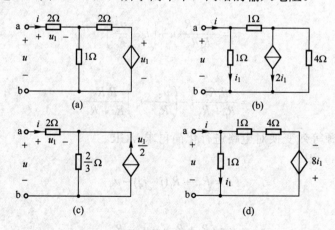

习题 2-4 图

解：（1）用外加电源法求等效电阻，设端口电压 u、电流 i 如图（a）所示。利用电源等效变换，将图（a）等效为图（c），则

36

$$\begin{cases} u = u_1 + \dfrac{2}{3}\left(i + \dfrac{u_1}{2}\right) \\ u_1 = 2i \end{cases}$$

得

$$u = \frac{10}{3}i$$

所以输入电阻为 $R = \dfrac{u}{i} = \dfrac{10}{3}\,\Omega$。

（2）用外加电源法求等效电阻，设端口电压 u、电流 i 如图（b）所示。利用电源等效变换，将图（b）等效为图（d），则

$$\begin{cases} u = (i - i_1) \times 5 - 8i_1 = 5i - 13i_1 \\ i_1 = \dfrac{u}{1} \end{cases}$$

得

$$u = \frac{5}{14}i \Rightarrow R = \frac{5}{14}\,\Omega$$

2-5　求习题 2-5 图所示二端电路的输入电阻。

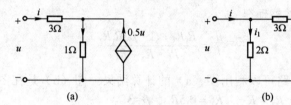

习题 2-5 图

解：（1）图（a）中设端口电流为 i，由 KVL 得
$$u = 3i + 1 \times (0.5u + i)$$

即　　　　　　　　　　　　$u = 8i \Rightarrow R = 8\,\Omega$

（2）图（b）中，设端口电压为 u，电流为 i，由 KVL 得
$$u = 3 \times (i - i_1) + 4i_1$$

又

$$i_1 = \frac{u}{2}$$

联合求解得

$$u = 6i \Rightarrow R = 6\,\Omega$$

2-6　求习题 2-6 图所示二端电路的输入电阻。

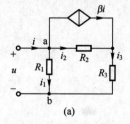 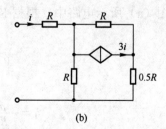

习题 2-6 图

解：（1）图（a）所示电路中，由 KVL 得

$$u=R_1i_1 \qquad ①$$

$$u=R_2i_2 + R_3i_3 \qquad ②$$

由式①得

$$i_1 = \frac{u}{R_1}$$

对于节点 a，由 KCL 得

$$i - i_1 - i_2 - \beta i=0$$

即

$$i_2=(1-\beta)i - i_1 = (1-\beta)i - \frac{u}{R_1} \qquad ③$$

对于节点 b，由 KCL 得

$$i_3 = i - i_1 = i - \frac{u}{R_1} \qquad ④$$

将式③、式④代入式②并整理得

$$R = \frac{u}{i} = \frac{R_1R_3 + (1-\beta)R_1R_2}{R_1 + R_2 + R_3}$$

（2）图（b）所示电路可以利用图（a）的计算结果。图（b）是在图（a）的输入端串联了电阻 R，同时 $R_1 = R_2 = R$ ， $R_3 = 0.5R$ ， $\beta=3$ 。

因此

$$R = \frac{u}{i} = R + \frac{R_1R_3 + (1-\beta)R_1R_2}{R_1+R_2+R_3} = R + \frac{0.5R^2 + (1-3)R^2}{2.5R} = 0.4R$$

2-7 求习题 2-7 图所示二端电路的输入电阻。

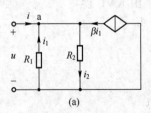 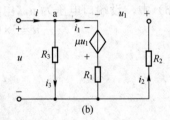

习题 2-7 图

解：（1）图（a）所示电路中，根据 KVL，有

$$u = -i_1R_1$$

$$u = i_2R_2$$

得到

$$i_1 = -\frac{u}{R_1} \text{ 及 } i_2 = \frac{u}{R_2} \qquad ①$$

38

对于节点 a，据 KCL 有

$$i = i_2 - i_1 - \beta i_1 = i_2 - (1+\beta)i_1 \qquad ②$$

将式①代入式②，得到

$$i = i_2 - (1+\beta)i_1 = \frac{u}{R_2} + (1+\beta)\frac{u}{R_1} = \left[\frac{1}{R_2} + \frac{(1+\beta)}{R_1}\right]u$$

因此输入电阻为

$$R = \frac{u}{i} = \frac{1}{\dfrac{1}{R_2} + \dfrac{1+\beta}{R_1}} = \frac{R_1 R_2}{R_1 + (1+\beta)R_2}$$

（2）图（b）所示电路中，由于 $i_2 = 0$，据 KVL 有

$$u = -u_1 \qquad ①$$

$$u = i_3 R_3 \qquad ②$$

$$u = i_1 R_1 - \mu u_1 \qquad ③$$

对于节点 a，据 KCL 有

$$i = i_1 + i_3 \qquad ④$$

由式②得

$$i_3 = \frac{u}{R_3} \qquad ⑤$$

式⑤代入式④整理得

$$i_1 = i - \frac{u}{R_3} \qquad ⑥$$

式⑥、式①代入式③整理得输入电阻

$$R = \frac{R_1 R_3}{R_1 + (1-\mu)R_3}$$

2-8　求习题 2-8 图所示电路 ab 端的等效电阻 R_{eq}。

解：（1）由图（a）容易看出

$$R_{eq} = [(6//6) + 7]//10 = (3+7)//10 = 5\Omega$$

"//" 表示电阻并联，"+" 表示电阻串联。

（2）先在图（b）中标明各元件的端子，将图等效为图（d）。
则

$$R_{eq} = (1+1+2)//4+8 = 10\Omega$$

（3）将图（c）所示电路进行等效变换，如图（e）、图（f）所示，则

$$R_{eq} = [(6+4)//10]+5 = 10\Omega$$

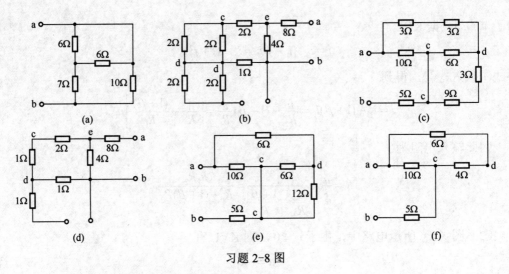

习题 2-8 图

2-9 求习题 2-9 图所示各电路的等效电阻 R_{eq}。

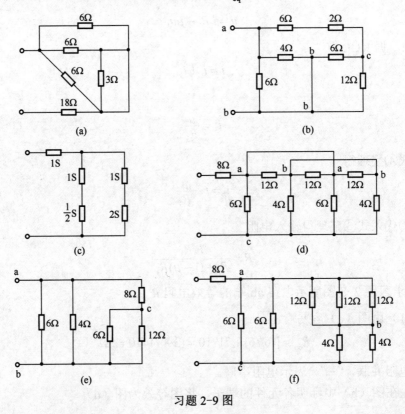

习题 2-9 图

解：认清端子后进行电阻串、并联。

（1）图（a）中 3Ω 电阻被短路，等效电阻为

$$R_{eq} = 6//6//6 + 18 = 20\ \Omega$$

（2）图（b）改画为图（e），则等效电阻

$$R_{eq} = (12//6 + 6 + 2)//4//6 = 2\ \Omega$$

（3）图（c）中等效电阻为

$$R_{eq} = \frac{1}{1} + \left(\frac{1}{1} + \frac{1}{\frac{1}{2}}\right)//\left(\frac{1}{1} + \frac{1}{2}\right) = 2\ \Omega$$

（4）图（d）改画为图（f），则等效电阻为

$$R_{eq} = (12//12//12 + 4//4)//6//6 + 8 = 10\ \Omega$$

2-10 求习题 2-10 图所示电路的 I_1、I_2。

解： 习题 2-10 图中对于节点 a 列 KCL 方程，对右边回路列 KVL 方程，得

$$\frac{15}{5\times10^3} = I_1 + I_2$$

$$3\times10^3 I_1 = 6\times10^3 I_2$$

联立求解得

$$I_1 = 2\ \text{mA}$$

$$I_2 = 1\ \text{mA}$$

2-11 习题 2-11 图所示电路中 $R_1 = 30\text{k}\Omega$，$R_2 = 60\text{k}\Omega$，电压表内阻 $R_V = 980\text{k}\Omega$，求用此电压表测量图中 a、b 间电压时引起的相对误差为多少？（提示：相对误差 $= \frac{\text{测量值} - \text{真实值}}{\text{真实值}}$）

解： 真实值为

$$\frac{60}{60+30}u_S = \frac{2}{3}u_S \approx 0.667u_S$$

测量值为

$$\frac{\frac{60\times980}{60+980}}{\frac{60\times980}{60+980}+30}u_S \approx 0.653u_S$$

所以

$$\text{相对误差} = \frac{\text{测量值} - \text{真实值}}{\text{真实值}} = \frac{0.653 - 0.667}{0.667} \approx -2\%$$

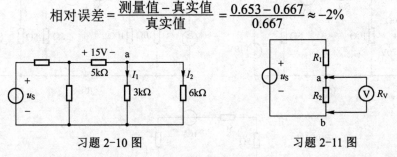

习题 2-10 图   习题 2-11 图

2-12 电路如习题 2-12 图（a）所示，求 R_{ab}、U_{ab}、U_{ad}、U_{ac}。

解： 图中电路中含有平衡电桥，改画为图（b）所示，cd 支路上电流为零，可用开路替换，其电压也为零，也可短路。在这里用开路替换。则

$$R_{ab} = 4//4//12 = \frac{12}{7}\Omega$$

$$u_{ab} = R_{ab} \times 10 = \frac{120}{7}V$$

$$u_{ad} = u_{ac} = \frac{u_{ab}}{2} = \frac{60}{7}V$$

本题也可用 Y 形电路与△形电路的等效变换，将电路化为简单电阻串、并联，如图（c）所示，则

$$R_{ab} = 4//6//6 = \frac{12}{7}\Omega$$

$$u_{ab} = R_{ab} \times 10 = \frac{120}{7}V$$

$$u_{ad} = \frac{u_{ab}}{2} = \frac{60}{7}V$$

回到原电路（a）中， $i_1 = \frac{u_{ab}}{4} = \frac{30}{7}A$ ， $i_2 = \frac{u_{ad}}{6} = \frac{10}{7}A$

$$i_3 = 10 - i_1 - i_2 = \frac{30}{7}A, \quad u_{ac} = i_3 \times 2 = \frac{60}{7}V$$

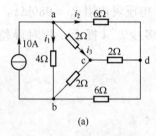 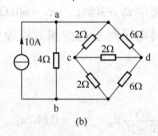 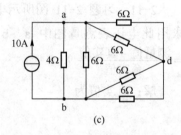

习题 2-12 图

2-13 习题 2-13 图（a）所示电路，试用电路等效变换方法求电流 i 。

解： 将习题 2-13 图（a）等效为（b）和（c），则

$$i = \frac{10 + 5 - 10}{12.5} = 0.4A$$

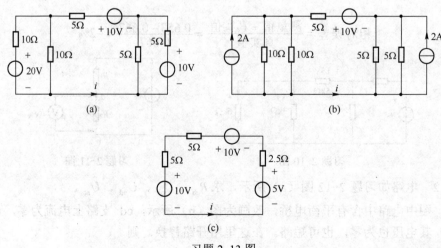

习题 2-13 图

2-14 将习题 2-14 图所示各电路等效为最简单形式。

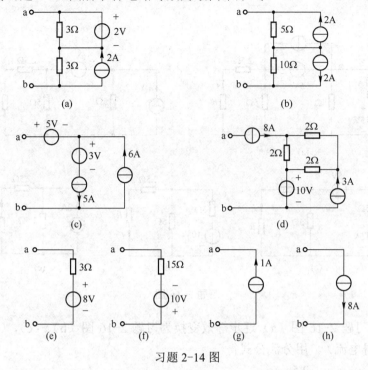

习题 2-14 图

解： 根据电源等效变换，以及常用的等效规律可化简电路。

（1）图（a）可等效为图（e），还可进一步等效为电阻和电流源并联。

（2）图（b）可等效为图（f），还可进一步等效为电阻和电流源并联。

（3）图（c）可等效为图（g）。

（4）图（d）可等效为图（h）。

2-15 电路如习题 2-15 图（a）所示，试求电流 i。已知 $R = 5\Omega$。

解： 先将习题 2-15 图（a）进行等效变换为习题 2-15 图（b）。注意，ac 两端之间等效为 15Ω 电阻和 15V 电压源串联，ab 两端的电压为 5V，因此可等效为一个 5V 的电压源。则

$$15i + 5 + 5i - 15 = 0$$

$$i = \frac{15 - 5}{20} = 0.5A$$

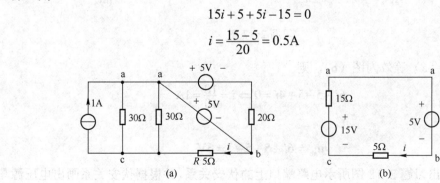

习题 2-15 图

2-16 如习题 2-16 图（a）所示电路，若（1）$R=0$，（2）$R=5\Omega$，分别求电流 I。

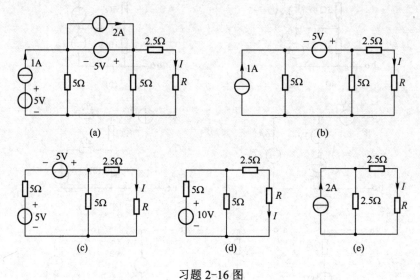

习题 2-16 图

解： 先将习题 2-16 图（a）逐步等效变换为习题 2-16 图（b）、（c）、（d）、（e）。由图（e）可求得电流 I。用分流公式得

（1）$R=0$ 时 $I=\dfrac{2.5}{2.5+2.5}\times 2 = 1\text{A}$ ；

（2）$R=5\Omega$ 时 $I=\dfrac{2.5}{2.5+7.5}\times 2 = 0.5\text{A}$ 。

2-17 求习题 2-17 图（a）所示电路的电压 U_{ab}。

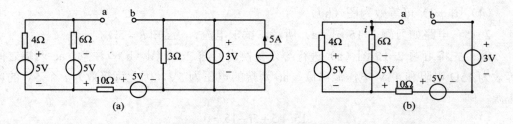

习题 2-17 图

解： 将图（a）等效为图（b），则

$$6i-5-5+4i=0 \Rightarrow i=\frac{10}{10}=1\text{A}$$

由 KVL 可得

$$u_{ab}=6i-5+5-3=3\text{V}$$

2-18 写出习题 2-18 图所示电路端口上的伏安关系，并根据伏安关系画出电压源与电阻的串联组合和电流源与电阻的并联组合的等效电路。

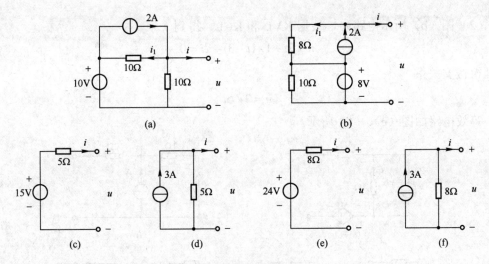

习题 2-18 图

解：（1）图（a）所示电路中，根据 KVL 和 KCL 有

$$u = 10i_1 + 10 \qquad ①$$

$$i_1 = 2 - i - \frac{u}{10} \qquad ②$$

式②代入式①并整理得伏安关系

$$u = 15 - 5i$$

或

$$i = 3 - \frac{1}{5}u$$

电压源与电阻的串联组合和电流源与电阻的并联组合的等效电路如图（c）和（d）所示。

（2）图（b）所示电路中，根据 KVL 和 KCL 有

$$u = 8i_1 + 8 \qquad ①$$

$$2 - i_1 - i = 0 \qquad ②$$

将式②代入式①得伏安关系式

$$u = 24 - 8i$$

或

$$i = 3 - \frac{1}{8}u$$

对应的等效电路如图（e）和（f）所示。

2-19　写出习题 2-19 图所示电路的端口伏安关系，并画出其等效电路。

解：（1）图（a）所示电路中，根据 KVL 和 KCL，得到

$$4i_1 + 2i_1 - u - 4i = 0 \qquad ①$$

$$i_1 = 2 - i \qquad ②$$

式②代入式①整理得伏安关系

$$u = 12 - 10i$$

等效电路如图（c）、（d）所示。

（2）图（b）所示电路中，根据 KVL 和 KCL，得到

$$u + 2i + 1 \times (i - 3) + 2i = 0$$

整理得伏安关系

$$u = 3 - 5i$$

等效电路如图（e）、（f）所示。

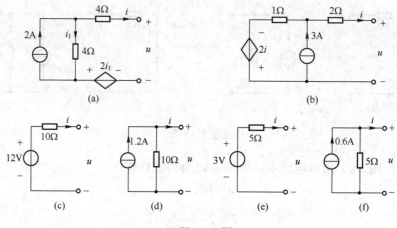

习题 2-19 图

2-20　求习题 2-20 图所示电路中的电流 I。

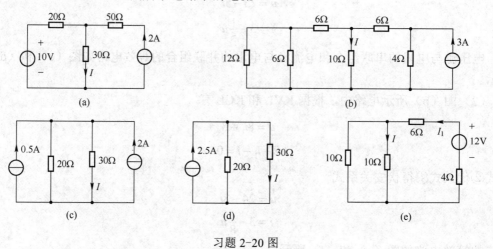

习题 2-20 图

解：（1）图（a）所示电路的等效电路图如图（c）、（d）所示，所以

$$I = 2.5 \times \frac{20}{20 + 30} = 1 \text{ A}$$

（2）图（b）所示电路的等效电路图如图（e）所示，所以

$$I_1 = \frac{12}{10 /\!/ 10 + 4 + 6} = 0.8 \text{ A}$$

$$I = \frac{1}{2} I_1 = 0.4 \text{ A}$$

2-21 求习题 2-21 图所示电路中的电压 u。

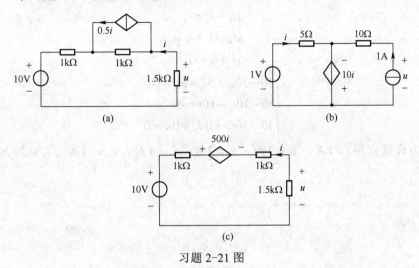

(a)

(b)

(c)

习题 2-21 图

解：（1）图（a）所示电路的等效电路如图（c）所示，据 KVL 有

$$10+1000i+1000i+1500i-500i=0$$

得

$$i=-\frac{10}{3}\ \text{mA}$$

所以

$$u=-1.5\times10^{3}\times\left(-\frac{10}{3}\times10^{-3}\right)=5\ \text{V}$$

（2）图示电路不能将 1V 电压源与 5Ω 电阻的串联等效为电流源与电阻的并联，因为控制量在其中，也不能将 10Ω 电阻化简掉，因为所求电压 u 与电阻上电压有关。据 KVL 有

$$5i-10i=1$$

得

$$i=-\frac{1}{5}\ \text{A}$$

所以

$$u=10\times1-5\times\left(-\frac{1}{5}\right)+1=12\ \text{V}$$

2-22 求习题 2-22 图所示电路中的 i 及 i_S。

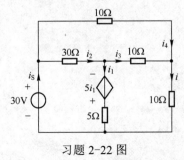

习题 2-22 图

解：图中据 KCL 和 KVL 有方程组

$$\begin{cases} i_S = i_2 + i_4 \\ i_2 = i_1 + i_3 \\ i = i_3 + i_4 \end{cases}$$

$$\begin{cases} 30 - 30i_2 + 5i_1 - 5i_1 = 0 \\ 30 - 10i_4 - 10i = 0 \\ 30 - 30i_2 - 10i_3 - 10i = 0 \end{cases}$$

两组方程联立得 $i = 1\,\text{A}$，$i_S = 3\,\text{A}$，$i_1 = 2\,\text{A}$，$i_2 = 1\,\text{A}$，$i_3 = -1\,\text{A}$，$i_4 = 2\,\text{A}$。

第3章 电路的一般分析方法

本章主要讨论电路的基本分析方法，主要有支路电流法、网孔电流法、回路法、节点电压法等。这些方法是在基尔霍夫定律及伏安关系的基础上推导出的，不但在电阻电路中使用，在后面的正弦稳态分析中也可使用。

3.1 基 本 要 求

（1）深刻理解并掌握网孔电流、节点电压的概念。

（2）在电路结构和参数已知的情况下，能熟练运用支路电流法、网孔电流法、节点电压法进行电路分析。

（3）会用节点分析法分析含有理想运算放大器的电阻电路。

（4）了解回路分析法。

3.2 要点·难点

（1）重点掌握节点电压分析法。

（2）难点是独立源及受控源几种分析方法中的处理原则。

3.3 基 本 内 容

3.3.1 支路电流法

以支路电流为求解变量的分析方法称为支路电流法。

1. 支路电流法分析电路的步骤

（1）正确判断出电路的支路数 b 和节点数 n，并标出各支路电流及参考方向。

（2）以支路电流为变量，列写 $n-1$ 个独立节点的 KCL 方程。

（3）选取 $b-(n-1)$ 个独立回路，以支路电流为变量列写 KVL 方程。

（4）求解（2）、（3）所列出的 b 个联立方程组，得到 b 个支路电流。根据需要求其他各支路变量。

2. 应用支路电流法应注意的问题

（1）列 KCL 方程时不应忽略理想电压源支路的电流；同理，列 KVL 方程时，不应忽略理想电流源两端的电压。

（2）对含受控源电路，列方程时将受控源按独立源对待，但其控制量应该用支路电流表示。

（3）平面电路一般直接选网孔作为独立回路，列出相应的网孔电压方程。

支路电流法是电路最基本的分析方法，但如果支路个数较多时，这种方法分析计算也会比较麻烦，因此，要寻找一组最少的独立电流变量和独立电压变量，使方程的数目进一步减少。网孔电流和节点电压就是一组最少的独立电流变量和独立电压变量，解出网孔电流或节点电压后，就能求出电路中各支路上的电压和电流。网孔分析法或节点分析法是电路分析中常用的两种方法。

3.3.2　网孔电流法

以网孔电流为求解变量的分析方法称为网孔电流法，简称网孔法，它只适用于平面电路。

1．网孔电流法分析电路的步骤

（1）判断所分析的电路是否为平面电路或可化为平面电路的立体电路。是，则可用此法；不是，则不可用此法。

（2）标出网孔电流及其参考方向。

（3）以网孔电流为变量列写全部网孔的 KVL 约束方程。方程中，自电阻 R_{ii} 为第 i 个网孔的所有电阻之和，为正；互电阻 R_{ij} 为第 i 个网孔和第 j 个网孔的公共电阻，R_{ij} 的正负取决于两网孔电流在公共电阻上的方向，同向为正，反向为负。方程等式右边为网孔中电压升的代数和。

（4）求解网孔方程组，得出各网孔电流，进而求得其他各待求量。

网孔方程的一般形式

$$\begin{cases} R_{11}i_1 + R_{12}i_2 + \cdots + R_{1m}i_m = u_{S11} \\ R_{21}i_1 + R_{22}i_2 + \cdots + R_{2m}i_m = u_{S22} \\ \qquad\qquad\qquad \vdots \\ R_{m1}i_1 + R_{m2}i_2 + \cdots + R_{mm}i_m = u_{Smm} \end{cases}$$

写成矩阵形式

$$\begin{bmatrix} R_{11} & R_{12} & \cdots & R_{1m} \\ R_{21} & R_{22} & \cdots & R_{2m} \\ & & \vdots & \\ R_{m1} & R_{m2} & \cdots & R_{mm} \end{bmatrix} \begin{bmatrix} i_1 \\ i_2 \\ \vdots \\ i_m \end{bmatrix} = \begin{bmatrix} u_{S11} \\ u_{S22} \\ \vdots \\ u_{Smm} \end{bmatrix}$$

2．应用网孔法应注意的问题

（1）网孔电流是一种人为假想的中间变量，是因分析电路需要而引入的变量，没有实际的物理意义。

（2）列方程前，应把实际电流源模型等效成实际电压源模型。

（3）不应忽略理想电流源两端的电压。

（4）把与理想电压源并联的支路看成开路。

（5）将受控源按独立源处理，并用网孔电流表示其控制量。

3.3.3 节点电压法

以节点电压为求解变量的分析方法称为节点电压法，简称节点法。它对平面和非平面电路都适用。

1. 节点电压法分析电路的步骤

（1）选定参考节点，标出其余独立节点的编号或电压变量。

（2）以节点电压为变量，列写 $n-1$ 个独立节点的 KCL 方程。自电导 G_{ii} 为连接到第 i 个节点的所有支路上电导之和，恒为正；互电导 G_{ij} 为连接在第 i 个节点和第 j 个节点的公共电导，恒为负。方程等式右边为流入节点电流的代数和。

（3）$n-1$ 个方程联立，求解节点电压。

（4）根据节点电压求得其他变量。

节点方程的一般形式

$$\begin{cases} G_{11}u_1 + G_{12}u_2 + \cdots + G_{1(n-1)}u_{n-1} = i_{S11} \\ G_{21}u_1 + G_{22}u_2 + \cdots + G_{2(n-1)}u_{n-1} = i_{S22} \\ \vdots \\ G_{(n-1)1}u_1 + G_{(n-1)2}u_2 + \cdots G_{(n-1)(n-1)}u_{n-1} = i_{S(n-1)(n-1)} \end{cases}$$

写成矩阵形式

$$\begin{bmatrix} G_{11} & G_{12} & \cdots & G_{1(n-1)} \\ G_{21} & G_{22} & \cdots & G_{2(n-2)} \\ & & \vdots & \\ G_{(n-1)1} & G_{(n-1)2} & \cdots & G_{(n-1)(n-1)} \end{bmatrix} \begin{bmatrix} u_1 \\ u_2 \\ \vdots \\ u_{(n-1)} \end{bmatrix} = \begin{bmatrix} i_{S11} \\ i_{S22} \\ \vdots \\ i_{S(n-1)(n-1)} \end{bmatrix}$$

2. 应用节点法应注意的问题

（1）节点电压是一个有实际物理意义的变量，它与参考节点（零电位）的选择有关。参考点的选择的一般原则是：选最多支路的连接点或将电压源的一端作为参考点。

（2）把实际电压源模型等效成实际电流源模型。

（3）理想电压源支路上的电流不能忽略。

（4）把与理想电流源串联的支路看成短路。

（5）将受控源按独立源处理，并用节点电压表示各受控源的控制量。

表 3-1 以具有 n 个节点、b 条支路的电路为例，对三种分析方法进行对比。

表 3-1　支路电流法、网孔电流法和节点电压法

特点		支路电流法	网孔电流法	节点电压法
独立变量		支路电流	网孔电流	节点电压
方程数目		b	$b-(n-1)$	$n-1$
列方程依据		元件 VCR、KCL 和 KVL	元件 VCR、KVL	元件 VCR、KCL
适用电路		适用于支路数较少的电路	适用于网孔较少的电路	适用于节点较少的电路
特殊情况	含理想电流源支路	一个理想电流源使支路电流变量减少一个	巧解：使网孔电流等于电流源电流，减少变量数目	属于一般求解方法
	含理想电压源支路	不改变支路电流变量数目，属于一般求解方法	属于一般求解方法	巧解：使节点电压等于电压源电压，减少变量数目
解题步骤		基本相同		

3.4 例 题 详 解

例 3-1 图 3-1 所示电路中，已知 $U_{S1}=2\,V$，$U_{S3}=5\,V$，$U_{S4}=4\,V$，$I_0=2\,A$，$R_1=R_2=2\,\Omega$，$R_3=R_4=1\,\Omega$。试用支路电流法求各支路电流。

分析：图示电路中有 5 条支路，3 个节点。用支路电流法求解，需列 5 个独立方程：2 个独立节点的 KCL 方程，3 个独立回路的 KVL 方程。对于理想电流源 I_0 支路，列回路电压方程时，其端电压可用 U_{23} 表示。

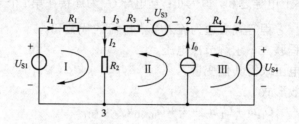

图 3-1　例 3-1 图

解：各支路电流的参考方向和独立回路的绕行方向标注在原电路上。

节点 1 KCL：$-I_1+I_2-I_3=0$

节点 2 KCL：$I_3-I_4-I_0=0$

回路 I KVL：$R_1I_1+R_2I_2=U_{S1}$

回路 II KVL：$R_2I_2+R_3I_3=U_{S3}+U_{23}$

回路 III KVL：$R_4I_4=U_{S4}-U_{23}$

由回路 III 方程得

$$U_{23}=U_{S4}-R_4I_4$$

代入回路 II 方程，则有

$$R_2I_2+R_3I_3+R_4I_4=U_{S3}+U_{S4}$$

将 5 个独立方程化归 4 个独立方程，代入各参数得

$$\begin{cases} 2I_1+2I_2=2 \\ 2I_2+I_3+I_4=9 \\ I_1-I_2+I_3=0 \\ I_4-I_3=-2 \end{cases}$$

联立求得

$$\begin{cases} I_1=-7/6\approx-1.17\,A \\ I_2=13/6\approx2.17\,A \\ I_3=10/3\approx3.33\,A \\ I_4=4/3\approx1.33\,A \end{cases}$$

评注：支路电流法是分析电路的基本方法，因为它直接应用 KCL、KVL。原则上对任何电路都适用。但如果电路中的支路数 $b>3$，求解联立方程组就变得较为繁琐。尤其

是求电路中某个别支路的电流时，就显得更为麻烦。当然要对具体电路进行具体分析，不能一概而论。对于图 3-1 所示电路，有 2 个独立节点，故采用节点电压法要比支路电流法简单一些。下面用节点电压法分析。

设节点 3 为电路的参考节点，$U_{13} = U_1$，$U_{23} = U_2$，列节点 1 和节点 2 的 KCL 方程，得到

$$\begin{cases} \left(\dfrac{1}{R_1} + \dfrac{1}{R_2} + \dfrac{1}{R_3} \right) U_1 - \dfrac{1}{R_3} U_2 = \dfrac{U_{S1}}{R_1} + \dfrac{U_{S3}}{R_3} \\ -\dfrac{1}{R_3} U_1 + \left(\dfrac{1}{R_3} + \dfrac{1}{R_4} \right) U_2 = I_0 + \dfrac{U_{S4}}{R_4} - \dfrac{U_{S3}}{R_3} \end{cases}$$

代入电路参数，得

$$\begin{cases} \left(\dfrac{1}{2} + \dfrac{1}{2} + 1 \right) U_1 - U_2 = \dfrac{2}{2} + \dfrac{5}{1} \\ -U_1 + (1+1) U_2 = 2 + \dfrac{4}{1} - \dfrac{5}{1} \end{cases}$$

求解得：$U_1 = \dfrac{13}{3}\,\text{V}$，$U_2 = \dfrac{8}{3}\,\text{V}$。

利用欧姆定律求各支路电流，得到

$$I_1 = \frac{U_{S1} - U_1}{R_1} = \frac{2 - \dfrac{13}{3}}{2} \approx -1.17\,\text{A}$$

$$I_2 = \frac{U_1}{R_2} = \frac{13}{6} \approx 2.17\,\text{A}$$

$$I_3 = \frac{U_2 - U_1 + U_{S3}}{R_1} = \frac{\dfrac{8}{3} - \dfrac{13}{3} + 5}{1} \approx 3.33\,\text{A}$$

$$I_4 = \frac{U_{S4} - U_2}{R_4} = \frac{4 - \dfrac{8}{3}}{1} \approx 1.33\,\text{A}$$

例 3-2　在图 3-2 所示的桥式电路中，设 $U_S = 12\,\text{V}$，$R_1 = R_2 = 5\,\Omega$，$R_3 = 10\,\Omega$，$R_4 = 5\,\Omega$。中间支路是一检流计，其电阻 $R_G = 10\,\Omega$。试求检流计中的电流 I_G。

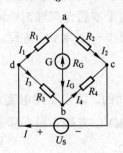

图 3-2　例 3-2 图

分析：这个电路的支路数 $b = 6$，节点数 $n = 4$。用支路法分析时，需列出 6 个方程。

解： 列节点 KCL 方程，得到

节点 a：$I_1 - I_2 - I_G = 0$

节点 b：$I_3 + I_G - I_4 = 0$

节点 c：$I_2 + I_4 - I = 0$

列回路 KVL 方程，得到

回路 abda：$R_1 I_1 + R_G I_G - R_3 I_3 = 0$

回路 acba：$R_2 I_2 - R_4 I_4 - R_G I_G = 0$

回路 dbcd：$U_S = R_3 I_3 + R_4 I_4$

联立求解，得

$$I_G = \frac{U_S(R_2 R_3 - R_1 R_4)}{R_G(R_1 + R_2)(R_3 + R_4) + R_1 R_2(R_3 + R_4) + R_3 R_4(R_1 + R_2)}$$

代入已知数值，得

$$I_G = 0.126\,\text{A}$$

当 $R_2 R_3 = R_1 R_4$ 时，$I_G = 0\,\text{A}$，这时电桥平衡。

评注： 可见当支路数较多而只求一条支路的电流时，用支路电流法计算，过程极为繁杂，手工处理时很少采用。但随着计算机技术及计算机辅助设计的应用，这种方法日益受到重视。

例 3-3 用支路电流法求图 3-3（a）所示电路的各支路电流。

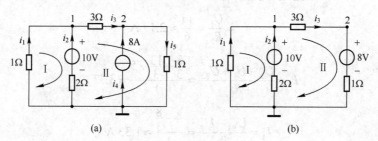

图 3-3　例 3-3 图

分析： 图 3-3（a）电路节点数 $n = 3$，支路数 $b = 5$。10V 理想电压源与电阻串联的支路，可看作实际电压源模型。由于本题含有理想电流源支路，可用两种方法处理：一是理想电流源支路电流已知，可减少一个 KVL 方程；二是可将理想电流源支路与并联的电阻等效为实际电压源模型。

解： 本题用两种方法求解。

（1）理想电流源 $i_S = 8\,\text{A}$ 是已知的，即该支路电流 $i_4 = i_S = 8\,\text{A}$。故只需求 4 条支路的电流。即列出 2 个 KCL 方程和 2KVL 方程。根据标定的支路电流方向和选取独立回路的绕行方向，方程为

节点 1：$-i_1 - i_2 + i_3 = 0$

节点 2：$-i_3 - 8 + i_5 = 0$

回路 I：$i_1 - 2i_2 = -10$

回路 II：$2i_2 + 3i_3 + i_5 = 10$

联立求解，得到 $i_1 = -4\,\text{A}$，$i_2 = 3\,\text{A}$，$i_3 = -1\,\text{A}$，$i_5 = 7\,\text{A}$。

（2）该电路理想电流源并联了一个电阻支路，为了减少方程数，可将电流源并联电阻的组合等效变换为电压源与电阻串联的组合，即 $U_{S2} = i_S \times 1 = 8\,\text{V}$，$R_S = 1\,\Omega$ 如图 3-3（b）所示。此时 $b = 3$，$n = 2$，故只需 3 个支路电流方程。即

$$\begin{cases} -i_1 - i_2 + i_3 = 0 \\ i_1 - 2i_2 = -10 \\ 2i_2 + 4i_3 = -8 + 10 = 2 \end{cases}$$

联立求得 $i_1 = -4\,\text{A}$，$i_2 = 3\,\text{A}$，$i_3 = -1\,\text{A}$。

再由图（a）求得 $i_5 = i_3 + i_4 = 7\,\text{A}$。

例 3-4 在图 3-4（a）所示电路中，用网孔分析法求 I_A，并求受控源提供的功率。

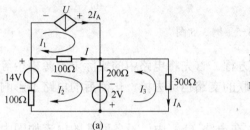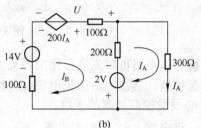

图 3-4　例 3-4 图

分析： 电路中含的受控源当作独立源来处理，但控制量要用网孔电流来表示。

解：（1）直接由图 3-4（a）列网孔方程，得到

网孔 1　　$I_1 = 2I_A$

网孔 2　　$-100 \times 2I_A + (100 + 100 + 200)I_2 + 200I_3 = 14 + 2$

网孔 3　　$200I_2 + (200 + 300)I_3 = 2$

控制量用网孔电流表示　　$I_A = -I_3$

联立求解，得 $I_2 = 0.06\,\text{A}$，$I_A = 0.02\,\text{A}$。

由于

$$I = I_2 - 2I_A = 0.06 - 0.04 = 0.02\,\text{A}$$

$$U = -100 \times 0.02 = -2\,\text{V}$$

则受控源的功率为

$$P_{\text{受控源}} = -2I_A U = -2 \times 0.02 \times (-2) = 0.08\,\text{W}$$

即受控源提供的功率为 -0.08W。

（2）将图 3-4（a）等效变换为图 3-4（b），减少了一个网孔。列网孔方程

$$\begin{cases} (200 + 300)I_A - 200I_B = -2 \\ -200I_A + (100 + 200 + 200)I_B - 200I_A = 2 + 14 \end{cases}$$

求解得 $I_B = 0.06\,\text{A}$，$I_A = 0.02\,\text{A}$，由 KVL 得到

$$U = -100I_B + 200I_A = -2 \text{ V}$$

则受控源提供功率为

$$P_{受控源} = -2I_A U = -2 \times 0.02 \times (-2) = 0.08 \text{ W}$$

例 3-5   对图 3-5 所示的电路，列出为求解独立电流源 i_{S2} 及受控源的功率所需的网孔电流方程。

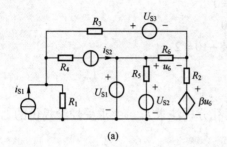 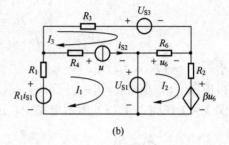

(a)   (b)

图 3-5   例 3-5 图

分析：该电路可以先进行化简再列方程。首先将电路中的实际电流源模型等效成实际电压源模型，其次，与理想电压源并联的支路也可去掉。化简后的电路不影响对独立电流源 i_{S2} 及受控源功率的求解。

解：将电路（a）等效为电路（b），在电路（b）中，设各网孔的电流如图中所示，网孔电流方程为

$$\begin{cases} (R_1 + R_4)I_1 - R_4 I_3 = R_1 i_{S1} - U_{S1} - u \\ (R_2 + R_6)I_2 - R_6 I_3 = u_{S1} - \beta u_6 \\ -R_4 I_1 - R_6 I_2 + (R_3 + R_4 + R_6)I_3 = u - U_{S3} \end{cases}$$

补充方程为

$$u_6 = R_6(I_2 - I_3)$$
$$I_1 - I_3 = i_{S2}$$

则独立电流源 i_{S2} 的功率为 $P_{i_{S1}} = u \times i_{S1}$

受控源功率 $P_{\beta u_6} = \beta u_6 \times I_2$

例 3-6   求图 3-6 所示电路中理想电流源两端电压 u_S 和理想电压源支路上的电流 i_S。

分析：该电路可以用支路法求，但电路中有 6 条支路，要列 6 个方程，比较麻烦，在这里采用网孔分析法或节点分析法，网孔分析法更为简单。

解：（1）本题先用网孔法求。设三个网孔的网孔电流如图中所示，其中一个网孔的电流是已知的，因此只需列两个方程。由图列网孔方程为

$$\begin{cases} 7I_1 - 3 \times 1 = -10 \\ 7I_2 - 4 \times 1 = 10 \end{cases}$$

解得电流为

$$I_1 = -1A, \quad I_2 = 2A$$

则

$$u_S = 3 \times (I_1 - 1) + 4 \times (I_2 - 1) = -2V$$
$$i_S = I_2 - I_1 = 3A$$

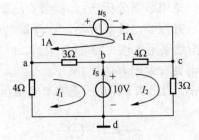

图 3-6　例 3-6 图

本题也可用节点法求解。

（2）选理想电压源的一端 d 为参考点。这样就使理想电压源正好跨接在参考点与节点 b 之间，则节点 b 的节点电压就是理想电压源的电压，为已知量，不用对该节点列写节点方程，使节点方程减少了一个。在此选节点 d 为参考点，节点方程为

节点 a：$\left(\frac{1}{3} + \frac{1}{4}\right)U_a - \frac{1}{3}U_b = -1$

节点 b：$U_b = 10 \text{ V}$

节点 c：$-\frac{1}{4}U_b + \left(\frac{1}{3} + \frac{1}{4}\right)U_c = 1$

联立求解得：$U_a = 4 \text{ V}$，$U_c = 6 \text{ V}$

电流源两端电压为

$$u_S = U_{ac} = U_a - U_c = 4 - 6 = -2 \text{ V}$$

根据 KCL，电压源支路电流为

$$i_S = i_{bc} + i_{ba} = \frac{U_b - U_c}{4} + \frac{U_b - U_a}{3} = 1 + 2 = 3 \text{ A}$$

（3）任意选择节点 c 为参考点。一个理想电压源支路，一般它的端电压 U_S 是已知的，在外电路给定的条件下，其输出电流也是确定的。设输出电流为 i_S，把电压源的电流作为电路变量，用于节点电压法中。参考点的选择可以是随意，但增加了一个电路变量，还需增加一个理想电压源与节点电压之间的约束方程，方能求解。本方法中选节点 c 为参考点，各节点的电压方程为

节点 a：$\left(\frac{1}{3} + \frac{1}{4}\right)U_a - \frac{1}{3}U_b - \frac{1}{4}U_d = -1$

节点 b：$-\frac{1}{3}U_a + \left(\frac{1}{3} + \frac{1}{4}\right)U_b = i_S$

节点 d：$-\frac{1}{4}U_a + \left(\frac{1}{3} + \frac{1}{4}\right)U_d = -i_S$

附加方程：$U_b - U_d = 10$

联立求解，解得 $U_a = -2\,\mathrm{V}$，$U_b = 4\,\mathrm{V}$，$U_d = -6\,\mathrm{V}$，$i_S = 3\,\mathrm{A}$。

电流源两端电压 $u_S = U_{ac} = U_a = -2\,\mathrm{V}$。

评注：比较上述三种方法，可知第一种方法最简单。因此，在分析电路时，选择方法很重要。如果网孔的个数少，或者电路中电压源支路多，就用网孔分析法；如果电路中节点个数少，或电流源多，就用节点分析法。就节点法而言，还要选合适的参考点，如上面的第二种方法，则节点方程少，计算方便，计算量也小，显得更为简单。如果电路仅含有一个理想电压源，当然采用方法（2）进行求解。但若电路中含有多个理想电压源，且不具有公共节点时，则只有采用方法（3）了。

例 3-7 图 3-7 所示电路，列出求 i_1 和 i_7 所需的节点电压方程。

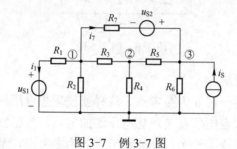

图 3-7 例 3-7 图

分析：该电路用节点比用网孔法简单，根据电路只要列出三个节点方程即可。列方程时注意将电压源串联电阻等效为电流源并联电阻。

解：由图得

$$\begin{cases} \left(\dfrac{1}{R_1}+\dfrac{1}{R_2}+\dfrac{1}{R_3}+\dfrac{1}{R_7}\right)u_1 - \dfrac{1}{R_3}u_2 - \dfrac{1}{R_7}u_3 = \dfrac{u_{S1}}{R_1} - \dfrac{u_{S2}}{R_7} \\[2mm] -\dfrac{1}{R_3}u_1 + \left(\dfrac{1}{R_3}+\dfrac{1}{R_4}+\dfrac{1}{R_5}\right)u_2 - \dfrac{1}{R_5}u_3 = 0 \\[2mm] -\dfrac{1}{R_7}u_1 - \dfrac{1}{R_5}u_2 + \left(\dfrac{1}{R_5}+\dfrac{1}{R_6}+\dfrac{1}{R_7}\right)u_3 = i_S + \dfrac{1}{R_7}u_{S2} \end{cases}$$

解得节点电压后可以求出所需电流

$$i_1 = \frac{u_1 - u_{S1}}{R_1}$$

而

$$u_1 - u_3 = R_7 i_7 - u_{S2}$$

从此方程中可求得电流 i_7。

例 3-8 求图 3-8 电路中节点 1、2、3 的电压和 U_A。

分析：用节点分析法求解本电路时，需注意两点：一是有两个 6 V 理想电压源，只能取其中一个的一端做参考点。要想能书写节点电压方程组，另一个理想电压源就得将流过它的电流 I 作为变量，以满足节点 KCL 方程。二是与 2 A 电流源串联的 1 Ω 电阻是虚支路，用节点法求解时 1 Ω 电阻被短路掉，对节点电压的解无影响，因此不能将 1 Ω 电阻计入节点方程。若不想短路掉 1 Ω 电阻，必须在 1 Ω 与 2 A 电流源连接节点上设一个未知的节点电压变量，增加一个节点方程。

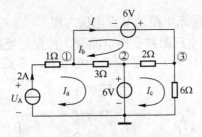

图 3-8 例 3-8 图

解：本题用节点分析和网孔分析两种方法求解。

（1）节点分析法。列节点电压方程，得到

$$\begin{cases} U_2 = 6\,\text{V} \\ \dfrac{1}{3}U_1 - \dfrac{1}{3}U_2 = -I + 2 \\ -\dfrac{1}{2}U_2 + \left(\dfrac{1}{6}+\dfrac{1}{2}\right)U_3 = I \\ U_3 - U_1 = 6 \end{cases}$$

联立求解，得到 $U_1 = 3\,\text{V}$，$U_2 = 6\,\text{V}$，$U_3 = 9\,\text{V}$。

在求 U_A 时，1Ω 电阻必须恢复上，因为它虽不影响 U_1，但对 U_A 有影响。对左下回路，由 KVL 得到

$$U_A = 2\times 1 + U_1 - U_2 + U_2 = 2 + U_1 = 5\,\text{V}$$

或者，由于支路电压

$$U_1 = U_A - 2\times 1$$

得到

$$U_A = U_1 + 2\times 1 = 5\,\text{V}$$

（2）用网孔分析法。一个网孔电流已知，只需列两个网孔电流方程，即

$$\begin{cases} I_a = 2\,\text{A} \\ -3I_a + 5I_b - 2I_c = 6 \\ -2I_b + 8I_c = 6 \end{cases}$$

解之得

$$\begin{cases} I_a = 2\,\text{A} \\ I_b = 3\,\text{A} \\ I_c = 1.5\,\text{A} \end{cases}$$

由 KVL 得到

$$U_1 = (I_a - I_b)\times 3 + 6 = 3\,\text{V}$$

$$U_2 = 6\,\text{V}$$

$$U_3 = 6I_c = 9\,\text{V}$$

$$U_A = U_1 + 1\times 2 = 5\,\text{V}$$

例 3-9　试列出图 3-9 所示电路的节点电压方程。

分析：此电路含有受控电压源和受控电流源，首先把受控源与独立源同等对待，然后用节点电压来表示控制量 U 和 I_3。注意 R_1 为虚支路，不能计入自电导内。

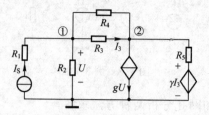

图 3-9　例 3-9 图

解：列节点 1 和节点 2 的节点方程，得到

$$\begin{cases} \left(\dfrac{1}{R_2}+\dfrac{1}{R_3}+\dfrac{1}{R_4}\right)U_1-\left(\dfrac{1}{R_3}+\dfrac{1}{R_4}\right)U_2=I_S \\[2mm] -\left(\dfrac{1}{R_3}+\dfrac{1}{R_4}\right)U_1+\left(\dfrac{1}{R_5}+\dfrac{1}{R_3}+\dfrac{1}{R_4}\right)U_2=\dfrac{\gamma I_3}{R_5}-gU \end{cases}$$

用节点电压来表示控制量

$$\begin{cases} U=U_1 \\[2mm] I_3=\dfrac{U_1-U_2}{R_3} \end{cases}$$

例 3-10　用节点法求图 3-10 所示电路中的 $\dfrac{U_2}{U_1}$。

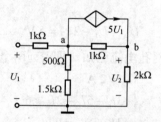

图 3-10　例 3-10 图

解：对节点 a、b 列节点电压方程，得到

$$\begin{cases} \left(\dfrac{1}{1}+\dfrac{1}{1}+\dfrac{1}{0.5+1.5}\right)U_a-\dfrac{1}{1}U_2=\dfrac{U_1}{1}-5U_1 \\[2mm] -\dfrac{1}{1}U_a+\left(\dfrac{1}{1}+\dfrac{1}{2}\right)U_2=5U_1 \end{cases}$$

整理得

$$\begin{cases} \dfrac{5}{2}U_a-U_2=-4U_1 \\[2mm] -U_a+\dfrac{3}{2}U_2=5U_1 \end{cases}$$

解之得

$$\frac{11}{4}U_2 = \frac{17}{2}U_1$$

于是

$$\frac{U_2}{U_1} = \frac{17}{2} \times \frac{4}{11} = \frac{34}{11}$$

例 3-11 求图示 3-11 电路中的 U_{AO} 和 I_{AO}。

分析：这是电子电路的习惯画法。实际上本电路只有两个节点：A 和参考点 O。U_{AO} 为节点电压 A 点电位 U_A。可用节点分析法直接求得，再用欧姆定理求得电流 I_{AO}。

解：列节点方程，得到

$$\left(\frac{1}{2} + \frac{1}{3} + \frac{1}{4} + \frac{1}{4}\right)U_{AO} + \frac{4}{2} - \frac{6}{3} + \frac{8}{4} = 0$$

$$U_{AO} = -1.5\text{V}$$

于是

$$I_{AO} = \frac{-1.5}{4} = -0.375\,\text{A}$$

例 3-12 试列出图 3-12 所示电路的节点电压方程。

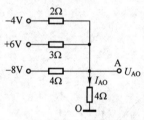 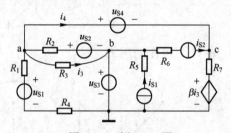

图 3-11　例 3-11 图　　　　　　图 3-12　例 3-12 图

分析：在此电路中，注意①实际电压源模型等效成实际电流源模型；②电压源支路中的电流不能忽略；③与理想电流源串联的电阻从等效的观点看可去掉。

解：选择一个参考点，列节 a、b、c 的节点方程得

$$\begin{cases} \left(\frac{1}{R_1 + R_4} + \frac{1}{R_2} + \frac{1}{R_3}\right)u_a - \left(\frac{1}{R_2} + \frac{1}{R_3}\right)u_b = \frac{u_{S1}}{R_1 + R_4} + \frac{u_{S2}}{R_2} - i_4 \\ u_b = u_{S3} \\ \frac{1}{R_7}u_c = i_4 + i_{S2} + \frac{\beta i_3}{R_7} \end{cases}$$

3 个节点中有 5 个变量，所以应该增加两个补充方程，一个是受控源的控制量用节点电压表示，另一个是将已知的支路电压用节点电压表示，因此得补充方程为

$$i_3 = \frac{u_a - u_b}{R_3}$$

$$u_{S4} = u_a - u_c$$

3.5 习题 3 答案

3-1 试画出习题 3-1 图所示各连通图的 5 棵可能的树。

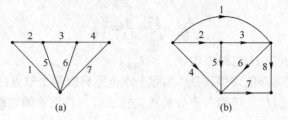

习题 3-1 图

解：（1）图（a）可能的树为

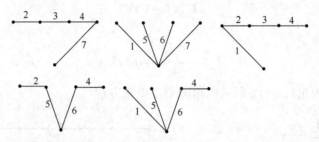

（2）图（b）可能的树为

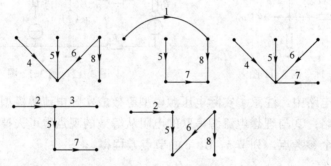

3-2 用支路电流法求解习题 3-2 图所示电路中的 I_1、I_2 和 I_3。

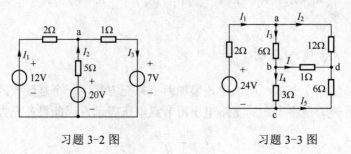

习题 3-2 图　　　　　　　　习题 3-3 图

解：各支路电流参考方向已标注在图中，对节点 a 列 KCL 方程；选网孔作为独立回路，图中两个网孔按逆时针绕行方向列 KVL 方程，得到

KCL

$$I_1 + I_2 - I_3 = 0$$

KVL

$$\begin{cases} 12 - 2I_1 + 5I_2 - 20 = 0 \\ 20 - 5I_2 - I_3 - 7 = 0 \end{cases}$$

解得

$$I_1 = 1\text{A} , \quad I_2 = 2\text{A} , \quad I_3 = 3\text{A}$$

3-3　用支路电流法求习题 3-3 图所示电路中的 I。

解：各支路电流参考方向已标注在图中。电路中有 4 个节点，只有 3 个独立的 KCL 方程。对节点 a、b、c 列 KCL 方程；选 3 个网孔作为独立回路，按顺时针绕行方向列网孔的 KVL 方程，得到

$$\begin{cases} I_1 - I_2 - I_3 = 0 \\ I_3 - I - I_4 = 0 \\ I_4 - I_1 - I_5 = 0 \end{cases}$$

$$\begin{cases} -24 + 2I_1 + 6I_3 + 3I_4 = 0 \\ 12I_2 - I - 6I_3 = 0 \\ I - 6I_5 - 3I_4 = 0 \end{cases}$$

解方程组得

$$I_1 = 3\,\text{A} 、 I_2 = 1\,\text{A} 、 I_3 = 2\,\text{A} 、 I_4 = 2\,\text{A} 、 I_5 = -1\,\text{A} 、 I = 0\,\text{A}$$

3-4　用支路电流法求解习题 3-4 图（a）所示电路中的 I_x，及图 3-4（b）所示电路中的 U_x。

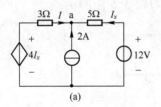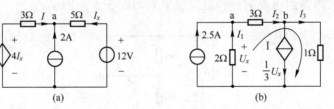

习题 3-4 图

解：（1）图（a）所示电路各支路电流参考方向已标注在图中，分别对节点 a 列 KCL 方程和对回路列 KVL 得到

$$\begin{cases} 2 + I + I_x = 0 \\ 4I_x - 3I + 5I_x - 12 = 0 \end{cases}$$

解方程组得

$$I_x = 0.5\text{A}$$

（2）图（b）所示电路各支路电流参考方向已标注在图中，对节点 a、b 列 KCL 方程，并选网孔 I 作为独立回路，按图中所示绕行方向列 KVL 方程，得到

$$\begin{cases} 2.5 + I_1 - I_2 = 0 \\ I_2 - \dfrac{1}{3}U_x - I_3 = 0 \\ 2I_1 + 3I_2 + I_3 = 0 \end{cases}$$

对 2Ω 电阻应用欧姆定律，得到

$$U_x = -2I_1$$

解方程组得

$$U_x = 3\text{V}$$

3-5　在一个三网孔的电路中，若网孔电流 i_1 可由网孔方程解得，试画出该电路的一种可能的形式。

$$i_1 = \frac{\begin{vmatrix} -1 & 0 & -1 \\ 1 & 1 & -1 \\ 0 & -1 & 3 \end{vmatrix}}{\begin{vmatrix} 2 & 0 & -1 \\ 0 & 1 & -1 \\ -1 & -1 & 3 \end{vmatrix}}$$

解：由上式可得网孔方程为

$$\begin{cases} 2i_1 - i_3 = -1 \\ i_2 - i_3 = 1 \\ -i_1 - i_2 + 3i_3 = 0 \end{cases}$$

由网孔方程的规律得到可能的一种电路模型如习题 3-5 图所示。

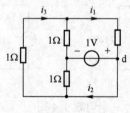

习题 3-5 图

3-6　试用网孔分析法求习题 3-6 图所示电路中各电压源提供的功率。

解：标出各支路电流、网孔电流的参考方向，如习题 3-6 图所示。网孔方程为

网孔 a　　$200I_a + 100I_c = 180$

网孔 b　　$600I_b - 200I_c = 60$

网孔 c　　$100I_a - 200I_b + 700I_c = 120$

联立求解，得 $I_a = \dfrac{6}{7}\text{A}$，$I_b = \dfrac{9}{70}\text{A}$，$I_c = \dfrac{3}{35}\text{A}$。

由 KCL 得到

$$I_1 = I_a + I_c = \frac{66}{70}\text{A}$$

$$I_2 = I_a + I_b = \frac{69}{70} \text{ A}$$

所以，电压源的功率为

$$P_{120V} = -120I_1 = -120 \times \frac{66}{70} = -113.14 \text{ W （提供）}$$

$$P_{60V} = 60I_2 = 60 \times \frac{69}{70} = 59.14 \text{ W （吸收）}$$

3-7 用网孔分析法求习题 3-7 图所示电路中各支路的电流。

解： 图所示电路中网孔电流及参考方向如图所示，列网孔方程如下

$$\begin{cases} (2+8+40) I_{m1} + 40I_{m2} - 80I_{m3} = 136 \\ 40I_{m1} + (40+10) I_{m2} + 10I_{m3} = 50 \\ I_{m3} = 3 \end{cases}$$

整理得

$$\begin{cases} 50I_{m1} + 40I_{m2} - 80I_{m3} = 136 \\ 40I_{m1} + 50I_{m2} + 10I_{m3} = 50 \\ I_{m3} = 3 \end{cases}$$

解方程组得

$$\begin{cases} I_{m1} = 8 \text{ A} \\ I_{m2} = -6 \text{ A} \\ I_{m3} = 3 \text{ A} \end{cases}$$

于是得

$$\begin{cases} I_{da} = I_{m1} = 8 \text{ A} \\ I_{ab} = I_{m1} - I_{m3} = 5 \text{ A} \\ I_{bd} = I_{m1} + I_{m2} = 2 \text{ A} \\ I_{bc} = -(I_{m3} + I_{m2}) = 3 \text{ A} \\ I_{dc} = I_{m2} = -6 \text{ A} \\ I_{ac} = I_{m3} = 3 \text{ A} \end{cases}$$

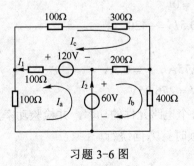

习题 3-6 图

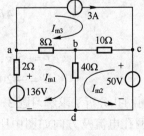

习题 3-7 图

3-8 某电路的网孔电流方程为

$$\begin{cases} (R_1+R_2+R_4)I_1-R_2I_2-R_4I_3=0 \\ -R_2I_1+(R_2+R_3)I_2-R_3I_3=U_\text{S} \\ -R_4I_1-(R_3-r)I_2+(R_3+R_4-r)I_3=0 \end{cases}$$

说明该电路中是否含有受控源，试画出该电路。

解：将方程变化一下

$$\begin{cases} (R_1+R_2+R_4)I_1-R_2I_2-R_4I_3=0 \\ -R_2I_1+(R_2+R_3)I_2-R_3I_3=U_\text{S} \\ -R_4I_1-R_3I_2+(R_3+R_4)I_3=r(I_3-I_2) \end{cases}$$

式中 $r(I_3-I_2)$ 可以看作受控电压源，由网孔方程的规律可以得到一种可能的电路如习题 3-8 图所示。

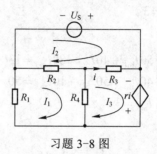

习题 3-8 图

3-9 用网孔分析法求解习题 3-9 图中所示电压 U。

解：设网孔电流及方向如图中所示，方向都按同一方向绕时，互电阻为负，这里，三个网孔电流都按顺时针方向。第三个网孔的网孔电流为受控电流源的电流。根据网孔方程的规律列三个网孔的电流方程及一个补充方程得

$$\begin{cases} (20+10+4)I_1-4I_2-10I_3=0 \\ -4I_1+(1+4+5)I_2-5I_3=-420 \\ I_3=-0.1I \\ I=I_1 \end{cases}$$

整理得

$$\begin{cases} 34I_1-4I_2+I=0 \\ -4I+10I_2+0.5I_3=-420 \end{cases}$$

解得

$$I=-5\text{A}，I_2=-43.75\text{A}，I_3=0.5\text{A}$$
$$U=-420-I_2-20I=276.25\text{V}$$

3-10 用网孔分析法求解习题 3-10 图中每个电路元件的功率，并检验功率是否平衡。

解：设网孔电流及方向如图中所示，按顺时针方向绕行。

列三个网孔方程得

$$\begin{cases} (15+10)I_1-10I_2=3U \\ -10I_1+(10+3+2)I_2=-U_1 \\ I_3=-3U+U_1 \end{cases}$$

3 个方程，有 5 个未知量，所以，增加补充方程为

$$I_3 - I_2 = 6$$
$$U = 15I_1$$

解得

$$I_1 = -2\text{A}, \ I_2 = 4\text{A}, \ I_3 = 10\text{A}, \ U = -30\text{V}, U_1 = -80\text{V}$$

各元件的功率为

$$P_{15\Omega} = UI_1 = 60\text{W}, \ P_{10\Omega} = (I_1 - I_2)^2 \times 10 = 360\text{W}$$
$$P_{3\Omega} = I_2^2 \times 3 = 48\text{W}, \ P_{2\Omega} = I_2^2 \times 2 = 32\text{W}$$
$$P_{1\Omega} = I_3^2 \times 1 = 100\text{W}, \ P_{6\text{A}} = -6U_1 = 480\text{W}$$
$$P_{3U} = 3U \times (I_3 - I_1) = 3 \times (-30) \times 12 = -1080\text{W}$$

经验证，功率守恒。

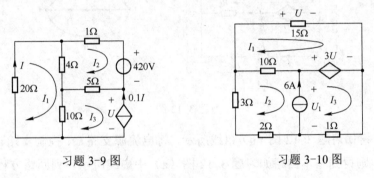

习题 3-9 图　　　　　　　　　　习题 3-10 图

3-11　用回路分析法求解习题 3-10 图中的 U。

解：该电路有 4 个节点，6 条支路。则树枝个数为 3 条（节点数减 1），剩下 3 条构成连枝。只有一条连枝和相应的树枝构成的回路称为基本回路，注意，每个基本回路中只有一条连枝。基本回路电流就是连枝电流，它类似于网孔电流。基本回路的 KVL 方程是以连枝电流为变量的一组独立的方程，KVL 的绕行方向是连枝电流的方向。回路方程的列法与网孔方程的列法完全一致。关键是选择树枝，在选择时，尽量将电流源支路作为连枝，这样该基本回路的电流就是已知的，可以减少一个方程。习题 3-10 图所示的电路，选择树枝如习题 3-11 图（b）所示，加粗的支路为树枝，剩下的为连枝。

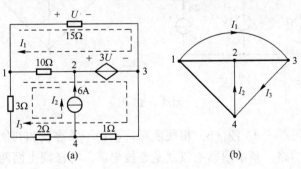

(a)　　　　　　　　　(b)

习题 3-11 图

则基本回路如习题 3-11 图（a）虚线所示，列回路方程为

$$\begin{cases} (15+10)I_1 + 10I_2 - 10I_3 = 3U \\ I_2 = 6 \\ -10I_1 - (10+2+3)I_2 + (10+2+3+1)I_3 = -3U \\ U = 15I_1 \end{cases}$$

解得

$$I_1 = 2A, \ I_2 = 6A, \ I_3 = 10A, \ U = -30V$$

3-12 在习题 3-12 图中，适当选取独立回路并写出回路方程。

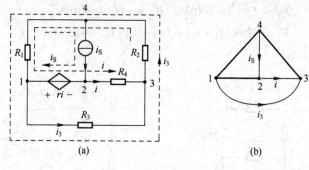

习题 3-12 图

解：选择树如习题 3-12 图（b）粗线所示，将电流源支路 i_S、控制支路 i 和电阻 R_3 支路作为连枝，则得到基本回路如习题 3-12 图（a）中虚线所示。列回路方程

$$\begin{cases} (R_1 + R_2 + R_4)i - R_1 i_S + (R_1 + R_2)i_3 = -ri \\ (R_1 + R_2)i - R_1 i_S + (R_1 + R_3 + R_2)i_3 = 0 \end{cases}$$

如果列网孔方程，需要列 3 个网孔方程，还要 2 个补充方程，共 5 个方程才能求解。可见，当选择合适的基本回路时，回路方程个数少于网孔方程个数。

3-13 如习题 3-13 图所示电路，试选一棵树，使之只用一个回路方程求出 i。

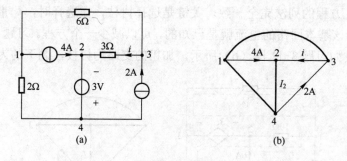

习题 3-13 图

解：选择树如习题 3-13 图（b）粗线所示，则由一条连枝和其他树枝构成一个基本回路，共 3 个基本回路，基本回路电流就是连枝电流。方法同上面两道习题。由于只有一个连枝电流 i 是未知的，所以，只列一个回路方程即可。列回路方程

$$(3+6+2)\times i + 2\times 4 -(6+2)\times 2 = 3$$

解得 $\qquad\qquad\qquad\qquad\qquad i=1\text{A}$

可见，基本回路选择得合适，可大大简化分析计算。

3-14 对习题 3-14 图所示电路，能否分别只用一个方程求解 u_A 和 i_B？若能，则求之。

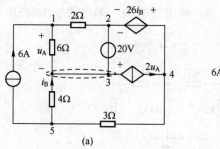 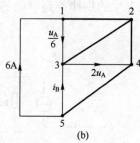

习题 3-14 图

解：选择树如习题 3-14 图（b）粗线所示，由剩下支路构成连枝，共有 4 条连枝，四个基本回路，每个基本回路电流在图中已经标出。列包含连枝 i_B 的回路方程为

$$(3+4)\times i_B + 3\times 6 = -20 + 26i_B$$

解得 $i_B = 2\text{A}$。

列包含连枝 $\dfrac{u_A}{6}$ 的回路方程为

$$\frac{u_A}{6}\times(6+2) - 6\times 2 = -20$$

解得 $u_A = -6\text{V}$。

3-15 对习题 3-15 图所示电路，试用一个回路方程求出 i。

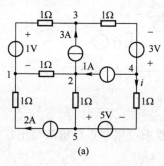 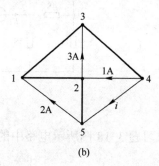

习题 3-15 图

解：选择树如习题 3-15 图（b）粗线所示，由剩下支路构成连枝，共有 4 条连枝，4 个基本回路，每个基本回路电流在图中已经标出，其中 3 个基本回路的电流是已知的，列包含连枝 i 的回路方程为

$$(1+1+1+1+1)\times i - 2\times 3 - 2\times 2 + 3\times 1 = 5+1+3$$

解得 $i = 3.2\text{A}$。

3-16 若某节点方程如下，试给出最简单的电路结构。

$$\begin{cases} 1.6u_1 - 0.5u_2 - u_3 = 1 \\ -0.5u_1 + 1.6u_2 - 0.1u_3 = 0 \\ -u_1 - 0.1u_2 + 3.1u_3 = 0 \end{cases}$$

解：由节点方程的规律得到可能的一种电路模型，如习题 3-16 图所示。

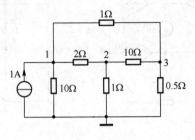

习题 3-16 图

3-17 若某节点方程如下，试给出一种可能的电路结构。

$$\begin{cases} 5u_1 - 4u_2 = -3 \\ -4u_1 + 17u_2 - 8u_4 = 3 + i \\ 17u_3 - 10u_4 = -i \\ -8u_2 - 10u_3 + 27u_4 = -12 \\ u_2 - u_3 = 6 \end{cases}$$

解：由节点方程的规律得到可能的一种电路模型，如习题 3-17 图所示。

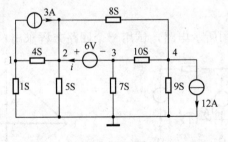

习题 3-17 图

3-18 求习题 3-18 图所示电路中的 U。（要求：用节点分析法写出 U 的表达式）

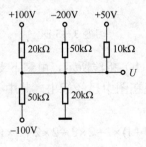

习题 3-18 图

70

解：直接列节点方程得

$$\left(\frac{1}{20}+\frac{1}{50}+\frac{1}{10}+\frac{1}{50}+\frac{1}{20}\right)\times10^{-3}U-\frac{1}{20\times10^{3}}\times100-\frac{1}{50\times10^{3}}\times(-200)$$
$$-\frac{1}{10\times10^{3}}\times50-\frac{1}{50\times10^{3}}\times(-100)=0$$

解得 $U=\frac{50}{3}\text{V}$。

3-19 试用节点分析法求解习题 3-19 图所示电路中的各支路电流。

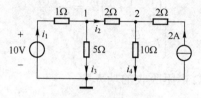

习题 3-19 图

解：本题中将电压源串联电阻等效为电流源并联电阻，电流源电流方向指向节点 1。另外，与 2A 电流源串联的电阻列节点方程时可以去掉，则方程为

$$\begin{cases}\left(1+\frac{1}{2}+\frac{1}{5}\right)u_1-\frac{1}{2}u_2=10\\-\frac{1}{2}u_1+\left(\frac{1}{2}+\frac{1}{10}\right)u_2=2\end{cases}$$

解得

$$\begin{cases}17u_1-5u_2=100\\-5u_1+6u_2=20\end{cases}\Rightarrow\begin{cases}u_1=\frac{100}{11}\text{V}\\u_2=\frac{120}{11}\text{V}\end{cases}$$

由此可以求得各支路电流为

$$i_1=\frac{10-u_1}{1}=\frac{10}{11}\text{A},\ i_2=\frac{u_1-u_2}{2}=-\frac{10}{11}\text{A}$$

$$i_3=\frac{u_1}{5}=\frac{20}{11}\text{A},\ i_4=\frac{u_2}{10}=\frac{12}{11}\text{A}$$

3-20 习题 3-20 图中的电压源为无伴电压源，用节点分析法求解 i_1 电流和 i_2。

解：本题中无伴电压源指单独的一个理想电压源支路，不含损耗。设参考点及各节点如图中所示，由图中可知，节点 3 的节点电压已知，即 $u_3=48\text{V}$。列节点 1 和节点 2 的方程得

$$-\frac{1}{5}\times48+\left(\frac{1}{5}+\frac{1}{6}+\frac{1}{2}\right)u_1-\frac{1}{2}u_2=0$$

$$-\frac{1}{12}\times48-\frac{1}{2}u_1+\left(\frac{1}{12}+\frac{1}{2}+\frac{1}{2}\right)u_2=0$$

解方程得

$$u_1=18\text{V},\quad u_2=12\text{V}$$

求得各节点电压后，可求出任何支路的电流，所以

$$i_1 = \frac{u_3 - u_2}{12} + \frac{u_3 - u_1}{5} = \frac{48-12}{12} + \frac{48-18}{5} = 9\text{A}$$

$$i_2 = \frac{u_2 - u_1}{2} = \frac{12-18}{2} = -3\text{A}$$

3-21 求习题 3-21 图所示电路中 5Ω 电阻吸收的功率。

解：如习题 3-21 图所示电路，选 0 为参考节点，节点 1 电压为 U_1，节点方程为

$$\begin{cases} \left(\dfrac{1}{6} + \dfrac{1}{3} + \dfrac{1}{5}\right)U_1 = \dfrac{9}{6} + \dfrac{6I}{5} \\ I = \dfrac{U_1}{3} \end{cases}$$

解得 $U_1 = 5\,\text{V}$，$I = \dfrac{5}{3}\,\text{A}$。5Ω 电阻吸收的功率为

$$P = \frac{(U_1 - 6I)^2}{5} = \frac{\left(5 - 6 \times \dfrac{5}{3}\right)^2}{5} = 5\,\text{W}$$

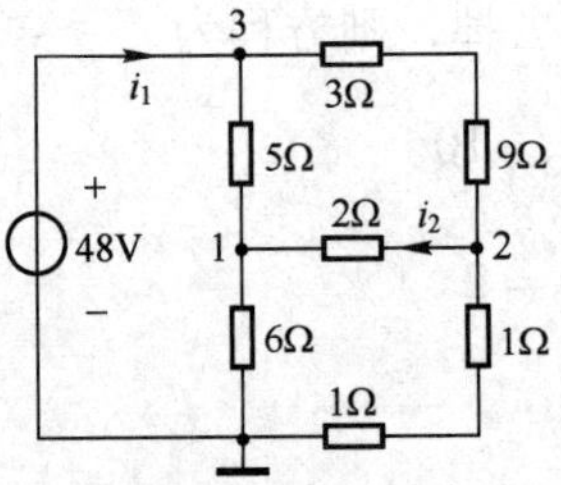

习题 3-20 图 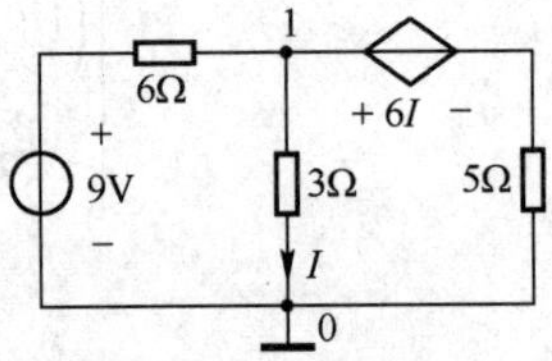   习题 3-21 图

3-22 用节点分析法求解习题 3-22 图电路中的电压 U。

解：在列节点方程时，参考点的选择很重要，参考点选择得合适，则列的方程个数少，求解简单。本题中选择电压源的一端为参考点，则电压源另一端的节点电压就是电压源的电压，减少计算量。参考点如图所示，节点 2 的节点电压为 U。列方程得

$$\begin{cases} U_1 = 50\text{V} \\ -\dfrac{1}{5}U_1 + \left(\dfrac{1}{5} + \dfrac{1}{4} + \dfrac{1}{20}\right)U - \dfrac{1}{4}U_3 = 0 \\ U_3 = 15I \\ I = \dfrac{U}{20} \quad \text{（补充方程）} \end{cases}$$

解得 $U = 32\text{V}$。

该题如果用网孔分析法，则比用节点分析法麻烦得多。大家可自行验证。

3-23 电路如习题 3-23 图所示，求解图中各电源（含受控源）的输出功率。

解：本题中仍然选择电压源（受控电压源）的一端为参考点，如图中所示，0 点为参考点。则只要列其他 3 个节点的节点方程，有一个控制量，多一个补充方程，共 4 个方程。如果不选择电压源一端为参考点，则要给电压源支路设电流，则多一个未知量，

就要再多一个补充方程，共需 5 个方程。以 0 点为参考点列方程，这里注意电路中用的是电导，单位为 S，得方程组

$$\begin{cases} (4+3)U_1 - 4U_2 = -3 - 8 \\ U_2 = \dfrac{1}{8}I \\ (1+5)U_3 - 5U_2 = 8 - 25 \\ I = 4(U_2 - U_1) \quad （补充方程） \end{cases}$$

整理得

$$7U_1 - 4U_2 = -11$$
$$6U_3 - 5U_2 = -17$$
$$U_2 = \frac{1}{8} \times 4(U_2 - U_1)$$

解得

$$U_1 = -1V, \quad U_2 = 1V, \quad U_3 = -2V, \quad I = 8A$$

则各电源功率为

$$P_{3A} = 3 \times U_1 = -3W, \quad P_{25A} = (U_3 - U_2) \times 25 = -75W$$
$$P_{8A} = u \times 8 = [(U_1 - U_3) - 8 \times 1] \times 8 = -56W$$
$$P_{\frac{1}{8}I} = \left(\frac{1}{8}I\right) \times i = \left(\frac{1}{8}I\right)[25 - I - (U_2 - U_3) \times 5] = 1 \times [25 - 8 - 15] = 2W$$

3A 电流源、25A 电流源、8A 电流源的功率为负，表明向外提供功率；受控源功率为正，表明吸收功率。

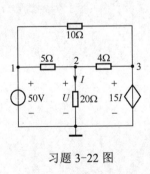

习题 3-22 图

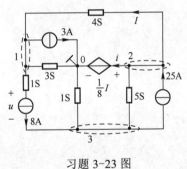

习题 3-23 图

3-24　试列出习题 3-24 图（a）、（b）所示非平面电路的节点方程。

解：非平面电路不能用网孔分析法，只能用节点分析法。

（1）图（a）中，列节点方程

$$\begin{cases} u_a = U_S \\ -G_1 u_a + (G_1 + G_4 + G_6 + G_9)u_b - G_4 u_c - G_9 u_d = 0 \\ -G_2 u_a - G_4 u_b + (G_2 + G_4 + G_5 + G_7)u_c - G_5 u_d = 0 \\ -G_3 u_a - G_9 u_b - G_5 u_c + (G_3 + G_5 + G_8 + G_9)u_d = 0 \end{cases}$$

（2）图（b）中，设0点为参考点，列节点方程

$$\begin{cases} 3Gu_1 - Gu_2 - Gu_3 = Gu_{S2} \\ -Gu_1 + 3Gu_2 - Gu_4 - Gu_5 = 0 \\ -Gu_1 + 3Gu_3 - Gu_4 - Gu_5 = 0 \\ -Gu_2 - Gu_3 + 3Gu_4 = Gu_{S6} \\ -Gu_2 - Gu_3 + 3Gu_5 = 0 \end{cases}$$

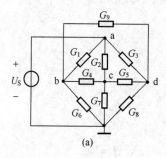
(a)

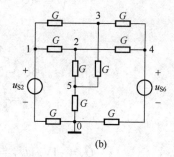
(b)

习题 3-24 图

第4章 电路定理

电路定理不仅为电路分析提供了等效变换的分析方法，而且为电路理论问题的证明提供了基本理论依据。本章主要学习电路理论中常用的几个定理，包括叠加定理、替代定理、戴维南定理、诺顿定理及最大功率传递定理等。这些定理描述了电路的基本性质，为电路的分析提供了重要的理论依据。

4.1 基 本 要 求

（1）理解线性电路的概念和叠加性质，掌握叠加定理的物理意义及使用方法。
（2）理解戴维南定理、诺顿定理的物理意义；并熟练运用这两个定理分析电路。
（3）掌握最大功率传输定理，掌握功率匹配的概念。
（4）理解替代定理的内容及使用方法。

4.2 要点·难点

（1）本章重点：叠加定理和戴维南定理的物理意义及应用。
（2）本章难点：叠加定理、戴维南定理在电路分析中的运用。

4.3 基 本 内 容

4.3.1 叠加定理

齐次性和叠加性是线性电路的基本性质，叠加定理是反映线性电路特性的重要定理，是线性电路分析中普遍适用的重要原理，也是分析电路的一种重要方法。

1. 叠加定理的内容

在任何由线性电阻、线性受控源和独立源组成的线性电路中，任一支路的电流或电压都是电路中各个独立源单独作用时在该支路所产生的电流或电压的代数和。

2. 应用叠加定理分析电路的步骤

（1）给出电路中各待求电压、电流变量和中间变量的参考方向。

（2）分别画出各独立源单独作用于电路时的等效电路，并标出每个等效电路中电压、电流变量或中间变量的参考方向。

（3）在各独立源单独作用下的等效电路中，求出相应的电压、电流的待求变量或中间变量。

（4）将求出的各等效电路中的电压、电流进行叠加，则得到原电路待求的电压、电流。

3. 应用叠加定理时应注意的几个问题

（1）叠加定理只适用于具有唯一解的线性电路，不适用于非线性电路。

（2）当一个或一组独立源作用时，其他不作用的独立源均应置零（独立电压源短路，独立电流源开路），电路的其他元件均不得改动。

（3）在含受控源的电路中应用叠加定理时，受控源不能看作独立源单独作用电路，在各独立源单独作用的等效电路中，受控源应保留在其中。

（4）电压、电流叠加时要注意方向。各等效电路中电压、电流的参考方向与原电路所标电压、电流参考方向一致者取正号，否则取负号。

（5）功率不能叠加，因为功率是电压和电流的乘积，不是电压或电流的一次函数。

4.3.2　替代定理（置换定理）

替代定理也称置换定理，是电路分析中常用的一个定理。替代定理主要用来证明其他定理和引出其他分析方法。例如，已知某条支路的电流，可以用一个电流源去置换这条支路，然后就可用叠加定理去分析。

1. 替代定理的内容

在给定具有唯一解的线性或非线性电路中，若已知第 k 条支路的电压 u_k 和电流 i_k，且该支路与其他支路之间不存在耦合关系，则该支路可用一个电压为 u_k 的独立电压源替代，或用一个电流为 i_k 的独立电流源替代。若 u_k 与 i_k 参考方向为关联方向，则也可以用电阻值为 $R_k = u_k / i_k$ 的电阻替代，替代前后的电路具有同样的解。

2. 应用替代定理应注意几点

（1）替代定理适用于线性、非线性、时变、非时变电路。被替代的第 k 条支路可以是无源的，也可以是含独立源的支路，甚至是一个二端电路。

（2）应用替代定理的电路，替代前后均应有唯一解，否则不能用替代定理。

（3）用于替代的电压源极性（电流源电流的参考方向）应与原支路的电压极性（电流参考方向）保持一致。

（4）被替代的支路或电路与其他支路间不应存在耦合关系，即被替代的支路中没有受控源的控制量和被控制量。

4.3.3　戴维南定理和诺顿定理

戴维南定理和诺顿定理是电路理论中非常重要的定理，反映了线性二端网络的特性，也是求线性含源二端网络等效电路常用的一种方法，为求等效电路提供了理论依据。

1. 线性含源单口网络（也称为二端网络）

线性含源二端电路（网络）是指其中可包含独立源、线性电阻和线性受控源的二端电路。

任何一个线性含源二端电路，对外电路而言，均可用一个实际电压源模型或实际电流源模型替代。若等效电源是一个实际电压源模型，即一个理想电压源和电阻的串联组合，则称为戴维南定理；若等效电源是实际电流源模型，即一个理想电流源和电阻的并联组合，则称为诺顿定理。

2. 戴维南定理的内容

任何一个线性含源二端电路 N，就其 ab 端来说，都可以用一个理想电压源 u_{oc} 和一个电阻 R_{eq} 串联来等效，如图 4-1 所示。其中 u_{oc} 为 ab 端的开路电压，R_{eq} 为 N 中所有独立源置零时，从 ab 端口看进去的等效电阻，也称戴维南等效电阻。

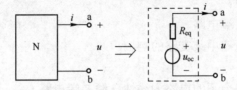

图 4-1 戴维南定理

3. 诺顿定理的内容

任何一个线性含源二端电路 N，就其 ab 端来说，都可以用一个理想电流源 i_{sc} 和一个电阻 R_{eq} 并联来等效，如图 4-2 所示。其中 i_{sc} 为 ab 端口短路时，从 a 流向 b 的短路电流；R_{eq} 为 N 中所有独立源置零时，从 ab 端口看进去的等效电阻。

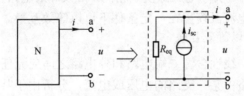

图 4-2 诺顿定理

4. u_{oc}、i_{sc}、R_{eq} 的确定

（1）开路电压 u_{oc}：如图 4-3 中（a）所示，ab 端之间开路，N 中独立源作用下在 ab 端之间产生的电压。

（2）短路电流 i_{sc}：如图 4-3 中（b）所示，ab 端之间短路，N 中独立源作用产生的短路电流。

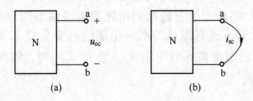

图 4-3 开路电压和短路电流的求法

（3）等效电阻 R_{eq} 的几种求解法。

① 不含受控源的简单电路，除源后（独立源置零）用电阻串并联求等效电阻。

② 除源后（独立源置零）用外加电源法求：

$$R_{eq} = \frac{u}{i} = \frac{端口电压}{端口电流}$$

③ 用开路电压短路电流法：求出线性含源二端电路端口上的开路电压 u_{oc} 和短路电流 i_{sc}，则 $R_{eq} = u_{oc} / i_{sc}$。注意这种方法不能除源。

④ 伏安关系法：求出二端网络的 VCR，得 $u = Ai + B$ 的形式，则等效电阻 $R_{eq} = A$。

5. 戴维南定理和诺顿定理的应用及分析电路的步骤

应用主要有两个方面：

（1）简化线性含源二端电路。

（2）分析计算线性电路中某支路的响应。

分析电路的步骤：

（1）移去待求支路，余下的电路为线性含源二端电路。

（2）求端口的开路电压 u_{oc} 或短路电流 i_{sc}。

（3）求端口的戴维南等效电阻 R_{eq}。

（4）画出相应的等效电源电路，并接上待求支路，求出待求量。

6. 几点说明

（1）戴维南定理和诺顿定理只适用于含源线性电路的等效。

（2）戴维南等效电路与实际电压源模型相同，诺顿等效电路与实际电流源模型相同。实际电压源模型与实际电流源模型在一定条件下可以等效互换。戴维南与诺顿等效电路满足 $u_{oc} = i_{sc} R_{eq}$ 时，亦可以等效互换。

（3）应用两定理时，线性含源二端电路和外电路之间应无任何耦合关系。

（4）当只需计算电路中某一支路的电压或电流，分析由于某一元件参数变动对该元件所在支路的影响，分析含有一个非线性元件（如理想二极管）的电路时，戴维南定理和诺顿定理特别有用。

（5）注意开路电压 u_{oc}、短路电流 i_{sc} 的参考方向与等效电路中电压源极性、电流源电流方向间的对应关系。

4.3.4 最大功率传输定理

最大功率传输是指负载从一个给定实际电源取得最大功率（或能量）的问题。

最大功率传递定理：将给定的有源单口电路等效成戴维南等效电路，如图 4-4 所示电路，R_L 为负载电阻。则线性有源单口网络传递给可变负载 R_L 的最大功率条件是：负载电阻 R_L 等于单口网络的戴维南等效电阻 R_0。当 $R_L = R_0$ 时，称为最大功率匹配，此时，负载所获得的最大功率为

$$p_{max} = \frac{u_{oc}^2}{4R_0}$$

若使用诺顿等效电路，则

$$p_{max} = \frac{i_{sc}^2 R_0}{4}$$

$R_L = R_0$ 时电路的工作状态称为功率匹配，在功率匹配时，负载电阻得到最大功率。

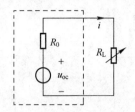

图 4-4　最大功率传输定理

4.4　例 题 详 解

例 4-1　用叠加定理求图 4-5（a）所示电路中的 I。

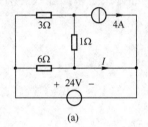 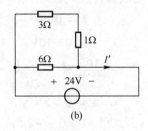 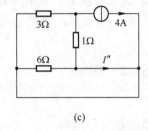

図 4-5　例 4-1 图

分析：24V 电压源作用时，4A 电流源开路如图 4-5（b）所示；4A 电流源作用时，24V 电压源被短路，如图 4-5（c）所示。此时 6Ω 电阻上电压为零，电流也为零，所以 6Ω 电阻被短路，同时也被开路，断掉 6Ω 电阻后，4A 电流源在 1Ω 和 3Ω 中分流。

解：24V 电压源作用时：$I' = \dfrac{24}{\dfrac{(3+1) \times 6}{4+6}} = \dfrac{24}{\dfrac{24}{10}} = 10\text{A}$

4A 电流源作用时：$I'' = -\dfrac{3}{1+3} \times 4 = -3\text{A}$

所以　　　　　　　　　　　　$I = I' + I'' = 10 - 3 = 7\text{A}$

例 4-2　电路如图 4-6（a）所示，试用叠加定理求 U 和 I。

分析：叠加不限于一个独立源单独作用的情况，当电路中独立源个数较多时，在有些情况下，特别是电路结构和元件参数具有某种对称性时，适当地把独立源分为几组，计算就可以简化。如图 4-6（a）可把电压源作为一组，电流源作为另一组，且 2A 电流源可分解成两个 1A 电流源，这样便于计算。电源分组作用见图 4-6（b）～（d）。

解：两个电压源作用时（见图 4-6（b）），有

$$I' = \frac{5-5}{10+10} = 0\text{A}$$

$$U' = 10 \times 0 = 0\text{V}$$

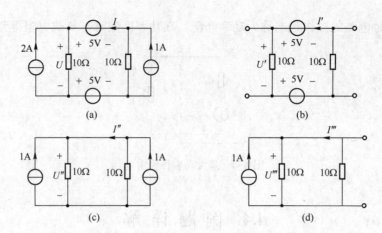

图 4-6　例 4-2 图

图（c）电路中，有两个1A电流源作用，但电路的左右部分关于中间虚线为对称。所以：
$$I'' = 0$$
$$U'' = 1 \times 10 = 10V$$

图（d）电路中：
$$I''' = \frac{-10}{10+10} \times 1 = -0.5A$$
$$U''' = 1 \times 5 = 5V$$

由叠加定理求得：
$$I = I' + I'' + I''' = 0 + 0 + (-0.5) = -0.5A$$
$$U = U' + U'' + U''' = 0 + 10 + 5 = 15V$$

例 4-3　如图 4-7（a）所示电路中，$U_S = 12V$，$R_1 = R_2 = R_3 = R_4$，$U_{ab} = 10V$。若将理想电压源除去后，如图（b）所示，试求电压 U'_{ab}。

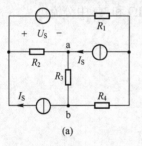 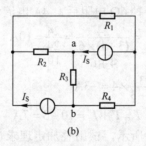 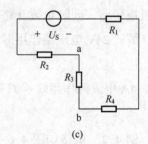

图 4-7　例 4-3 图

分析： 由叠加定理知图（a）所示电路中电压 U_{ab} 是理想电压源 U_S 和两个理想电流源 I_S 共同作用时产生的。在图（b）所示电路中 U'_{ab} 仅是两个理想电流源共同作用时产生的，故只需求出理想电压源 U_S 单独作用时的 U''_{ab} 即可。

解： 图（c）所示电路，则有 $U''_{ab} = \dfrac{R_3}{R_1 + R_2 + R_3 + R_4} U_S = \dfrac{1}{4} U_S = 3V$

两个理想电流源 I_S 作用时，产生的电压 U'_{ab} 为
$$U'_{ab} = U_{ab} - U''_{ab} = 10 - 3 = 7V$$

例 4-4 在图 4-8（a）所示电路中，（1）求 I；（2）当 $U_\text{S} = 8\text{V}$、$I_\text{S} = 0.5\text{mA}$ 时，求电流 I。

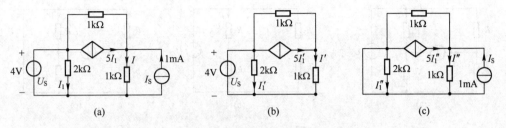

(a)　　　　　　(b)　　　　　　(c)

图 4-8　例 4-4 图

分析：该题含有受控源，在用叠加定理各个独立源单独作用时受控源保留。

解：（1）电压源单独作用时，电路如图 4-8（b）所示，电流源单独作用时，电路如图 4-8（c）所示。由图（b）得

$$I_1' = \frac{4}{2} = 2\text{mA}$$

$$U_\text{S} = (I' - 5I_1') \times 1 \times 10^3 + I' \times 1 \times 10^3 = 4 \Rightarrow I' = 7\text{mA}$$

由图（c）得

$$I_1'' = 0$$

$2\text{k}\Omega$ 电阻被短路，则两个 $1\text{k}\Omega$ 是并联的关系，所以有

$$5I_1'' = 0$$

$$I'' = \frac{1}{2}I_\text{S} = 0.5\text{mA}$$

$$I = I' + I'' = 7.5\text{mA}$$

（2）当 $U_\text{S} = 8\text{V}$、$I_\text{S} = 0.5\text{mA}$ 时，即电压源是以前的两倍，电流源是以前的一半，则

$$I = 2I' + \frac{1}{2}I'' = 14.25\text{mA}$$

例 4-5 在如图 4-9 所示电路中，已知 $U_{\text{S}1} = 20\text{V}$，$U_{\text{S}2} = 10\text{V}$，$I_\text{S} = 1\text{A}$，$R_1 = 5\Omega$，$R_2 = 6\Omega$，$R_3 = 10\Omega$，$R_4 = 5\Omega$，$R_5 = 8\Omega$，$R_6 = 12\Omega$，$R_7 = 1\Omega$。试求流经电阻 R_5 的电流。

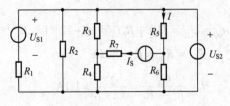

图 4-9　例 4-5 图

分析：首先对图 4-9 所示电路进行简化。

（1）电路的左半部分，即 $U_{\text{S}1}$ 与 R_1 支路和 R_2 支路为并联，再与右半部分的理想电压源 $U_{\text{S}2}$ 并联，故等效为 $U_{\text{S}2}$，即 $U_{\text{S}1}$ 与 R_1 支路、R_2 支路均可去掉。

（2）电阻 R_7 和理想电流源 I_S 串联，支路中 R_7 可去掉。化简后电路如图 4-10（a）所示。

解：方法一： 用叠加定理分别求 U_{S2} 和 I_S 单独作用时在电阻 R_5 支路产生的电流，电路分别为 4-10（b）和（c）。

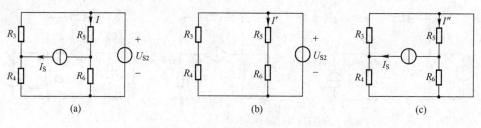

图 4-10　例 4-5 图

理想电压源单独作用，有

$$I' = \frac{U_{S2}}{R_5 + R_6} = \frac{10}{8+12} = 0.5A$$

理想电流源单独作用，分流得

$$I'' = \frac{R_6}{R_5 + R_6} I_S = \frac{12}{8+12} \times 1 = 0.6A$$

所以

$$I = I' + I'' = 0.5 + 0.6 = 1.1A$$

方法二： 用戴维南定理来求。先将 R_5 支路断开，如图 4-11（a）所示。分别求开路电压 u_{oc} 和等效电阻 R_{eq}，其等效电路如图 4-11（b）所示。戴维南等效电路如图 4-11（c）所示，故可求得 R_5 支路上的电路 I。

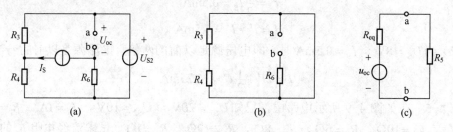

图 4-11　例 4-5 图

$$u_{oc} = U_{ab} = U_{S2} + R_6 I_S = 10 + 12 \times 1 = 22V$$

$$R_{eq} = R_{ab} = R_6 = 12\Omega$$

$$I = \frac{u_{oc}}{R_{eq} + R_5} = \frac{22}{12+8} = 1.1A$$

评注： 对于一个较复杂的电路，若要求电路中某一支路的电压或电流时，运用戴维南定理就要比其他分析方法简便。

例 4-6　用戴维南定理求例 4-1 中图 4-5（a）所示电路中的 I。

分析： 该题用戴维南定理求解更简单。为便于分析，将图 4-5（a）重画为图 4-12（a）所示。可求 ab 两端的戴维南等效。先求 ab 两端开路电压 u_{oc}，如图 4-12（b）所示，此时，ab 端口中没有电流，1Ω 电阻和 6Ω 电阻串联，再与 3Ω 并联，则 6Ω 电阻中的电流可用分流公式求得，利用 KVL 可求 u_{oc}。再求 ab 两端等效电阻 R_0。注意，求等效电阻时，电压源短路，电流源开路，如图 4-12（c）所示，用简单的电阻串并联即可得到等效电阻。

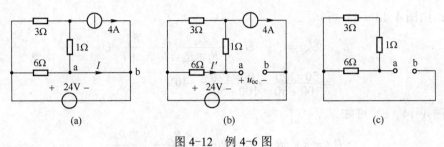

图 4-12   例 4-6 图

解：由图 4-12（b）可得

$$I' = \frac{3}{3+7} \times 4 = 1.2\text{A}$$

$$u_{oc} = -I' \times 6 + 24 = 16.8\text{V}$$

由图 4-12（c）可得

$$R_0 = \frac{4 \times 6}{4+6} = 2.4\Omega$$

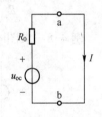

最后得等效电路如图 4-13 所示，则

$$I = \frac{u_{oc}}{R_0} = \frac{16.8}{2.4} = 7\text{A}$$

可见，用戴维南定理求解某条支路的电压或电流时也是一种比   图 4-13   例 4-6 图
较简单的方法。

例 4-7   如图 4-14（a）所示电路，已知 $U = 120\text{V}$，$R_1 = R_2 = 100\Omega$，$R_3 = R_4 = 50\Omega$，$R_5 = R_6 = 75\Omega$，$R = 150\Omega$，试求 R 支路电流 I。

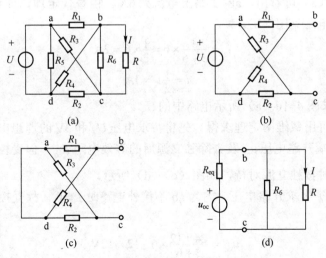

图 4-14   例 4-7 图

分析： 题目没有明确要求用某种方法计算，但采用戴维南定理计算较为简便。首先将 R 支路和 R_6 支路并联部均可以从电路断开。其次与理想电压源并联的 R_5 支路可去掉，电路化简如图 4-14（b）所示，由此可求得开路电压 u_{oc}。求等效电阻 R_{eq} 如图 4-14（c）所示。

解： 由图 4-14（b）可知

$$u_{oc} = U_{bc} = U_{bd} - U_{dc} = \frac{R_4}{R_1 + R_4}U - \frac{R_2}{R_2 + R_3}U$$

$$= \frac{50 \times 120}{100 + 50} - \frac{100 \times 120}{100 + 50} = -40\text{V}$$

由图 4-14（c）可知

$$R_{eq} = R_1 // R_4 + R_2 // R_3 = \frac{R_1 R_4}{R_1 + R_4} + \frac{R_2 R_3}{R_2 + R_3}$$

$$= 2 \times \frac{100 \times 50}{100 + 50} = 66.67\Omega$$

得等效电路，如图 4-14（d）所示，求得 R 支路电流 I 为

$$I = \frac{u_{oc}}{R_{eq} + (R_6 // R)} \times \frac{R_6}{R_6 + R} = \frac{-40}{66.67 + (75 // 150)} \times \frac{75}{75 + 150} = -0.11\text{A}$$

例 4-8 求图 4-15（a）所示电路中的电流 i。

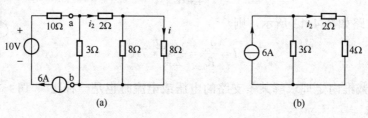

图 4-15　例 4-8 图

分析： 从图（a）可看出，ab 支路上电流为 6A。由替代定理，该支路可用 6A 的电流源替代，等效电路见图（b）。

解：
$$i_2 = \frac{3}{3 + 6} \times 6 = \frac{1}{3} \times 6 = 2\text{A}$$

由分流关系得
$$i = \frac{1}{2}i_2 = 1\text{A}$$

例 4-9 试求图 4-16（a）所示电路中的 U_R。

分析： 本题可用戴维南定理求得。先将待求电压 U_R 和 3V 的理想电压源支路断开，如图（b）。求 ab 端开路电压 u_{oc} 及去除独立源后的等效电阻 R_{eq}，但受控源必须保留在电路中，等效变换时按独立源对待，如图（c）（d）所示。

解： 在图（b）中求开路电压。因为 ab 不接外电路时 $I = 0$，故受控源 CCCS 的电流 $0.5I = 0$，有

$$u_{oc} = \frac{24 + 12}{3 + 6} \times 6 - 12 = 12\text{V}$$

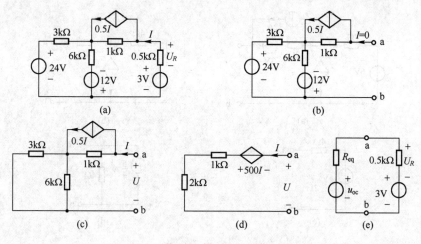

图 4-16 例 4-9 图

求 R_{eq}，如图（c）所示，可将 $0.5I$ 受控电流源与 $1k\Omega$ 并联组合等效变换成 $1k\Omega$ 和 $500I$ 受控电压源串联组合。

$$1000 \times 0.5I = 500I \quad （受控电压源电压）$$

则

$$U = -500I + (2000 + 1000)I = 2500I$$

等效电阻

$$R_{eq} = \frac{U}{I} = 2.5k\Omega$$

于是得戴维南等效电路，如图（e）所示。

$$U_R = \frac{12-3}{2.5+0.5} \times 0.5 = 1.5V$$

评注：求 R_{eq} 时采用加压求流法。此时应注意有源二端网络中的独立源要除去，受控源必须保留，且要注意控制量和受控量的方向。

例 4-10 求图 4-17（a）所示电路的戴维南等效电路。

解：求开路电压 u_{oc}，如图（a）所示。注意，此时端口中电流为 0，2A 电流源电流流入 3V 电压源中，所以

$$I_1 = 2A$$

$$u_{oc} = 3 + 2I_1 + 4 \times 0.5I_1 - 6 = 5V$$

求入端电阻 R_{eq}，如图（b）所示。独立源置零，受控源保留，用外加电压法求得。

$$U = 2I_1 + 4(I_1 - 0.5I_1) = 4I_1$$

故

$$R_{eq} = \frac{U}{I_1} = 4\Omega$$

等效电路如图（c）所示。

评注：图（a）所示电路要求诺顿等效电路时，可将 ab 端短接，求得短路电流 $i_{sc} = i_{ab}$，R_{eq} 求法同戴维南等效电阻。或者用等效互换法，由戴维南等效电路等效变换为诺顿等效电路，如图（d）所示。

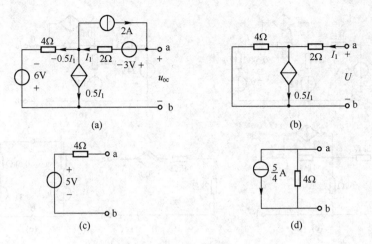

(a)

(b)

(c)

(d)

图 4-17　例 4-10 图

例 4-11　在图 4-18（a）电路中，R_L 为多少时获得最大功率，此最大功率 P_{max} 为多少？

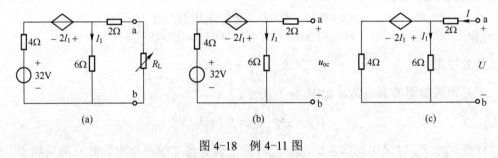

(a)

(b)

(c)

图 4-18　例 4-11 图

分析：此类题目的关键在于断开 R_L 求戴维南等效电路。

解：断开 R_L 求戴维南等效电路如图（b）所示，此时端口电流为 0。

由图列 KVL 得

$$32 = (4+6)I_1 - 2I_1，\ 即\ I_1 = 4A$$

则开路电压为

$$u_{oc} = 6I_1 = 4 \times 6 = 24V$$

求等效电阻 R_{eq}：将独立电压源短路，外加电压 U，求入端电流 I，见图 4-18（c）。

得

$$U = 2I + 6I_1$$

找 I 和 I_1 的关系得

$$4(I - I_1) + 2I_1 = 6I_1$$

解得 $I_1 = 0.5I$ 代入 U 的表达式

$$U = 2I + 6 \times 0.5I = 5I$$

故 $R_{eq} = \dfrac{U}{I} = 5\Omega$。

86

由最大功率传输定理得：当 $R_{\mathrm{L}} = R_{\mathrm{eq}} = 5\Omega$ 时，负载获得最大功率，且

$$P_{\max} = \frac{u_{\mathrm{oc}}^2}{4R_{\mathrm{eq}}} = \frac{24^2}{4 \times 5} = 28.8\mathrm{W}$$

评注：在电子电路中，经常会遇到求负载获得最大功率的问题。在电路中当 $R_{\mathrm{L}} = R_{\mathrm{eq}}$ 时称为电阻匹配。在匹配条件下，虽然负载获得功率最大，但传输效率却较低。因 $R_{\mathrm{L}} = R_{\mathrm{eq}}$，电源内阻消耗功率与负载功率一样。故匹配条件只适用于小功率传输电路。大功率电能传送的时候要尽可能提高效率。

4.5 习题 4 答案

4-1 应用叠加定理求习题 4-1 图中电流 I，欲使 $I = 0$，则 U_{S} 应取何值？

解：用叠加定理，当 36V 电压源单独作用时 3A 电流源开路，此时得电流

$$I' = \frac{36}{9} = 4\mathrm{A}$$

当 3A 电流源单独作用时 36V 电压源短路，用分流公式，此时得电流

$$I'' = \frac{3}{3+6} \times 3 = 1\mathrm{A}$$

所以得

$$I = I' + I'' = 5\mathrm{A}$$

要使 $I = 0$，电流源不变，则电压源单独作用时有 $I' = -1\mathrm{A}$
根据线性电路的齐次性得

$$U_{\mathrm{S}} = 36 \times \left(-\frac{1}{4}\right) = -9\mathrm{V}$$

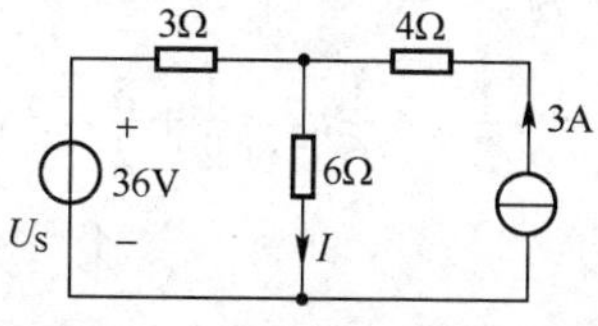

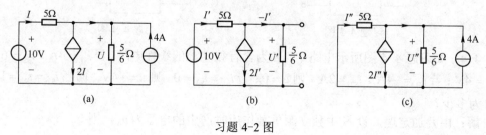

习题 4-1 图

4-2 用叠加定理求习题 4-2 图（a）电路中的电压 U。

(a)　　　　　(b)　　　　　(c)

习题 4-2 图

解：用叠加定理，各独立源单独作用时得等效电路如习题 4-2 图（b）和习题 4-2 图（c）所示。注意，受控源不能单独作用于电路，在独立源单独作用时，受控源要保留。

由图（b）列 KVL 得

$$10 = 5I' + \frac{5}{6} \times (-I') \Rightarrow I' = \frac{60}{25}\text{A}$$

$$U' = \frac{5}{6} \times (-I') = -2\text{V}$$

由图（c）得

$$U'' = \frac{5}{6} \times (4 + I'' - 2I'') = \frac{5}{6} \times (4 - I'')$$

由 KVL 得

$$5I'' + U'' = 0 \Rightarrow I'' = -\frac{1}{5}U''$$

代入上式得

$$U'' = 4\text{V}$$

由叠加定理得

$$U = U' + U'' = 4 - 2 = 2\text{V}$$

4-3　电路如习题 4-3 图所示，N_0 为不含独立源的线性电阻电路。已知当 $u_S = 12\text{V}$，$i_S = 4\text{A}$ 时，$u = 0$；$u_S = -12\text{V}$，$i_S = -2\text{A}$ 时，$u = -1\text{V}$。求当 $u_S = 9\text{V}$，$i_S = -1\text{A}$ 时的电压 u。

解：用叠加定理，设

$$u = k_1 i_S + k_2 u_S$$

代入已知条件得

$$\begin{cases} 0 = 4k_1 + 12k_2 \\ -1 = -2k_1 - 12k_2 \end{cases} \Rightarrow \begin{cases} k_1 = -\dfrac{1}{2} \\ k_2 = \dfrac{1}{6} \end{cases}$$

当 $u_S = 9\text{V}$，$i_S = -1\text{A}$ 时的电压 u 为

$$u = -\frac{1}{2}i_S + \frac{1}{6}u_S = \frac{1}{2} + \frac{3}{2} = 2\text{V}$$

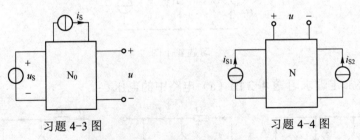

习题 4-3 图　　　　　　　　　习题 4-4 图

4-4　如习题 4-4 图所示电路中，N 为含有独立源的线性电路。若 $i_{S1} = 4\text{A}$、$i_{S2} = 6\text{A}$，则 $u = 4\text{V}$；若 $i_{S1} = -4\text{A}$、$i_{S2} = 2\text{A}$，则 $u = 0$；若 $i_{S1} = i_{S2} = 0$，则 $u = -4\text{V}$。问当 $i_{S1} = i_{S2} = 10\text{A}$ 时 u 为多少？

解：由叠加定理，设 N 中独立源单独作用时产生的电压为 u_0，则

$$u = k_1 i_{S1} + k_2 i_{S2} + u_0$$

代入已知条件

$$\begin{cases} 4k_1 + 6k_2 + u_0 = 4 \\ -4k_1 + 2k_2 + u_0 = 0 \\ u_0 = -4 \end{cases}$$

解得

$$k_1 = -1/4, \quad k_2 = 3/2, \quad u_0 = -4$$

当 $i_{S1} = i_{S2} = 10\text{A}$ 时

$$u = (-1/4) \times 10 + (3/2) \times 10 - 4 = 8.5\text{V}$$

4-5 求图 4-5（a）所示电路中的控制量 I_x。

解： 由叠加定理，各独立源单独作用时得等效电路如习题 4-5 图（b）和习题 4-5 图（c）所示。注意，受控源不能单独作用于电路，在独立源单独作用时，受控源要保留。

由习题 4-5 图（b）等效变换为习题 4-5 图（d），列 KVL 得

$$(2 + 2 + 3) \times I'_x - I'_x = 18 \Rightarrow I'_x = 3\text{A}$$

由习题 4-5 图（c）等效变换为习题 4-5 图（e），列 KVL 得

$$I''_x + 4 \times (3 - I''_x) - 3I''_x = 0 \Rightarrow I''_x = 2\text{A}$$

两独立源共同作用时得

$$I_x = I'_x + I''_x = 5\text{A}$$

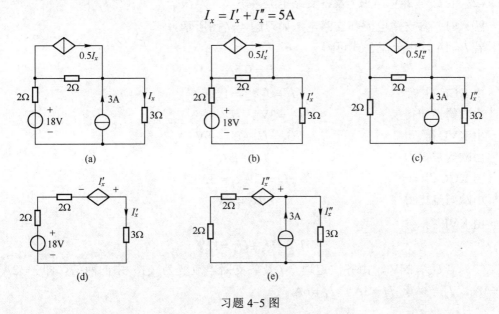

习题 4-5 图

4-6 如习题 4-6 图（a）所示电路，用叠加定理求电流 I 及 a 点的电位 U_a。

解： 由叠加定理可知，当-80V 电压源作用于电路时，20V 电压源置零，则 B 也为零电位点，如图（b）所示，此时列节点方程得

$$\left(\frac{1}{8} + \frac{1}{4} + \frac{1}{4}\right)u'_a - \frac{1}{8} \times (-80) = 0$$

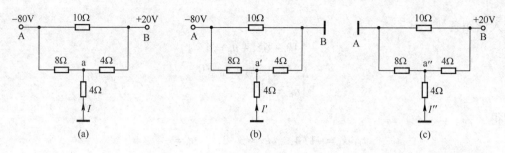

(a)　　　　　　　　　(b)　　　　　　　　　(c)

习题 4-6 图

得 $$u_a' = -16\text{V}, \quad I' = 4\text{A}$$

当 20V 电压源作用于电路时，-80V 电压源置零，则 A 也为零电位点，如图（c）所示，此时列节点方程得

$$\left(\frac{1}{8} + \frac{1}{4} + \frac{1}{4}\right)u_a'' - \frac{1}{4} \times (20) = 0$$

得 $$u_a'' = 8\text{V}, \quad I'' = -2\text{A}$$

$$u_a = u_a' + u_a'' = -8\text{V}, \quad I = I' + I'' = 2\text{A}$$

4-7　如习题 4-7 图所示梯形电路。

（1）若 $I = 1\text{A}$，求 U_S 及各支路电流；

（2）若 $U_S = 24\text{V}$，求 I 及各支路电流。

解：（1）各支路电流和支路电压如习题 4-7 图所示。

若 $I = 1\text{A}$，由分流公式可得

$$I_1 = 0.5\text{A}$$

由 KCL 得 $$I_2 = I_1 + I = 1.5\text{A}$$

由欧姆定律得 $$U_1 = 3\text{V}, \quad U_2 = 3\text{V}$$

由 KVL 得 $$U_3 = U_1 + U_2 = 6\text{V}$$

由欧姆定律得 $$I_3 = 1.5\text{A}$$

由 KCL 得 $$I_4 = I_2 + I_3 = 3\text{A}$$

由欧姆定律得 $$U_4 = 6\text{V}$$

由 KVL 得

$$U_S = U_3 + U_4 = 12\text{V}$$

（2）若 $U_S = 24\text{V}$，由齐次定理，I 及各支路电流变为（1）中的两倍，即 $I = 2\text{A}$，$I_1 = 1\text{A}$，$I_2 = 3\text{A}$，$I_3 = 3\text{A}$，$I_4 = 6\text{A}$。

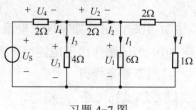

习题 4-7 图

4-8 如习题 4-8 图（a）所示电桥电路中，若 $R_1R_4 = R_2R_3$，试证明 u 正比于 u_S，而与 i_S 无关。

解：根据叠加定理，电压源 u_S 单独作用时，等效电路如习题 4-8 图（b）所示，根据分压公式有

$$u' = \frac{R_3 + R_4}{R_1 + R_2 + R_3 + R_4} u_S$$

电流源 i_S 单独作用时，等效电路如题 4-8 图（c）所示，当 $R_1R_4 = R_2R_3$ 时，电路称为平衡电桥，a 点和 b 点等电位，a、b 两点可开路也可短路，$u'' = 0$，与电流源 i_S 无关。我们可以验证一下。根据图（c）有

$$u'' = R_3 \frac{R_2 + R_4}{R_1 + R_2 + R_3 + R_4} i_S - R_4 \frac{R_1 + R_3}{R_1 + R_2 + R_3 + R_4} i_S = \frac{R_2R_3 - R_1R_4}{R_1 + R_2 + R_3 + R_4} i_S$$

当 $R_1R_4 = R_2R_3$ 时，$u'' = 0$，所以

$$u = u' + u'' = \frac{R_3 + R_4}{R_1 + R_2 + R_3 + R_4} u_S + \frac{R_2R_3 - R_1R_4}{R_1 + R_2 + R_3 + R_4} i_S$$

若 $R_1R_4 = R_2R_3$，则

$$u = \frac{R_3 + R_4}{R_1 + R_2 + R_3 + R_4} u_S$$

即 u 正比于 u_S，而与 i_S 无关。

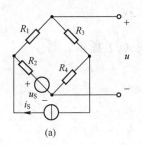 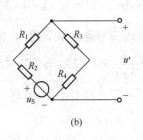 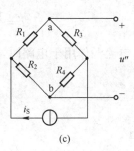

习题 4-8 图

4-9 在习题 4-9 图（a）中，先求电流 I_1，再用置换定理求电流 I_2。

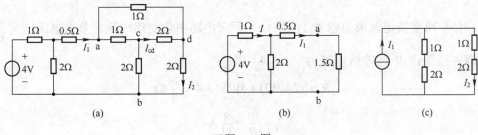

习题 4-9 图

解：图（a）中，ab 右端为平衡电桥，因此 c、d 两点等电位，则 $I_{cd} = 0$，c、d 两点之间可以短路也可开路。在这里，将 c、d 断开得

$$R_{\mathrm{ab}} = 1.5\Omega$$

得等效电路如习题 4-9 图（b）所示，此时

$$I = \frac{4}{2} = 2\mathrm{A} \ , \quad I_1 = \frac{1}{2}I = 1\mathrm{A}$$

用置换定理，得等效电路如习题 4-9 图（c）所示，则

$$I_2 = \frac{1}{2}I_1 = 0.5\mathrm{A}$$

4-10 如习题 4-10 图（a）所示电路，求电压 u。如独立电压源的值均增至原值的两倍，独立电流源的值下降为原值的一半，电压 u 变为多少？

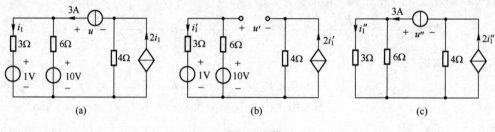

习题 4-10 图

解：根据叠加定理，当两电压源作用于电路时，3A 电流源开路，如习题 4-10 图（b）所示，则

$$i_1' = \frac{10-1}{3+6} = 1\mathrm{A} \ , \quad u' = 3i_1' + 1 - 4 \times 2i_1' = -4\mathrm{V}$$

当 3A 电流源作用于电路时，两电压源短路，如习题 4-10 图（c）所示。则

$$i_1'' = \frac{6}{3+6} \times 3 = 2\mathrm{A} \ \Rightarrow 2i_1'' = 4\mathrm{A}$$

$$u'' = 3i_1'' - 4 \times (2i_1'' - 3) = 2\mathrm{V}$$

最后得
$$u = u' + u'' = -2\mathrm{V}$$

如独立电压源的值均增至原值的两倍，独立电流源的值下降为原值的一半，则根据线性电路的比例性得

$$u = 2u' + \frac{1}{2}u'' = -7\mathrm{V}$$

4-11 用置换定理求习题 4-11 图（a）所示电路中各支路电流、节点电压以及 $\dfrac{u_0}{u_{\mathrm{S}}}$。

解：图（a）中总等效电阻为

$$R = [(24//12) + 5]//39 + 4 = \frac{55}{4}\Omega$$

则
$$i_1 = \frac{10}{R} = \frac{8}{11}\mathrm{A}$$

用电流源置换 i_1 支路得等效电路如图（b）所示，则

$$i_2 = \frac{24//12 + 5}{(24//12 + 5) + 39} \times i_1 = \frac{13}{13 + 39} \times i_1 = \frac{2}{11}\mathrm{A}$$

$$i_3 = \frac{39}{13+39} \times i_1 = \frac{6}{11} \text{A}$$

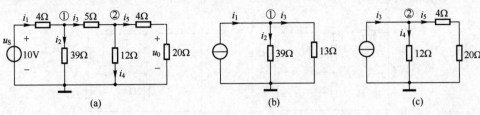

习题 4-11 图

用电流源置换 i_3 支路得等效电路如图（c）所示，则

$$i_4 = \frac{24}{24+12} \times i_3 = \frac{4}{11} \text{A}$$

$$i_5 = \frac{12}{24+12} \times i_3 = \frac{2}{11} \text{A}$$

最后得

$$u_0 = \frac{2}{11} \times 20 = \frac{40}{11} \approx 3.636 \text{V}$$

$$\frac{u_0}{u_S} = 0.3636$$

$$u_1 = 39i_2 = 7.09 \text{V}, \quad u_2 = 12i_4 = 4.364 \text{V}$$

4-12 如习题 4-12 图（a）所示电路，R 为可变电阻，N 为含独立源的网络，R 改变时，电流 i_2 也改变，当 $i_2 = 4\text{A}$ 时，$i_1 = 5\text{A}$；当 $i_2 = 2\text{A}$ 时，$i_1 = 3.5\text{A}$。求 $i_2 = \frac{4}{3}\text{A}$ 时的 i_1。

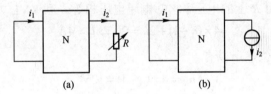

习题 4-12 图

解：习题 4-12 图（a）中用置换定理将 R 支路用电流源置换，如习题 4-12 图（b）所示，此时再用叠加定理求解。

设 $i_1 = I_0 + ki_2$，其中 I_0 为 N 内部独立源作用时在 i_1 支路中产生的电流，ki_2 为电流源 i_2 单独作用时在 i_1 支路中产生的电流，代入已知数值得

$$\begin{cases} 5 = I_0 + 4k \\ 3.5 = I_0 + 2k \end{cases}$$

解得

$$k = 0.75, \quad I_0 = 2\text{A}$$

所以，当 $i_2 = \frac{4}{3}\text{A}$ 时的 i_1 为

$$i_1 = I_0 + ki_2 = 2 + 0.75 \times \frac{4}{3} = 3\text{A}$$

4-13 如习题 4-13 图（a）所示电路，（1）求单口网络 N 的等效电阻；（2）求电压 U_1；（3）试用置换定理求电压 U。

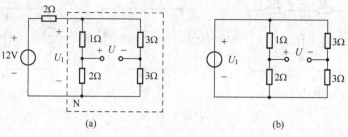

习题 4-13 图

解：（1）习题 4-13 图（a）中等效电阻为

$$R = \frac{3 \times 6}{3 + 6} = 2\Omega$$

（2）由分压公式求电压 U_1

$$U_1 = \frac{R}{R+2} \times 12 = 6V$$

（3）用置换定理得等效电路如习题 4-13 图（b）所示，则电压 U 为

$$U = -\frac{1}{3}U_1 + \frac{3}{6}U_1 = -2 + 3 = 1V$$

4-14 已知习题 4-14 图（a）所示电路中 $i = 1A$，试用替代定理求 R。

解：方法一

用 1A 电流表源置换 ab 支路，如图（b）所示，因为 $i = 1A$，所以 $u_{ab} = 0$，a、b 两点是等电位的，则电阻 R 上的电压和 4Ω 电阻电压相等。列 KVL 方程得

$$4 \times (i_1 - 1) + 2i_1 = 20 \Rightarrow i_1 = 4A$$

因为 a、b 两点是等电位，所以有

$$u_R = 4 \times (i_1 - 1) = 12V$$

再求电阻 R 上的电流

$$i_2 = \frac{2i_1}{8} = 1A$$

则

$$i_R = i_2 + 1 = 2A$$

所以电阻 R 为

$$R = \frac{u_R}{i_R} = 6\Omega$$

方法二

列节点方程得

$$\begin{cases} \left(\frac{1}{4} + \frac{1}{2}\right)u_a - \frac{1}{4} \times 20 = 1 \\ \left(\frac{1}{8} + \frac{1}{R}\right)u_b - \frac{1}{R} \times 20 = -1 \\ u_a = u_b \end{cases}$$

解方程得 $R = 6\Omega$ 。

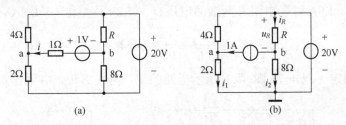

习题 4-14 图

4-15 如习题 4-15 图（a）所示电路中，N 为含独立源的线性电阻网络。已知当 $R = 4\Omega$ 时，$i_2 = 1A$、$i_1 = 1.5A$；当 $R = 12\Omega$ 时，$i_2 = 0.5A$、$i_1 = 1.75A$。用替代定理求 R 为多少时 $i_1 = 1.9A$？（提示：将 R 支路分别用电压源和电流源替代，然后用叠加定理计算。）

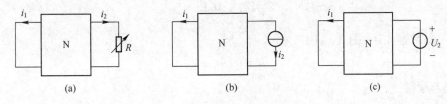

习题 4-15 图

解： 设 N 含独立电压源 U_S。由替代定理，用电流源替代 R 支路，如习题 4-15 图（b）所示。将 i_2 和 U_S 看成激励源，i_1 看成响应，由叠加定理得

$$i_1 = a_1 U_S + a_2 i_2 \qquad ①$$

代入已知条件，得

$$\begin{cases} 1.5 = a_1 U_S + a_2 \times 1 \\ 1.75 = a_1 U_S + a_2 \times 0.5 \end{cases}$$

解得 $a_1 U_S = 2A$，$a_2 = -0.5$。

则当 $i_1 = 1.9A$ 时，流过电阻 R 的电流为

$$i_2 = 0.2A$$

由替代定理，用电压源替代 R 支路，如习题 4-15 图（c）所示。将 U_2 和 U_S 看成激励源，i_1 看成响应，由叠加定理得

$$i_1 = b_1 U_S + b_2 U_2 \qquad ②$$

当 $R = 4\Omega$ 时

$$i_2 = 1A，U_2 = 4 \times 1 = 4V$$

当 $R = 12\Omega$ 时

$$i_2 = 0.5A，U_2 = 12 \times 0.5 = 6V$$

将上述已知条件代入式②，得

$$\begin{cases} 1.5 = b_1 U_S + b_2 \times 4 \\ 1.75 = b_1 U_S + b_2 \times 6 \end{cases}$$

解得 $b_1 U_S = 1A$ ， $b_2 = 0.125$ 。

因此，当 $i_1 = 1.9A$ 时，电阻 R 两端的电压 $U_2 = 7.2V$ ，电流 $i_2 = 0.2A$ ，此时电阻为

$$R = \frac{U_2}{i_2} = \frac{7.2}{0.2} = 36\Omega$$

4-16 试确定习题 4-16 图（a）所示电路的端口特性方程，并画出单口等效电路。

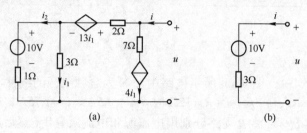

习题 4-16 图

解：在习题 4-16 图（a）中

$$i_2 = i - 4i_1 - i_1$$

列 KVL 方程得

$$\begin{cases} u = 2 \times (i - 4i_1) + 13i_1 + 3i_1 \\ 10 + 1 \times i_2 = 3i_1 \end{cases}$$

解得

$$u = 3i + 10$$

最后得等效电路如习题 4-16 图（b）所示。

4-17 将习题 4-17 图（a）所示电路等效变换为最简单形式。

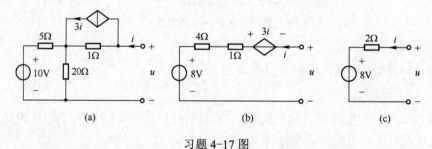

习题 4-17 图

解：先将习题 4-17 图（a）用电源等效变换法化简为习题 4-17 图（b）电路，由图（b）得 VCR

$$u = -3i + 5i + 8 = 2i + 8$$

则得如习题 4-17 图（c）所示的最简单等效电路。

4-18 用戴维南定理求习题 4-18 图各电路的等效电路。

解：（1）用电源等效变换对习题 4-18 图（a）所示电路进行化简，化简过程分别如习题 4-18 图（d）、（e）、（f）、（g）所示。因此得最简单的等效电路如习题 4-18 图（f）、 （g）所示。

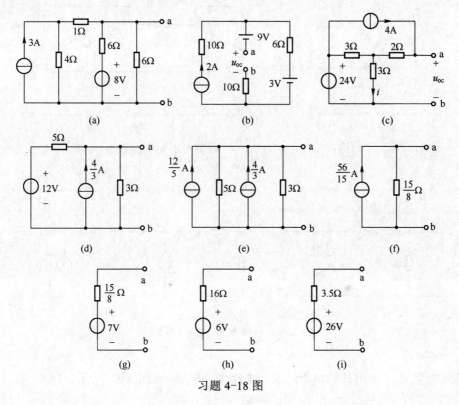

(a)   (b)   (c)

(d)   (e)   (f)

(g)   (h)   (i)

习题 4-18 图

（2）对习题 4-18 图（b）求开路电压和等效电阻。求开路电压时，ab 端子中没有电流，则由图（b）得

$$u_{oc} = -9 + 2 \times 6 + 3 = 6V$$

求等效电阻时将独立源置零，即电压源短路、电流源开路，则等效电阻为

$$R = 6 + 10 = 16\Omega$$

因此得等效电路如习题 4-18 图（h）所示。

（3）对图（c）求开路电压，列 KVL 得

$$\begin{cases} u_{oc} = 4 \times 2 + 3i \\ u_{oc} = 4 \times 2 + 3(4-i) + 24 \end{cases}$$

解得

$$u_{oc} = 26V$$

求等效电阻，将独立源置零，即电压源短路、电流源开路，则等效电阻为

$$R = 3//3 + 2 = 3.5\Omega$$

其等效电路如习题 4-18 图（i）所示。

4-19　求习题 4-19 图（a）、（b）所示电路 ab 端的戴维南等效电路。

解：（1）先求 ab 两端的开路电压 u_{oc} ，如习题 4-19 图（a）所示，列 KVL 方程得

$$\begin{cases} u_{oc} = (i_1 + 3i_1) \times 3 = 12i_1 \\ u_{oc} = -6i_1 + 6 \end{cases}$$

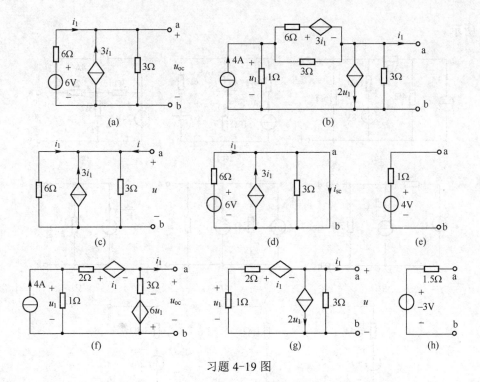

习题 4-19 图

解得 $u_{oc} = 4\text{V}$。

再求等效电阻 R_0，可用外加电源法求，电路如习题 4-19 图（c）所示。则

$$\begin{cases} u = -6i_1 \\ i = \dfrac{u}{3} - 3i_1 - i_1 = -6i_1 \end{cases}$$

解得 $R_0 = \dfrac{u}{i} = 1\Omega$。

或用开路电压/短路电流法求等效电阻 R_0，此时 $R_0 = \dfrac{u_{oc}}{i_{sc}}$，求短路电流电路如图（d）所示，得

$$i_{sc} = 4i_1 = 4 \times \frac{6}{6} = 4\text{A}$$

则

$$R_0 = \frac{u_{oc}}{i_{sc}} = \frac{4}{4} = 1\Omega$$

最后得戴维南等效电路习题 4-19 图（e）所示。

（2）求 ab 两端的开路电压 u_{oc}，先将电路化简为习题 4-19 如图（f）所示电路，因为端口开路，所以 $i_1 = 0$，列方程得

$$2(4 - u_1) + 3(4 - u_1) - 6u_1 - u_1 = 0$$
$$u_{oc} = 3(4 - u_1) - 6u_1$$
$$\Rightarrow u_1 = \frac{5}{3}\text{V}, \quad u_{oc} = -3\text{V}$$

可用外加电源法求等效电阻 R_0，独立源置零，如图（g）所示，列 KVL 方程得

$$u = -i_1 + \frac{u_1}{1} \times (1+2) = -i_1 + 3u_1$$

列 KCL 方程得

$$\frac{u_1}{1} + \frac{u}{3} + 2u_1 + i_1 = 0$$

解方程得

$$u = -\frac{3}{2}i_1 \Rightarrow R_0 = -\frac{u}{i_1} = \frac{3}{2}\Omega$$

得戴维南等效电路如习题 4-19 图（h）所示。

4-20　求习题 4-20 图（a）、（b）所示电路 ab 端的戴维南等效电路。

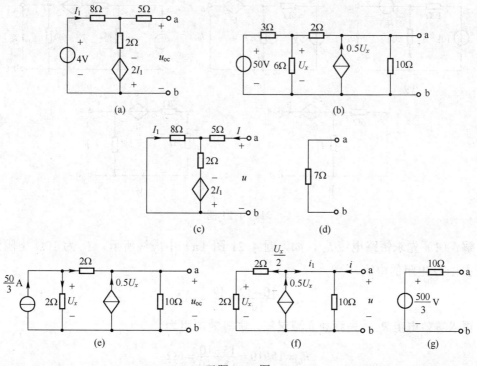

习题 4-20 图

解：（1）在习题 4-20 图（a）中求 ab 两端的开路电压 u_{oc}，此时端口中没有电流，电流 I_1 流入 2Ω 电阻中，则

$$u_{oc} = 2I_1 - 2I_1 = 0$$

用外加电源法求等效电阻 R_0，电路如习题 4-20 图（c）所示，则

$$\begin{cases} u = 5I - 8I_1 \\ u = 5I + 2(I + I_1) - 2I_1 \end{cases}$$

解得 $R_0 = \dfrac{u}{I} = 7\Omega$。

该二端网络等效为纯电阻，如习题 4-20 图（d）所示。

（2）习题 4-20 图（b）中，求 ab 两端的开路电压 u_{oc}，先将电路化简为习题 4-20 如图（e）所示电路，则

$$u_{oc} = 10 \times \left(0.5U_x + \frac{50}{3} - \frac{U_x}{2} \right) = \frac{500}{3} \text{V}$$

用外加电源法求等效电阻 R_0，电路如习题 4-20 图（f）所示，由图可知

$$\begin{cases} i_1 = 0.5U_x - 0.5U_x = 0 \\ u = 10i \Rightarrow R_0 = 10\Omega \end{cases}$$

则戴维南等效电路如习题 4-20 图（g）所示。

4-21 求习题 4-21 图所示各电路 ab 端的诺顿等效电路。

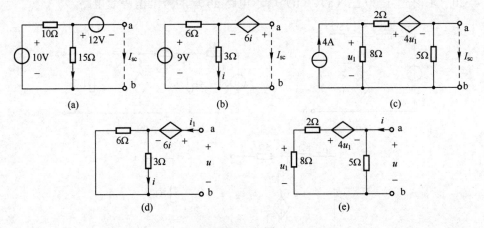

习题 4-21 图

解：（1）先求短路电流 I_{sc}，如习题 4-21 图（a）中虚线所示，I_{sc} 为 10Ω 电阻的电流减去 15Ω 电阻的电流，得

$$I_{sc} = \frac{10-12}{10} - \frac{12}{15} = -1\text{A}$$

再求等效电阻 R_0，先将独立源置零，则等效电阻为

$$R_0 = 15//10 = \frac{15 \times 10}{15+10} = 6\Omega$$

（2）在习题 4-21 图（b）中，短路电流 I_{sc} 如虚线所示，则由 KVL 得

$$6i + 3i = 0 \Rightarrow i = 0$$

所以

$$I_{sc} = \frac{9}{6} = 1.5\text{A}$$

用外加电源法求等效电阻 R_0，电路如图（d）所示，则

$$\begin{cases} u = 6i + 3i = 9i \\ i_1 = i + \dfrac{3i}{6} = 1.5i \end{cases}$$

则等效电阻为 $R_0 = \dfrac{u}{i_1} = 6\Omega$。

（3）在习题 4-21 图（c）中求短路电流 I_{sc}，如图中虚线所示，此时 5Ω 电阻开路，则

$$\begin{cases} I_{sc} = 4 - \dfrac{u_1}{8} \\ \left(4 - \dfrac{u_1}{8}\right) \times 2 + 4u_1 - u_1 = 0 \end{cases}$$

解得 $I_{sc} = 4.36\text{A}$。

用外加电源法求等效电阻 R_0，电路如图（e）所示，则

$$\begin{cases} u = -4u_1 + 2 \times \left(i - \dfrac{u}{5}\right) + u_1 \\ u_1 = 8 \times \left(i - \dfrac{u}{5}\right) \end{cases}$$

得等效电阻为 $R_0 = \dfrac{u}{i} = 6.47\Omega$。

4-22 如习题 4-22 图（a）中的 N 为含有独立源的线性电路，其端口伏安关系曲线如习题 4-22 图（b）所示。试求其戴维南等效电路。

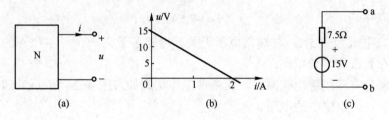

习题 4-22 图

解：从习题 4-22 图（b）中可以看出，$u_{oc} = 15\text{V}$，$i_{sc} = 2\text{A}$，所以

$$R_{eq} = \frac{u_{oc}}{i_{sc}} = \frac{15}{2} = 7.5\Omega$$

戴维南等效电路如图（c）所示。利用电源等效变换还可得其诺顿等效电路。

4-23 求习题 4-23 图所示两电路 a、b 端的戴维南或诺顿等效电路。每个电路是否都存在两种等效电路？为什么？

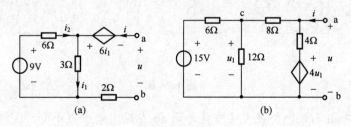

习题 4-23 图

解：（1）端口电压和端口电流如习题 4-23 图（a）所示，利用外加电源法求端口伏安关系，根据 KVL 和 KCL，得到

$$\begin{cases} u = -6i_1 + 3i_1 + 2i \\ -9 + 6i_2 + 3i_1 = 0 \\ i = i_1 - i_2 \end{cases}$$

消去 i_1、i_2 整理得

$$u = -3V$$

说明端口电压为-3V，与端口电流无关。电路等效为一个 $u = -3V$ 的理想独立电压源，不存在诺顿等效电路。

（2）端口电压和端口电流如习题 4-23 图（b）所示。外加电流源，求端口伏安关系。以 b 点为参考节点，列写 c 点和 a 点的节点电压方程，得

$$\begin{cases} \left(\dfrac{1}{6}+\dfrac{1}{8}+\dfrac{1}{12}\right)u_1 - \dfrac{1}{6}\times 15 - \dfrac{1}{8}\times u = 0 \\ -\dfrac{1}{8}u_1 - \left(\dfrac{1}{8}+\dfrac{1}{4}\right)u = i + \dfrac{4u_1}{4} \end{cases}$$

消去 u_1 得到

$$i = -7.5A$$

说明端口电流为-7.5A，与端口电压无关。电路等效为一个 $i = -7.5A$ 的理想独立电流源，不存在戴维南等效电路。

4-24　N 为有源线性电阻网络，其两种工作状态如习题 4-24 图（a）和（b），试求习题 4-24 图（c）电路中的电压 u。

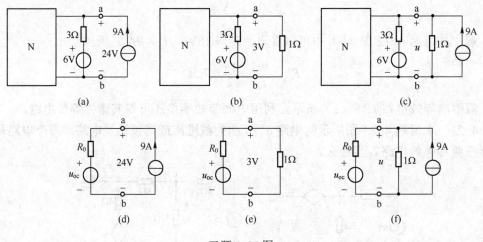

习题 4-24 图

解：电路中 ab 右端网络在发生变化，而 ab 左端电路一直不变，因此，可以用戴维南等效电路来等效 ab 左端的二端网络，则三种工作状态分别等效为习题 4-24 图（d）、（e）、（f）所示。由图（d）得

$$24 = 9R_0 + u_{oc}$$

由图（e）得

$$3 = \frac{1}{R_0} \times u_{oc}$$

联立求解得到等效电路的两个参数

$$R_0 = \frac{7}{4}\,\Omega, \quad u_{oc} = \frac{33}{4}\,V$$

将这两个参数代到图（f）中，用叠加定理得

$$u = \frac{1}{1+R_0} \times u_{oc} + \frac{R_0}{1+R_0} \times 9 \times 1 = \frac{96}{11}\,V$$

4-25 如习题 4-25 图（a）所示电路中，N_0 为无源线性电阻网络。当 $U_{S2} = 0$ 时，$U_1 = 10V$；当 $U_{S2} = 60V$ 时，$U_1 = 46V$。求 $U_{S2} = 100V$ 时，端口 ab 右端的戴维南等效电路。

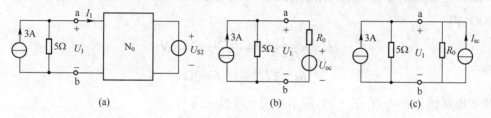

习题 4-25 图

解：在图（a）中，N_0 为无源线性电阻网，当 $U_{S2} = 0$ 时，$U_1 = 10V$，即 3A 电流源单独作用于电路时，在 ab 两端产生的电压为 10V。则当电压源 U_{S2} 和 3A 电流源共同作用时在 ab 两端产生的电压用叠加定理可以设为

$$U_1 = 10 + kU_{S2}$$

代入已知条件 $U_{S2} = 60V$ 时，$U_1 = 46V$ 得

$$46 = 10 + k \times 60 \Rightarrow k = 0.6$$

所以，当 $U_{S2} = 100V$ 时，ab 两端电压为

$$U_1 = 10 + kU_{S2} = 10 + 0.6 \times 100 = 70V$$

设当 $U_{S2} = 100V$ 时，端口 ab 右端的戴维南等效电路的等效电阻和开路电压为 R_0、U_{oc}。则习题 4-25 图（a）电路可等效为习题 4-25 图（b）。首先求等效电阻 R_0。

当 $U_{S2} = 0$ 时，端口 ab 右端为不含独立源的二端网络，根据二端网络等效电阻的定义，得

$$R_0 = \frac{端口电压}{端口电流} = \frac{U_1}{I_1} = \frac{10}{3 - \frac{10}{5}} = 10\,\Omega$$

在图（b）中，当 $U_{S2} = 100V$ 时，$U_1 = 70V$。为分析计算方便，将习题 4-25 图（b）等效为习题 4-25 图（c），由图（c）得

$$U_1 = (3 + I_{sc}) \times \frac{5R_0}{5+R_0} = 70 \Rightarrow I_{sc} = 18A$$

即 $U_{oc} = I_{sc} \times R_0 = 180A$。

4-26 如习题 4-26 图（a）所示电路中，分别求当电阻 $R_x = 3\Omega$ 和 $R_x = 9\Omega$ 时的电压 U。

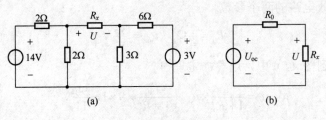

(a) (b)

习题 4-26 图

解：先求除 R_x 以外二端网络的戴维南等效电路。将 R_x 断开，其开路电压为 U_{oc}，由图（a）得

$$U_{oc} = \frac{2}{2+2} \times 14 - \frac{3}{3+6} \times 3 = 6V$$

$$R_0 = 2 / / 2 + 3 / / 6 = 3\Omega$$

则等效电路如习题 4-26 图（b）所示，用分压公式得

$$U = \frac{R_x}{R_x + R_0} \times U_{oc}$$

当 $R_x = 3\Omega$ 时得

$$U = \frac{3}{3+3} \times 6 = 3V$$

当 $R_x = 9\Omega$ 时得

$$U = \frac{9}{9+3} \times 6 = 4.5V$$

4-27 用诺顿定理求如习题 4-27 图（a）所示电路中的电流 I。

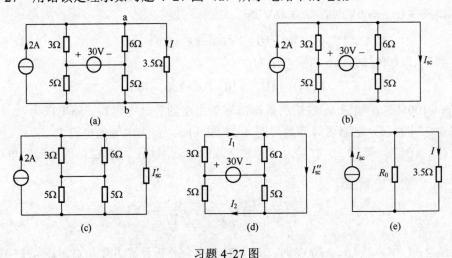

(a) (b)

(c) (d) (e)

习题 4-27 图

解：先求短路电流 I_{sc}，电路如习题 4-27 图（b）所示。用叠加定理，各独立源单独作用于电路时，电路如习题 4-27 图（c）和（d）所示。

在图（c）中可看出 $I'_{sc} = 2A$。

在图（d）中，列网孔方程得

$$\begin{cases}11I''_{sc} - 6I_1 - 5I_2 = 0 \\ -6I''_{sc} + 9I_1 = 30 \\ -5I''_{sc} + 10I_2 = -30\end{cases}$$

得
$$I''_{sc} + \frac{10}{9}\,\text{A}$$

所以 $I_{sc} = I'_{sc} + I''_{sc} = \dfrac{28}{9}\,\text{A}$。

求等效电阻 R_0 时，将图（a）中所有独立源置零，则从 ab 两端得到的等效电阻为
$$R_0 = 3//6 + 5//5 = 4.5\Omega$$

最后得等效电路如习题 4-27 图（e）所示，则
$$I = \frac{R_0}{R_0 + 3.5} \times I_{sc} = \frac{7}{4}\,\text{A}$$

4-28　用戴维南定理求如习题 4-28 图（a）所示电路中的 I。

解：先求 ab 左边二端电路的戴维南等效电路。断开 25Ω 电阻支路，用外加电源法求伏安关系。以 b 点为参考节点，列写 a 点的节点电压方程，得
$$\left(\frac{1}{50} + \frac{1}{200} + \frac{1}{40}\right)u - \left(\frac{1}{200} + \frac{1}{40}\right)\times 100 = i - 1 - \frac{2U_1}{200}$$

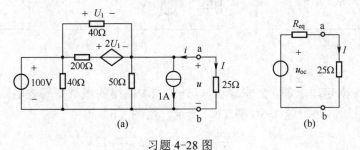

习题 4-28 图

又因为 $U_1 = 100 - u$，化简整理得 VCR
$$u = 25i + 25$$

所以 $u_{oc} = 25\text{V}$，$R_{eq} = 25\Omega$，戴维南等效电路如习题 4-28 图（b）所示，有
$$I = \frac{u_{oc}}{R_{eq} + 25} = 0.5\text{A}$$

4-29　用诺顿定理求习题 4-29 图（a）所示电路中的 i。

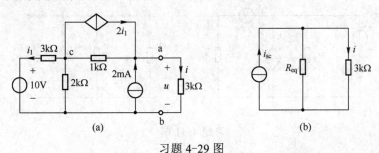

习题 4-29 图

解：先求 a、b 左边二端电路的戴维南等效电路。断开 3kΩ 电阻支路，用外加电源法求 VCR。以 b 点为参考节点，列写 c 点和 a 点的节点电压方程，得

$$\begin{cases} \left(\dfrac{1}{3}+1+\dfrac{1}{2}\right)u_c - u = \dfrac{1}{3}\times 10 - 2i_1 \\ -u_c + u = 2i_1 + 2 - i \\ i_1 = \dfrac{u_c - 10}{3} \end{cases}$$

化简整理得 a、b 左边二端电路的伏安关系为

$$u = -3i + 6$$

即 $u_{oc} = 6\text{V}$，$R_{eq} = 3\text{k}\Omega$，$i_{sc} = \dfrac{u_{oc}}{R_{eq}} = 2\text{mA}$，诺顿等效电路如习题 4-29 图（b）所示。所以

$$I = \frac{3}{3+3}\times 2 = 1\text{mA}$$

4-30　电路如习题 4-30 图（a）所示，求负载电阻 R_L 上消耗的功率。

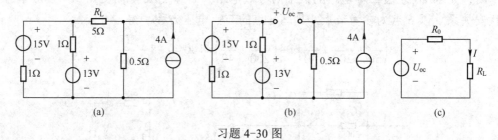

(a)　　　　　　　(b)　　　　　　　(c)

习题 4-30 图

解：用戴维南定理求解。先求除 R_L 以外的二端网络的戴维南等效电路。将 R_L 断开，其开路电压为 U_{oc}，如习题 4-30 图（b）所示，由图（b）得

$$U_{oc} = \frac{15-13}{2}\times 1 + 13 - 0.5\times 4 = 12\text{V}$$

$$R_0 = 1//1 + 0.5 = 1\Omega$$

则等效电路如习题 4-30 图（c）所示，得负载电阻 R_L 上消耗的功率

$$P = I^2 R_L = \left(\frac{12}{6}\right)^2 \times 5 = 20\text{W}$$

4-31　如习题 4-31 图（a）电路中，负载电阻 R_L 可任意改变，问 R_L 为何值时其可获得最大功率？最大功率是多少？

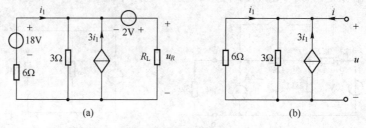

(a)　　　　　　　(b)

习题 4-31 图

解：将 R_L 断开，求其两端的戴维南等效电路，其开路电压为 U_{oc}，则 2V 电压源中没有电流，列 KVL 方程得

$$U_{oc} = 2 + (i_1 + 3i_1) \times 3$$
$$18 = (i_1 + 3i_1) \times 3 + 6i_1$$

解得

$$U_{oc} = 14V$$

用外加电源法求等效电阻，如习题 4-31 图（b）所示，列方程得

$$\begin{cases} u = -6i_1 \\ i = \left(i_1 + 3i_1 \dfrac{6i_1}{3}\right) \end{cases}$$

所以得

$$R_0 = \frac{u}{i} = 1\Omega$$

当 $R_L = R_0 = 1\Omega$ 可获得最大功率，最大功率为

$$P_{max} = \frac{U_{oc}^2}{4R_0} = 49W$$

4-32 在习题 4-32 图（a）所示电路中，R_L 为何值时 R_L 可获得最大功率？并求最大功率 P_{max}。

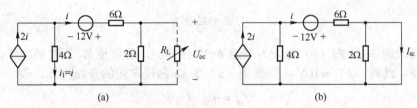

习题 4-32 图

解：将 R_L 断开，求其两端的戴维南等效电路，设开路电压为 U_{oc}。

由图看出

$$U_{oc} = 2i$$

列 KVL 得

$$4i - 2i - 6i + 12 = 0 \Rightarrow i = 3A$$

解得

$$U_{oc} = 6V$$

该题求短路电流比较简单，如习题 4-32 图（b）所示，列方程得

$$I_{sc} = i$$
$$-12 + 6i - 4i = 0$$

所以得

$$I_{sc} = 6A$$

则

$$R_0 = \frac{U_{oc}}{I_{sc}} = 1\Omega$$

当 $R_L = R_0 = 1\Omega$ 可获得最大功率，最大功率为

$$p_{max} = \frac{U_{oc}^2}{4R_0} = 9\text{W}$$

4-33 电路如习题 4-33 图（a）所示，当负载电阻 $R_L = 8\Omega$ 时，能否获得最大传输功率？若欲使 R_L 不消耗功率，那么电压源 U_S 应取何值？

解：（1）求 ab 左端的网络的等效电阻，用外加电源法，如习题 4-33 图（b）所示，由得方程

$$\begin{cases} i = \dfrac{u}{4} - I_1 \\ u = -I_1 - 3I_1 = -4I_1 \end{cases}$$

求解得
$$R_0 = \frac{u}{i} = 2\Omega$$

负载电阻 $R_L = 8\Omega \neq R_0$，因此不能获得最大传输功率。

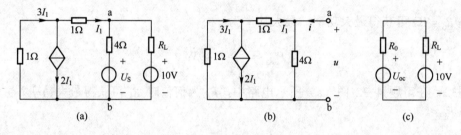

习题 4-33 图

（2）将习题 4-33 图（a）等效为习题 4-33 图（c），若欲使 R_L 不消耗功率，则电路中电流为零，此时，$U_{oc} = 10\text{V}$，回到图（a）求 ab 两端左侧的开路电压，得

$$U_{oc} = 4I_1 + U_S$$

列 KVL 得
$$I_1 + 4I_1 + U_S + 3I_1 = 0$$
将 $U_{oc} = 10\text{V}$ 代入，得
$$U_S = 20\text{V}$$

4-34 电路如习题 4-34 图（a）所示，N 为含源线性单口网络，已知在开关 K 闭合，$R_L = \infty$ 时，$U = 29\text{V}$；$R_L = 4\Omega$ 时，R_L 可获得最大功率。求开关 K 断开时，R_L 取何值才能获得最大功率，并求最大功率。

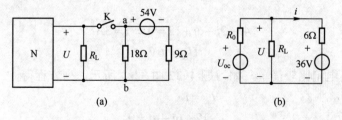

习题 4-34 图

解：先将 ab 右端用电源等效变换进行化简，再将网络 N 用其戴维南等效电路代替，当开关闭合时，等效电路如习题 4-34 图（b）所示。
当 $R_L = 4\Omega$ 时，R_L 可获得最大功率，由最大功率传输定理可知

$$R_L = R_0' = R_0 // 6 = \frac{6R_0}{6+R_0} = 4\Omega \Rightarrow R_0 = 12\Omega$$

当 $R_L = \infty$ 时，即 R_L 支路断开，此时 $U = 29\text{V}$，由图（b）得

$$U = 6i + 36 = \frac{U_{oc} - 36}{6 + R_0} \times 6 + 36 = 29$$

得
$$U_{oc} = 15\text{V}$$

开关 K 断开时，$R_L = R_0 = 12\Omega$ 才能获得最大功率，最大功率为

$$p_{max} = \frac{U_{oc}^2}{4R_0} = \frac{15^2}{4 \times 12} = 4.69\text{W}$$

4-35 在用电压表测量电路中两点间电压时，等效电路如习题 4-35 图所示。由于电压表内阻 R_V 不是无穷大，将引起测量误差。试证明用内阻为 R_V 的电压表测量时产生的相对误差 $\delta = \frac{U - U_{oc}}{U_{oc}} = \frac{R_{eq}}{R_V + R_{eq}}$（式中 U 为测量值，U_{oc} 为真实值。）

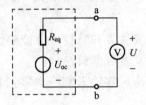

习题 4-35 图

证明：

由分压公式得
$$U = \left(\frac{R_V}{R_{eq} + R_V} \right) U_{oc}$$

所以

$$\delta = \frac{U - U_{oc}}{U_{oc}} = \frac{R_{eq}}{R_V + R_{eq}}$$

4-36 接续上题。如用内阻 R_V 不同的两个电压表进行测量，则从两次测得的数据及电压表的内阻就可知道被测电压的真实值。设用内阻 R_V 为 $100\text{k}\Omega$ 的电压表测量时，测得电压为 45V；用内阻为 $50\text{k}\Omega$ 的电压表测量时，测得电压为 30V。问所测电压的真实值 U_{oc} 为多少？

解： 由于 $U = \left(\frac{R_V}{R_{eq} + R_V} \right) U_{oc}$，代入数据，得到

$$\begin{cases} \left(\frac{100}{R_{eq} + 100} \right) u_{oc} = 45 \\ \left(\frac{50}{R_{eq} + 50} \right) u_{oc} = 30 \end{cases}$$

解得
$$R_{eq} = 100\text{k}\Omega, \quad U_{oc} = 90\text{V}$$

第 5 章 动 态 电 路

之前讨论的电路是由线性电阻、线性受控源和独立源构成的，这类电路称为线性电阻电路。描述线性电阻电路的数学方程是线性代数方程。本章讨论含有线性动态元件的电路，称为线性动态电路，简称为动态电路。描述动态电路的数学方程是线性微分方程。电路微分方程的阶数，或者说电路中含有独立动态元件的个数称为电路的阶数。

本章主要讨论在直流激励下动态线性电路响应的分析方法。

5.1 基 本 要 求

（1）深刻理解动态元件的伏安关系和特性，并能熟练应用于电路分析。

（2）掌握动态电路方程的建立及经典解法。

（3）理解稳态响应、暂态响应、零输入响应、零状态响应及全响应的含义，并掌握其计算方法。

（4）理解初始值、稳态值、时间常数的物理意义，学会应用三要素法分析求解一阶电路的全响应。

（5）掌握二阶电路微分方程的建立和求解，建立二阶电路四种工作状态（过阻尼、临界阻尼、欠阻尼和自由振荡）的概念及产生的条件。

5.2 要点·难点

（1）状态变量（电容电压和电感电流）在换路时不能突变的理解。

（2）动态电路的经典分析方法。

（3）三要素法的理解和应用。

5.3 基 本 内 容

5.3.1 动态电路的基本概念

1. 动态元件

由于电容、电感元件的伏安关系是微分或者积分形式，所以电容、电感称为动态元件。现将电阻元件、电容元件、电感元件的特性列表于表 5-1 中。

表 5-1 R、L、C 元件的特征

元 件	R	C	L
电压电流关系	$u=Ri$	$i = C\dfrac{\mathrm{d}u}{\mathrm{d}t}$	$u = L\dfrac{\mathrm{d}i}{\mathrm{d}t}$
参数意义	$R = \dfrac{u}{i}$	$C = \dfrac{q}{u}$	$L = \dfrac{N\phi}{i}$
能量	$\displaystyle\int_0^t Ri^2\mathrm{d}t$	$\dfrac{1}{2}Cu^2$	$\dfrac{1}{2}Li^2$
特性	即时性、耗能性、无源性	动态性、储能性、无源性	动态性、储能性、无源性

注：表 5-1 所列的电压和电流瞬时值的关系式是在 u 和 i 的参考方向一致的情况下得出的，否则有一负号。

2．动态电路

含有动态元件的电路称为动态电路。

3．电路换路

动态电路中由于开关动作、元件参数变动引起电路发生变化，统称为换路。

4．电路的动态过程

当电路换路时，电路从一个状态变化到另一个状态，这种变换往往要经历一个过程，在工程上称为动态过程或暂态过程。动态过程产生的根本原因是电路本身含有电感、电容这样的储能元件，其能量的变化是需要时间的。故概括地说，动态过程是由电路的换路引起的。动态元件的存在是动态过程发生的内因，而换路则是动态过程产生的外因。

5．初始时刻

在分析动态电路时，将换路时刻 t_0（通常取 $t_0 = 0$）作为计时的起始时刻，且将换路前的最后瞬间记为 $t = t_{0_-}$（$t_0 = 0$ 时记为 $t = 0_-$），将换路后的最初瞬间记为 $t = t_{0_+}$（$t_0 = 0$ 时记为 $t = 0_+$）。

6．经典分析法

分析动态电路一般有时域经典法、三要素法和变换域等多种方法，其中用两类约束关系列写电路的微分方程，并根据初始条件求解微分方程，从而得到电路解的方法，称为时域经典分析法。

动态电路的经典分析法，是建立微分方程进而求解微分方程的方法。微分方程的解为特解和齐次解的和。需要利用换路定则确定暂态过程的初始值，从而确定齐次解中的待定系数。

5.3.2 动态电路的初始值

1．换路定则

设动态电路在 $t = 0$ 时换路，$t = 0_-$ 和 $t = 0_+$ 分别表示换路前和换路后的瞬间，则 $t = 0_+$ 时各电压电流称为初始值。

换路定则的理论根据是能量不能跃变。电容中的电场能量和电感中的磁场能量分别为：

$$\begin{cases} w_C(t) = \dfrac{1}{2}Cu_C^2(t) \\ w_L(t) = \dfrac{1}{2}Ci_L^2(t) \end{cases} \qquad (5\text{-}1)$$

在没有无限大电流作用于电容和无限大电压作用于电感时，能量不能跃变，电容两端的电压和电感中的电流也就不能跃变，即均为连续的时间函数。因此换路定则可描述为

$$\begin{cases} u_C(0_+) = u_C(0_-) \\ i_L(0_+) = i_L(0_-) \end{cases} \tag{5-2}$$

当电路模型过于理想化时，电容电压和电感电流可能发生跃变，此时换路定则不成立。

2. 初始值的计算

首先根据换路前电路的具体情况（一般为稳态）确定 $u_C(0_-)$ 或 $u_L(0_-)$，然后由换路定则求出初始值 $u_C(0_+) = u_C(0_-)$ 或 $i_L(0_+) = i_L(0_-)$。最后在 $t = 0_+$ 时刻，根据替代定理，将电容用值为 $u_C(0_+)$ 的电压源来替代，电感用值为 $i_L(0_+)$ 的电流源来替代，在换路后的电路上求解其他非状态变量的初始值。

5.3.3 一阶动态电路

一阶电路：电路中仅含有一个独立动态元件的电路。

1. 零输入响应

零输入响应是指无电源激励（输入信号为零），仅由元件（电容或电感）的初始储能引起的响应，其实质是储能元件放电的过程。

一阶电容电路的零输入响应为

$$u_C(t) = u_C(0_+) e^{-\frac{t}{\tau}} \tag{5-3}$$

其中 $u_C(0_+)$ 为电容电压的初始值，$\tau = R_{eq}C$ 为电路的时间常数，R_{eq} 为电容元件两端所接外电路的戴维南等效电路的等效电阻。

一阶电感电路的零输入响应为

$$i_L(t) = i_L(0_+) e^{-\frac{t}{\tau}} \tag{5-4}$$

其中 $i_L(0_+)$ 为电感电流的初始值，$\tau = \dfrac{L}{R_{eq}}$ 为电路的时间常数，R_{eq} 为电感元件两端所接外电路的戴维南等效电路的等效电阻。

对于非状态变量的零输入响应，同样也是从初始值放电到零的过程，也具有上述的响应形式。因此，动态电路的零输入响应可以统一写成如下形式：

$$y_{zi}(t) = y(0^+) e^{-\frac{t}{\tau}} \qquad (t \geqslant 0) \tag{5-5}$$

式（5-5）既可用于状态变量，也可用于非状态变量的零输入响应的求解。

2. 零状态响应

零状态响应是指换路前动态元件的初始储能为零，仅由外加激励引起的响应，其实质是电源给储能元件充电的过程。

一阶电容电路的零状态响应为

$$u_C(t) = u_C(\infty)(1 - e^{-\frac{t}{\tau}}) \tag{5-6}$$

其中 $u_C(\infty)$ 为电容电压的稳态值，$\tau = R_{eq}C$ 为电路的时间常数，R_{eq} 为电容元件两端所接外电路的戴维南等效电路的等效电阻。

一阶电感电路的零状态响应为

$$i_L(t) = i_L(\infty)(1 - e^{-\frac{t}{\tau}}) \tag{5-7}$$

其中 $i_L(\infty)$ 为电感电流的稳态值，$\tau = \dfrac{L}{R_{eq}}$ 为电路的时间常数，R_{eq} 为电感元件两端所接外电路的戴维南等效电路的等效电阻。

因此，动态电路的零状态响应可以统一写成如下形式：

$$y_{zs}(t) = y(\infty)(1 - e^{-\frac{t}{\tau}}) \tag{5-8}$$

需要说明的是，式（5-8）仅适用于状态变量电容电压和电感电流的零状态响应，而非状态变量的零状态响应，由于其初始值不一定为零，所以其零状态响应并不符合上式的形式。对于非状态变量的零状态响应，可以用经典解法进行分析。

3. 全响应

当一个非零初始状态的电路受到激励时，电路中的响应称为全响应，其实质是零输入响应和零状态响应的叠加。

一阶电容电路：$u_C(t) = \underbrace{u_C(0_+) e^{-\frac{t}{\tau}}}_{\text{零输入响应}} + \underbrace{u_C(\infty)(1 - e^{-\frac{t}{\tau}})}_{\text{零状态响应}} = \underbrace{u_C(\infty)}_{\text{稳态响应}} + \underbrace{[u_C(0_+) - u_C(\infty)] e^{-\frac{t}{\tau}}}_{\text{暂态响应}}$

一阶电感电路：$i_L(t) = \underbrace{i_L(0_+) e^{-\frac{t}{\tau}}}_{\text{零输入响应}} + \underbrace{i_L(\infty)(1 - e^{-\frac{t}{\tau}})}_{\text{零状态响应}} = \underbrace{i_L(\infty)}_{\text{稳态响应}} + \underbrace{[i_L(0_+) - i_L(\infty)] e^{-\frac{t}{\tau}}}_{\text{暂态响应}}$

注意：只有状态变量的全响应才具有上述形式。

4. 一阶电路的三要素法

基于置换定理和叠加定理可以推导得到式（5-9）所表达的一阶电路响应的一般形式

$$y(t) = y(\infty) + [y(0_+) - y(\infty)] e^{-\frac{t}{\tau}} \tag{5-9}$$

其中 $y(0_+)$ 为初始值、$y(\infty)$ 为稳态值、τ 为时间常数，称为三要素。只要求得三要素就可直接写出电路的响应。三要素法仅适用于求解直流激励下的一阶线性电路的响应。

初始值 $y(0_+)$ 的计算如前所述；$y(\infty)$ 是换路后电路达到稳态时响应的稳态值，电路稳态时，电容相当于开路，电感相当于短路，求解电路可以得到各响应的稳态值；时间常数 $\tau = R_{eq}C$ 或 $\tau = \dfrac{L}{R_{eq}}$，R_{eq} 为换路后从动态元件两端看进去的戴维南等效电阻。

5. 一阶电路响应的变化规律

一阶电路响应的变化曲线按指数规律增长或衰减变化，如图5-1所示。

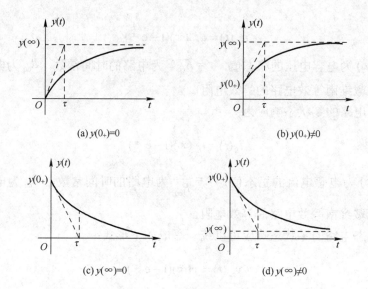

(a) $y(0_+)=0$	(b) $y(0_+)\neq0$
(c) $y(\infty)=0$	(d) $y(\infty)\neq0$

图 5-1　一阶电路响应

6. 阶跃函数和阶跃响应

阶跃函数可以方便地表示激励作用的时间和区间，电路的零状态响应也可以由单位阶跃响应方便地求出。

1）单位阶跃函数

单位阶跃函数的定义为

$$\varepsilon(t)=\begin{cases} 0 & t<0 \\ 1 & t>0 \end{cases} \qquad (5-10)$$

单位阶跃函数表示在 0 时刻发生了大小为 1 的跃变，其他时间函数值不变，如图 5-2（a）所示。

发生在 $t=t_0$ 时的跃变，如图 5-2（b）所示，则称为延时单位阶跃函数，定义式为

$$\varepsilon(t-t_0)=\begin{cases} 0 & t<t_0 \\ 1 & t>t_0 \end{cases} \qquad (5-11)$$

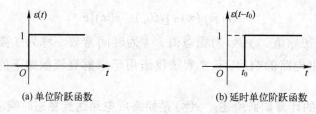

(a) 单位阶跃函数	(b) 延时单位阶跃函数

图 5-2　阶跃函数

2）电路的阶跃响应

当激励为单位阶跃函数 $\varepsilon(t)$ 时，电路的零状态响应称为单位阶跃响应，简称为阶跃响应，用 $g(t)$ 表示。

当激励是分段常量信号时，可以用阶跃函数和延时阶跃函数表示。根据电路的线性

和非时变性，利用阶跃响应，可以方便求出电路的零状态响应。

5.3.4　二阶动态电路

1. 二阶电路

用二阶微分方程描述的电路称为二阶电路。典型的二阶电路是 RLC 串联或并联电路。

2. 二阶电路的微分方程

二阶电路的时域经典分析方法就是列写微分方程并求解。列写微分方程的依据依然是元件的 VCR 和基尔霍夫定律。对 RLC 串联动态电路，微分方程为

$$LC\frac{\mathrm{d}^2 u_C}{\mathrm{d}t^2} + RC\frac{\mathrm{d}u_C}{\mathrm{d}t} + u_C = u_S(t) \tag{5-12}$$

RLC 并联动态电路微分方程为

$$LC\frac{\mathrm{d}^2 i_L}{\mathrm{d}t^2} + GL\frac{\mathrm{d}i_L}{\mathrm{d}t} + i_L = i_S(t) \tag{5-13}$$

二阶电路微分方程归结为一般形式为

$$a\frac{\mathrm{d}^2 y(t)}{\mathrm{d}t^2} + b\frac{\mathrm{d}y(t)}{\mathrm{d}t} + cy(t) = kf(t) \tag{5-14}$$

3. 二阶电路的响应

用时域的经典法求二阶电路的响应时，可通过求微分方程得到四种动态响应的判别式，如表 5-2 所示。齐次解的形式如表 5-2 所示，特解则根据激励函数的形式具体求解。

表 5-2　二阶电路零输入响应形式

RLC 串联参数关系	RLC 并联参数关系	特征根关系	响应形式（齐次解 y_h）	响应性质（名称）
$R > 2\sqrt{\dfrac{L}{C}}$	$G > 2\sqrt{\dfrac{C}{L}}$	$s_1 \neq s_2$ 不等负实根	$A_1 \mathrm{e}^{s_1 t} + A_2 \mathrm{e}^{s_2 t}$	过阻尼情况
$R = 2\sqrt{\dfrac{L}{C}}$	$G = 2\sqrt{\dfrac{C}{L}}$	$s_1 = s_2$ 相等负实根	$(A_1 + A_2 t)\mathrm{e}^{st}$	临界阻尼情况
$R < 2\sqrt{\dfrac{L}{C}}$	$G < 2\sqrt{\dfrac{C}{L}}$	$s_{1,2} = -\alpha \pm \mathrm{j}\omega_d$ 共轭复根	$\mathrm{e}^{-\alpha t}[A_1 \cos(\omega_d t) + A_2 \sin(\omega_d t)]$	欠阻尼情况（衰减振荡）
$R=0$	$G=0$	$s_{1,2} = \pm \mathrm{j}\omega_0$ 共轭虚根	$A_1 \cos(\omega_0 t) + A_2 \sin(\omega_0 t)$	自由振荡情况

二阶电路的求解也可以利用系统法，即将响应分为零输入响应和零状态响应分别求解。零输入响应的形式为齐次解形式，并由初始值确定待定系数；零状态响应是齐次解和特解之和，并由零状态下的初始值确定待定系数。

5.4　例 题 详 解

例 5-1　在图 5-3（a）所示电路中，电压的波形如图 5-3（b）所示。试做出各电流的波形图。

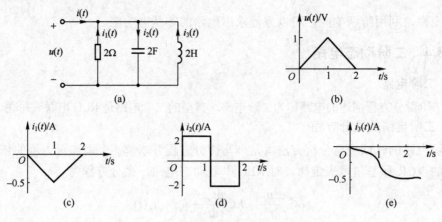

(a)

(b)

(c)   (d)   (e)

图 5-3 例 5-3 图

解：根据三元件的 VCR，$i_1(t) = -\dfrac{u(t)}{R}$，$i_2(t) = C\dfrac{\mathrm{d}u(t)}{\mathrm{d}t}$，$i_3(t) = -\dfrac{1}{L}\displaystyle\int_{-\infty}^{t} u(\xi)\mathrm{d}\xi$。所以，各电流对应波形如图 5-3（c）、（d）、（e）所示。

例 5-2 电路如图 5-4（a）所示，设 $t = 0_-$ 时，各储能元件均未储能，$U = 10\mathrm{V}$。试求：

（1）开关 S 闭合瞬间（$t = 0_+$）各元件中的电流及端电压；

（2）电路到达稳态时（$t = \infty$）各元件中的电流及端电压。

分析：首先设定各元件中电压和电流的参考方向，如图 5-4（a）所示。确定初始值时，由于换路前储能元件均未储能，$t = 0_+$ 时等效电路中的电容视为短路，电感视为开路，如图 5-4（b）所示电路。确定稳态值时，由于电路的暂态已结束，故可将电容视为开路，电感视为短路，求解直流电阻性电路即可，如图 5-4（c）所示电路。

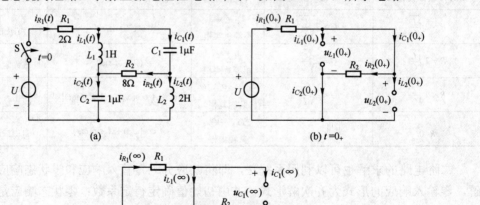

(a)   (b) $t = 0_+$

(c) $t = \infty$

图 5-4 例 5-2 图

解：（1）确定初始值，$t = 0_+$ 等效电路如图 5-4（b）所示，由于

116

$$i_{L_1}(0_+) = i_{L_2}(0_+) = 0$$

可得

$$i_{R_1}(0_+) = i_{C_1}(0_+) = i_{R_2}(0_+) = i_{C_2}(0_+) = \frac{U}{R_1 + R_2} = \frac{10}{2+8} = 1A$$

$$u_{R_1}(0_+) = R_1 i_{R_1}(0_+) = 2 \times 1 = 2V$$

$$u_{R_2}(0_+) = R_2 i_{R_2}(0_+) = 8 \times 1 = 8V$$

$$u_{C_1}(0_+) = u_{C_2}(0_+) = 0$$

根据 KVL 得

$$u_{L_1}(0_+) = u_{L_2}(0_+) = R_2 i_{R_2}(0_+) = 8 \times 1 = 8V$$

（2）确定稳态值，$t = \infty$ 等效电路如图 5-4（c）所示，由于

$$i_{C_1}(\infty) = i_{C_2}(\infty) = 0$$

可得

$$i_{R_1}(\infty) = i_{L_1}(\infty) = i_{L_2}(\infty) = -i_{R_2}(\infty) = \frac{U}{R_1 + R_2} = \frac{10}{2+8} = 1A$$

$$u_{R_1}(\infty) = R_1 i_{R_1}(\infty) = 2 \times 1 = 2V$$

$$u_{R_2}(\infty) = R_2 i_{R_2}(\infty) = 8 \times (-1) = -8V$$

$$u_{L_1}(\infty) = u_{L_2}(\infty) = 0V$$

根据 KVL 得

$$u_{C_1}(\infty) = u_{C_2}(\infty) = -u_{R_2}(\infty) = 8V$$

例 5-3　在图 5-5（a）所示电路中，已知 $U = 20V$，$R_1 = 12k\Omega$，$R_2 = 6k\Omega$，$C_1 = 10\mu F$，$C_2 = 20\mu F$，电容元件原先均未储能，当开关 S 闭合后，求 $t \geqslant 0$ 时 $u_C(t)$。

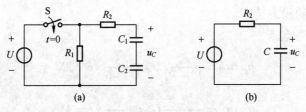

图 5-5　例 5-3 图

分析：此电路中 C_1、C_2 换路前均未储能，当开关 $t = 0$ 时闭合，求得电容两端电压 u_C，为 RC 电路的零状态响应。且在换路后同理想电压源 U 并联的电阻 R_1 对外电路而言可视作开路处理，两电容为串联关系，仍为一阶电路。$t > 0$ 时的等效电路如图 5-5（b）所示。

解：C_1、C_2 串联可等效为一个电容，即

$$C = \frac{C_1 C_2}{C_1 + C_2} = \frac{10 \times 20}{10 + 20} = \frac{20}{3}\mu F$$

$$\tau = R_2 C = 6 \times 10^3 \times \frac{20}{3} \times 10^{-6} = 4 \times 10^{-2} \, \text{s}$$

电容电压初始值为零，稳态值为 U，故

$$u_C(t) = U(1 - e^{-\frac{t}{\tau}}) = 20 \, (1 - e^{-\frac{t}{4 \times 10^{-2}}}) = 20 \, (1 - e^{-25t}) \, (\text{V}) \qquad (t \geqslant 0)$$

例 5-4　电路如图 5-6 所示，已知 $R_1 = 3\Omega$，$R_2 = 6\Omega$，$C_1 = 2\text{F}$，$C_2 = 4\text{F}$，$U_S = 6\text{V}$。$t = 0$ 时开关 S 闭合，且 $t < 0$ 时电路已达到稳态，求 $u_0(t)$。

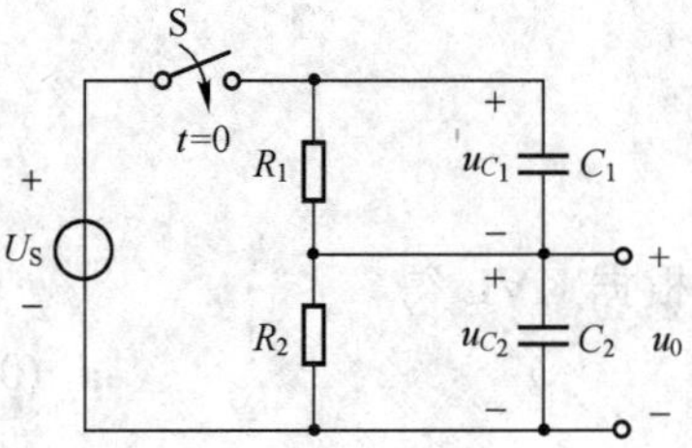

分析：$t \geqslant 0$ 时 S 闭合，电路中具有由 U_S、C_1、C_2 构成的回路，所以电路为强迫突变电路，求初始值时应该用电荷守恒原理。

图 5-6　例 5-4 图

解：（1）电容电压的初始值。

由题意知 $t < 0$ 时电路已达到稳态，C_1、C_2 放电结束，有

$$u_{C_1}(0_-) = u_{C_2}(0_-) = 0$$

根据电荷守恒原理，得到

$$-C_1 u_{C_1}(0_-) + C_2 u_{C_2}(0_-) = -C_1 u_{C_1}(0_+) + C_2 u_{C_2}(0_+)$$

在 $t = 0_+$ 时刻，由 KVL 得

$$u_{C_1}(0_+) + u_{C_2}(0_+) = U_S$$

综合上述两式得：

$$u_{C_1}(0_+) = \frac{C_2}{C_1 + C_2} U_S = \frac{4}{2 + 4} \times 6 = 4\text{V}$$

$$u_{C_2}(0_+) = \frac{C_1}{C_1 + C_2} U_S = \frac{2}{2 + 4} \times 6 = 2\text{V}$$

（2）电容电压的稳态值。

稳态时电容开路电压

$$u_{C_1}(\infty) = \frac{R_1}{R_1 + R_2} U_S = \frac{3}{3 + 6} \times 6 = 2\text{V}$$

$$u_{C_2}(\infty) = \frac{R_2}{R_1 + R_2} U_S = \frac{6}{3 + 6} \times 6 = 4\text{V}$$

（3）电路时间常数。

电源短路时，两电容和两电阻四者为并联关系，时间常数

$$\tau = \frac{R_1 R_2}{R_1 + R_2}(C_1 + C_2) = \frac{3 \times 6}{3 + 6}(2 + 4) = 12\text{s}$$

（4）由三要素公式写出响应。

$$u_{C_1}(t) = u_{C_1}(\infty) + [u_{C_1}(0_+) - u_{C_1}(\infty)] e^{-\frac{t}{\tau}} = 2 + 2 e^{-\frac{t}{12}}(\text{V}) \qquad t \geqslant 0$$

118

$$u_0(t) = u_{C_2}(t) = u_{C_2}(\infty) + [u_{C_2}(0_+) - u_{C_2}(\infty)]e^{-\frac{t}{\tau}} = 4 - 2e^{-\frac{t}{12}} \text{(V)} \qquad t \geqslant 0$$

评注： 若电路中存在全部由电容元件构成的回路，或由理想电压源和电容元件构成的回路，电容上电压可能突变。对可能发生突变的电路，求初始值时应运用电荷守恒原理。同理，若电路中存在全部由电感支路汇结的节点，或由理想电流源和电感支路汇结的节点，电感上的电流可能发生突变，此时求初始值时应运用磁链守恒原理。

例 5-5 在图 5-7（a）所示电路中，在开关 S 闭合前电路已处于稳态，$t = 0$ 时开关 S 闭合。求 $t > 0$ 时的 $u(t)$，并指出它的零输入响应和零状态响应。

解：（1）计算初始值。

$t = 0_-$ 时，开关 S 闭合前电路已处于稳态，电容开路。且 $i(0_-) = 0$，可以得到

$$u_C(0_-) = 24\text{V}$$

根据换路定则

$$u_C(0_+) = u_C(0_-) = 24\text{V}$$

当 $t = 0$ 时 S 闭合，电流 $i = \dfrac{6}{10} = 0.6\text{A}$ 维持不变，$t > 0$ 时等效电路如图 5-7（d）所示。

作出 $t = 0_+$ 时的等效电路如图 5-7（b）所示，其中 $i(0_+) = \dfrac{6}{10} = 0.6\text{A}$，列写节点方程

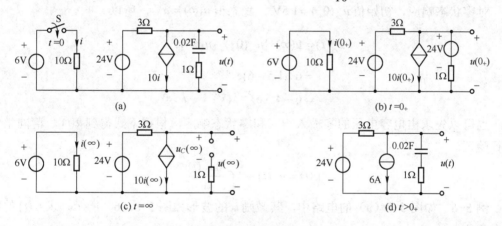

图 5-7 例 5-5 图

$$\left(\frac{1}{3} + 1\right)u(0_+) = \frac{24}{3} - 10 \times 0.6 + \frac{24}{1}$$

得到

$$u(0_+) = 19.5\text{V}$$

其中，初始值 $u(0_+)$ 可分为零输入时的初始值 $u_{zi}(0_+)$ 和零状态时的初始值 $u_{zs}(0_+)$，根据相关概念，可以计算

$$u_{zi}(0_+) = 18\text{V}$$

$$u_{zs}(0_+) = 1.5\text{V}$$

（2）计算稳态值。

稳态时等效电路如图 5-7（c）所示，得到

$$u(\infty) = u_C(\infty) = 24 - 3 \times 10 \times 0.6 = 6\text{V}$$

（3）计算时间常数。

参考电路 5-7（d），得到

$$\tau = RC = (3+1) \times 0.02 = 0.08\text{s}$$

（4）由三要素公式写出响应。

$$u(t) = u(\infty) + [u_C(0_+) - u(\infty)]e^{-\frac{t}{\tau}}$$
$$= 6 + (19.5 - 6)e^{-\frac{t}{0.08}}$$
$$= 6 + 13.5\,e^{-12.5t}(\text{V}) \qquad t > 0$$

（5）$u(t)$ 的零输入响应和零状态响应。

可以由三要素公式写出，对零输入响应，初始值 $u_{zi}(0_+) = 18\text{V}$，稳态值显然为零，所以

$$u_{zi}(t) = u_{zi}(0_+)\,e^{-\frac{t}{\tau}} = 18\,e^{-12.5t}(\text{V}) \qquad t > 0$$

对零状态响应，初始值 $u_{zs}(0_+) = 1.5\text{V}$，稳态值 $u(\infty) = 6\text{V}$，所以

$$u_{zs}(t) = u(\infty) + [u_{zs}(0_+) - u(\infty)]e^{-\frac{t}{\tau}}$$
$$= 6 + (1.5 - 6)e^{-\frac{t}{0.08}}$$
$$= 6 - 4.5\,e^{-12.5t}(\text{V}) \qquad t > 0$$

也可以先求出电容电压的零输入响应和零状态响应，根据下式得到 $u(t)$，请同学们自行验证。

$$u(t) = u_C(t) + RC\frac{\mathrm{d}u_C(t)}{\mathrm{d}t}$$

例 5-6　如图 5-8（a）的电路中，其激励 i_S 的波形如图 5-8（b）所示，求 $i_L(t)$ 的零状态响应。

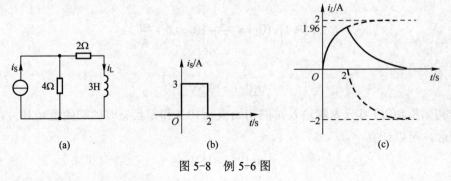

图 5-8　例 5-6 图

解： 由于激励 i_S 可以用阶跃函数表示，可以利用阶跃响应求解。也可以按照 i_S 两次

120

换路利用三要素求解。

（1）利用阶跃响应求解。

激励 i_S 用阶跃函数表示为

$$i_S = 3\varepsilon(t) - 3\varepsilon(t-2)\,(\text{A})$$

先求 $i_L(t)$ 的单位阶跃响应，令 $i_S = \varepsilon(t)$，有

$$i_L(\infty) = \frac{4}{2+4} \times 1 = \frac{2}{3}\,\text{A}$$

$$\tau = \frac{L}{R} = \frac{3}{2+4} = \frac{1}{2}\,\text{s}$$

初始值 $i_L(0_+) = 0$，故 $i_L(t)$ 的单位阶跃响应为

$$g(t) = \frac{2}{3}(1-\text{e}^{-2t})\varepsilon(t)\,(\text{A})$$

根据电路线性非时变性，$i_L(t)$ 的零状态响应为

$$\begin{aligned}
i_L(t) &= 3g(t) - 3g(t-2)\\
&= 2(1-\text{e}^{-2t})\varepsilon(t) - 2[1-\text{e}^{-2(t-2)}]\varepsilon(t-2)\,(\text{A})
\end{aligned}$$

（2）利用三要素求解。

可以看作 i_S 在 $t=0$ 和 $t=2\text{s}$ 时两次换路，利用三要素求解。

$0 \leqslant t < 2\text{s}$ 时，电流源 $i_S = 3\text{A}$ 作用于电路，由于

$$i_L(0_+) = i_L(0_-) = 0$$

$$i_L(\infty) = \frac{4}{2+4} \times 3 = 2\text{A}$$

$$\tau = \frac{L}{R} = \frac{3}{2+4} = \frac{1}{2}\,\text{s}$$

响应为零状态响应

$$i_L(t) = 2(1-\text{e}^{-2t})\,(\text{A})$$

$t \geqslant 2\text{s}$ 时，i_S 在 $t=2\text{s}$ 时不作用，响应为零输入响应，由于

$$i_L(2_+) = i_L(2_-) = 2(1-\text{e}^{-2\times2}) = 1.96\text{A}$$

$$i_L(\infty) = 0$$

$$\tau = \frac{L}{R} = \frac{3}{2+4} = \frac{1}{2}\,\text{s}$$

所以

$$i_L(t) = i_L(2_+)\text{e}^{-(t-2)} = 1.96\text{e}^{-2(t-2)}\,(\text{A})$$

或写为

$$i_L(t) = \begin{cases} 0 & t < 0 \\ 2(1-\text{e}^{-2t})\,(\text{A}) & 0 \leqslant t < 2\text{s} \\ 1.96\text{e}^{-2(t-2)}\,(\text{A}) & t > 2\text{s} \end{cases}$$

例 5-7 图 5-9 所示电路中，$U = 2\text{V}$，$R_1 = R_2 = 1\Omega$，$L = 2\text{H}$，$C = 0.5\text{F}$，原来电

路处于稳定状态，$t=0$ 时开关 S 闭合。试求：

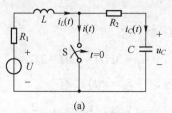

(a)

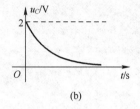

(b)

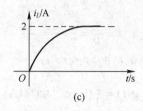

(c)

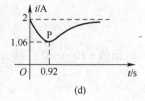

(d)

图 5-9 例 5-7 图

（1）电路中 $u_C(t)$、$i_L(t)$ 和 $i(t)$ 的变化规律；

（2）画出 $u_C(t)$、$i_L(t)$ 和 $i(t)$ 的变化曲线。

分析：图示电路中有两个储能元件 L 和 C，但在 $t=0$ 时开关 S 闭合，将两个储能元件分别划分在两个独立的一阶电路中。故该电路实质上是求两个一阶电路的响应问题。因而可用三要素法分别来分析计算，求解时可以先计算状态变量 $u_C(t)$ 和 $i_L(t)$，然后利用KCL 计算 $i(t)$。

解：（1）求变化规律。

① 计算初始值。

在 $t=0_-$ 时电路稳定，$i_L(0_-)=0$，$u_C(0_-)=U=2\text{V}$，则根据换路定则得到

$$i_L(0_+)=i_L(0_-)=0$$

$$u_C(0_+)=u_C(0_-)=2\text{V}$$

② 计算稳态值。

电路稳定时电感短路，电容开路，各稳态值为

$$u_C(\infty)=0$$

$$i_L(\infty)=\frac{U}{R_1}=\frac{2}{1}=2\text{A}$$

③ 计算时间常数。

对 R_1L 回路，时间常数

$$\tau_1=\frac{L}{R_1}=2\text{s}$$

对 R_2C 回路，时间常数

$$\tau_2=R_2C=1\times0.5=0.5\text{s}$$

④ 写出各响应。

$$i_L(t)=i_L(\infty)+[i_L(0_+)-i_L(\infty)]\mathrm{e}^{-\frac{t}{\tau_1}}=2-2\mathrm{e}^{-0.5t}=2(1-\mathrm{e}^{-0.5t})(\text{A}) \qquad t>0$$

122

$$u_C(t) = u_C(\infty) + [u_C(0_+) - u_C(\infty)]\mathrm{e}^{-\frac{t}{\tau_2}} = 2\mathrm{e}^{-2t}(\mathrm{V}) \qquad t > 0$$

$$i_C(t) = C\frac{\mathrm{d}u_C(t)}{\mathrm{d}t} = -2\mathrm{e}^{-2t}\mathrm{A} \qquad t > 0$$

$$i(t) = i_L(t) - i_C(t) = 2(1 - \mathrm{e}^{-0.5t}) + 2\mathrm{e}^{-2t}(\mathrm{A}) \qquad t > 0$$

（2）$u_C(t)$、$i_L(t)$ 和 $i(t)$ 的变化曲线如图 5-9（b）、（c）和（d）所示。其中 $i(t)$ 的变化曲线，因为 $i(0) = 2\mathrm{A}$ ， $i(\infty) = 2\mathrm{A}$ ，令 $\dfrac{\mathrm{d}i}{\mathrm{d}t} = 0$ ，得到 $i(t)$ 转折点 P($i = 1.05\mathrm{A}$，$t = 0.924\mathrm{s}$)，$i(t)$ 随时间按指数规律下降至 P 点，然后按指数规律上升。同学们可以利用 MATLAB 仿真验证。

例 5-8　分别证明能否通过选择元件参数使图 5-10（a）、（b）所示电路产生振荡性响应。电压源 u_S 和电流源 i_S 是 $t = 0$ 时开始作用的直流激励。

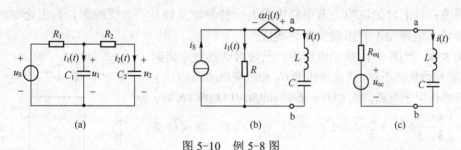

图 5-10　例 5-8 图

解：判断电路能否产生振荡性响应，要列写电路微分方程，然后求解特征根，判断是否为共轭复数。

（1）根据两类约束和元件 VCR，得到

$$\begin{cases} u_1 = R_2 i_2 + u_2 = R_2 C_2 \dfrac{\mathrm{d}u_2}{\mathrm{d}t} + u_2 \\[2mm] i_1 = C_1 \dfrac{\mathrm{d}u_1}{\mathrm{d}t} = R_2 C_1 C_2 \dfrac{\mathrm{d}^2 u_2}{\mathrm{d}t^2} + C_1 \dfrac{\mathrm{d}u_2}{\mathrm{d}t} \end{cases} \qquad ①$$

由 KVL，得到

$$R_1(i_1 + i_2) + u_1 = u_\mathrm{S} \qquad ②$$

将式①代入式②，整理得到

$$R_1 R_2 C_1 C_2 \frac{\mathrm{d}^2 u_2}{\mathrm{d}t^2} + (R_1 C_1 + R_1 C_2 + R_2 C_2)\frac{\mathrm{d}u_2}{\mathrm{d}t} + u_2 = u_\mathrm{S}$$

上式表示为

$$a\frac{\mathrm{d}^2 u_2}{\mathrm{d}t^2} + b\frac{\mathrm{d}u_2}{\mathrm{d}t} + cu_2 = u_\mathrm{S}$$

特征根的判别式为

$$\begin{aligned} b^2 - 4ac &= (R_1 C_1 + R_1 C_2 + R_2 C_2)^2 - 4R_1 R_2 C_1 C_2 \\ &= (R_1 C_1 - R_2 C_2)^2 + 2R_1 C_2(R_1 C_1 + R_2 C_2) + R_1^2 C_2^2 > 0 \end{aligned}$$

由于各参数均为正数，上式总大于零，特征根为两个不相等的实根。因此，无论参数如何取值，均不能产生振荡性响应。

（2）先将图 5-10（b）所示电路的 ab 端左侧电路化简，如图 5-10（c）所示。化简电路时，写出 ab 端口 VCR，得到

$$u_{ab} = \alpha i_1 + R i_1 = (\alpha + R)(i_S - i)$$
$$= (\alpha + R) i_S - (\alpha + R) i$$

等效电路如图 5-10（c）所示，其中 $u_{oc} = (\alpha + R) i_S$，$R_{eq} = \alpha + R$。

根据 RLC 串联电路的响应形式，可以直接判断，当满足

$$R_{eq} = \alpha + R < 2\sqrt{\frac{L}{C}}$$

时，电路响应为振荡性的。

评注：以上讨论说明，若电路中只有一种储能元件且不含受控源，则无论如何调整元件参数，电路均不会出现振荡性响应。

例 5-9 如图 5-11 所示电路中，已知 N 为线性电阻网络，电容初始状态不详，直流电压源 U_S 和时变电流源 $i_S(t)$ 于 $t = 0$ 开始作用于电路，当 $i_S(t) = 16.98\sin(3t + 133.09°)$ A 时，$u_C(t) = \left[\frac{5}{3} - \frac{5}{3}e^{-0.1t} + 2\sqrt{2}\sin(3t + 45°)\right]$ V，$t > 0$。求同样条件下，$i_S(t) = 0$ 时的 $u_C(t)$。

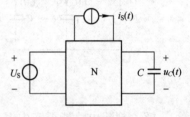

图 5-11　例 5-9 图

解：由教材中式（5-33）和式（5-34），一阶动态电路的响应为

$$y(t) = y_p(t) + [y(0_+) - y_p(0_+)] e^{-\frac{t}{\tau}}$$

此题目中，响应为电容电压，则有

$$u_C(t) = u_{Cp}(t) + [u_C(0_+) - u_{Cp}(0_+)] e^{-\frac{t}{\tau}}$$

对比已知条件，可得稳态响应

$$u_{Cp}(t) = \left[\frac{5}{3} + 2\sqrt{2}\sin(3t + 45°)\right](V)$$

并且得到，直流电压源 U_S 引起的稳态响应为式中的 5/3，而正弦电流源 $i_S(t)$ 引起的稳态响应为其中的 $[2\sqrt{2}\sin(3t + 45°)]$V。

暂态响应为

$$[u_C(0_+) - u_{Cp}(0_+)] e^{-\frac{t}{\tau}} = -\frac{5}{3}e^{-0.1t}$$

其中 $\tau = 10$s。由此得到

$$u_C(0_+) = -\frac{5}{3} + u_{Cp}(0_+)$$
$$= -\frac{5}{3} + \frac{5}{3} + 2\sqrt{2}\sin(45°)$$
$$= 2\,V$$

因此，当 $i_S(t)=0$ 时，直流电压源 U_S 单独作用，$u_C(0_+)=2\text{V}$，$u_C(\infty)=\dfrac{5}{3}\text{V}$，$\tau=10\text{s}$，则

$$
\begin{aligned}
u_C(t) &= u_C(\infty)+[u_C(0_+)-u_C(\infty)]\,\mathrm{e}^{-\frac{t}{\tau}} \\
&= \frac{5}{3}+\left(2-\frac{5}{3}\right)\mathrm{e}^{-0.1t} \\
&= \frac{5}{3}+\frac{1}{3}\mathrm{e}^{-0.1t}\,(\text{V}) \qquad t>0
\end{aligned}
$$

5.5　习题 5 答案

5-1　一个 0.25F 的电容 C，在电流、电压方向关联时其 $u_C(t)=4(1-\mathrm{e}^{-t})\text{V}$，$t\geqslant 0$。求 $t\geqslant 0$ 时的电流 $i_C(t)$，并粗略画出 $u_C(t)$ 和 $i_C(t)$ 的波形。电容的最大储能是多少？

解：根据电容的伏安关系，得到

$$
i_C(t)=C\frac{\mathrm{d}u_C}{\mathrm{d}t}=\mathrm{e}^{-t}\,(\text{A})
$$

电容的最大储能

$$
W_\mathrm{m}=\frac{1}{2}Cu_{Cm}^2=\frac{1}{2}\times 0.25\times 4^2=2\text{J}
$$

$u_C(t)$ 和 $i_C(t)$ 的波形分别如习题 5-1 图（a）和（b）所示。

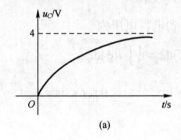

习题 5-1 图

5-2　一个 0.25F 的电容 C，在电流、电压方向关联时其 $u_C(t)=4\cos(2t)\text{V}$，$-\infty<t<\infty$，求其 $i_C(t)$。粗略画出 $u_C(t)$ 和 $i_C(t)$ 的波形。电容的最大储能是多少？

解：根据电容的伏安关系式，得到

$$
i_C(t)=C\frac{\mathrm{d}u_C}{\mathrm{d}t}=-2\sin(2t)\,(\text{A})
$$

电容的最大储能

$$
W_\mathrm{m}=\frac{1}{2}Cu_{Cm}^2=\frac{1}{2}\times 0.25\times 4^2=2\text{J}
$$

$u_C(t)$ 和 $i_C(t)$ 的波形分别如习题 5-2 图（a）和（b）所示。

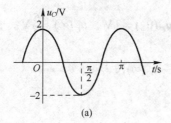
(a)

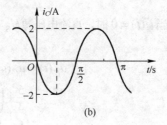
(b)

习题 5-2 图

5-3 如习题 5-3 图（a）所示，电流波形如习题 5-3 图（b）所示，设 $u_C(0)=0$，试求 $t=1s$，2s，4s 时的电压值。并计算该时刻储能。

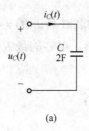
(a)

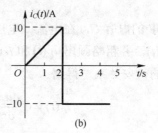
(b)

习题 5-3 图

解： 由图（b）得到电流表达式

$$i_C(t) = \begin{cases} 5t(\text{A}) & 0 \leqslant t < 2\text{s} \\ -10\text{A} & t \geqslant 2\text{s} \end{cases}$$

根据电容的伏安关系，当 $0 \leqslant t < 2\text{s}$ 时，得到电容电压为

$$u_C(t) = u_C(0) + \frac{1}{C}\int_0^t i(\xi)\mathrm{d}\xi = \frac{1}{2}\int_0^t i(\xi)\mathrm{d}\xi$$

$$u_C(t) = \frac{1}{2}\int_0^t 5\xi\mathrm{d}\xi = 1.25t^2(\text{V}) \qquad 0 \leqslant t < 2\text{s}$$

当 $t \geqslant 2\text{s}$ 时，电容电压为

$$u_C(t) = u_C(2) + \frac{1}{2}\int_2^t i(\xi)\mathrm{d}\xi = 5 + \frac{1}{2}\int_2^t (-10)\mathrm{d}\xi = 15 - 5t(\text{V}) \qquad t \geqslant 2\text{s}$$

$t=1s$，2s，4s 时的电压值分别为

$$u_C(1) = 1.25\text{V}$$
$$u_C(2) = 5\text{V}$$
$$u_C(4) = -5\text{V}$$

各时刻储能为

$$W(1) = \frac{1}{2}Cu_C(1)^2 = \frac{1}{2} \times 2 \times 1.25^2 = 1.5625\text{J}$$

$$W(2) = \frac{1}{2}Cu_C(2)^2 = \frac{1}{2} \times 2 \times 5^2 = 25\text{J}$$

$$W(4) = \frac{1}{2}Cu_C(4)^2 = \frac{1}{2} \times 2 \times (-5)^2 = 25\text{J}$$

5-4 当 $C=2\mu F$ 时，在 $u_C(t)$ 和 $i_C(t)$ 方向关联下，电压 $u_C(t)$ 的波形如习题 5-4 图所示。（1）求 $i_C(t)$；（2）求电容电荷 $q(t)$；（3）求电容吸收的功率 $p(t)$。

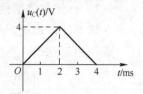

习题 5-4 图

解：（1）由图得到电压表达式

$$u_C(t)=\begin{cases} 2\times10^3t\text{(V)} & 0\leqslant t<2\text{ms} \\ -2\times10^3t+8\text{(V)} & 2\text{ms}\leqslant t<4\text{ms} \end{cases}$$

根据电容的伏安关系，得到电容电流

$$i_C(t)=C\frac{\mathrm{d}u_C}{\mathrm{d}t}=2\times10^{-6}\frac{\mathrm{d}u_C}{\mathrm{d}t}=\begin{cases} 4\times10^{-3}\text{(A)} & 0\leqslant t<2\text{ms} \\ -4\times10^{-3}\text{(A)} & 2\text{ms}\leqslant t<4\text{ms} \end{cases}$$

（2）根据 $q(t)=Cu_C(t)$ ，得到电容的电荷

$$q(t)=\begin{cases} 4\times10^{-3}t\text{(C)} & 0\leqslant t<2\text{ms} \\ -4\times10^{-3}t+16\times10^{-6}\text{(C)} & 2\text{ms}\leqslant t<4\text{ms} \end{cases}$$

（3）根据 $p(t)=u_C(t)i_C(t)$ ，得到电容的功率

$$p(t)=\begin{cases} 8t\text{(W)} & 0\leqslant t<2\text{ms} \\ 8t-32\times10^{-3}\text{(W)} & 2\text{ms}\leqslant t<4\text{ms} \end{cases}$$

5-5 一个电感，其 $L=1\text{H}$ ，在 $u_L(t)$ 和 $i_L(t)$ 方向关联时，其电流为 $i_L(t)=5(1-e^{-2t})\text{A}$ ，$t\geqslant0$ 。求 $t\geqslant0$ 时的端电压 $u_L(t)$ ；粗略画出 $u_L(t)$ 和 $i_L(t)$ 的波形；计算 L 的最大储能。

解：根据电感的伏安关系，得到

$$u_L(t)=L\frac{\mathrm{d}i_L}{\mathrm{d}t}=10e^{-2t}\text{(V)}$$

电感的最大储能

$$W_\mathrm{m}=\frac{1}{2}Li_{Lm}^2=\frac{1}{2}\times1\times5^2=12.5\text{J}$$

$i_L(t)$ 和 $u_L(t)$ 的波形分别如习题 5-5 图（a）和（b）所示。

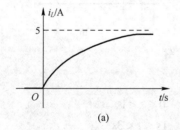
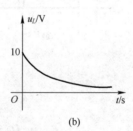

习题 5-5 图

5-6 一个电感，其 $L=1\text{H}$ ，如通入它的电流为 $i_L(t)=4\sin5t\text{(A)}$ $(-\infty<t<\infty)$ ，求方向与 $i_L(t)$ 关联的电压 $u_L(t)$ ，粗略画出 $u_L(t)$ 和 $i_L(t)$ 的波形。

解：根据电感的伏安关系，得到

$$u_L(t)=L\frac{\mathrm{d}i_L}{\mathrm{d}t}=20\cos(5t)\text{(V)}$$

$i_L(t)$ 和 $u_L(t)$ 的波形分别如习题 5-6 图（a）和（b）所示。

5-7　已知某周期性电流如习题 5-7 图所示。又知线圈电感 $L=0.01\text{H}$，线圈电阻很小而忽略不计，求电感两端电压波形。

解：由习题 5-7 图得到电流表达式

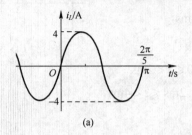

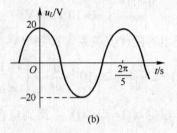

(a)　　　　　　　　　　　　(b)

习题 5-6 图

$$i(t)=\begin{cases}20\times10^3 t(\text{A}) & 0\leqslant t<60\mu s \\ -300\times10^3 t+19.2(\text{A}) & 60\mu s\leqslant t<64\mu s\end{cases}$$

根据电感的伏安关系，得到

$$u_L(t)=L\frac{\mathrm{d}i_L}{\mathrm{d}t}=\begin{cases}200\text{V} & 0\leqslant t<60\mu s \\ -3000\text{V} & 60\mu s\leqslant t<64\mu s\end{cases}$$

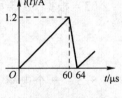

习题 5-7 图

电感两端电压波形略。

5-8　一个电感 $L=4\text{H}$，其端电压 $u_L(t)$ 的波形如习题 5-8 图所示。若 $i_L(0)=0$，求方向与 $u_L(t)$ 关联的 $i_L(t)$，并画出波形图。

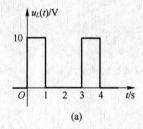

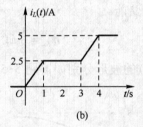

(a)　　　　　　　　　　　　(b)

习题 5-8 图

解：由图（a）得到

$$u_L(t)=\begin{cases}10\text{V} & 0\leqslant t<1\text{s} \\ 0 & 1\text{s}\leqslant t<3\text{s} \\ 10\text{V} & 3\text{s}\leqslant t<4\text{s}\end{cases}$$

根据电感的伏安关系，得到

$$i_L(t)=\begin{cases}2.5t(\text{A}) & 0\leqslant t<1\text{s} \\ 2.5\text{A} & 1\text{s}\leqslant t<3\text{s} \\ 2.5t-5(\text{A}) & 3\text{s}\leqslant t<4\text{s} \\ 5\text{A} & t\geqslant4\text{s}\end{cases}$$

$i_L(t)$波形如图（b）所示。

5-9 如习题 5-9 图所示的电路中，已知 $u = 5 + 2e^{-2t}(\mathrm{V})$，$t \geqslant 0$，$i = 1 + 2e^{-2t}(\mathrm{A})$，$t \geqslant 0$，求电阻 R 和电容 C。

解： 由 KVL 得到

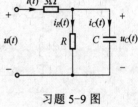

习题 5-9 图

$$u_C(t) = u(t) - 3i(t) = 5 + 2e^{-2t} - 3 \times (1 + 2e^{-2t}) = 2 - 4e^{-2t}(\mathrm{V})$$

$$i_R(t) = \frac{u_C(t)}{R} = \frac{2 - 4e^{-2t}}{R}(\mathrm{A})$$

由 KCL，得

$$i(t) = i_R(t) + i_C(t) = \frac{u_C(t)}{R} + C\frac{\mathrm{d}u_C(t)}{\mathrm{d}t}$$

即

$$1 + 2e^{-2t} = \frac{2 - 4e^{-2t}}{R} + 8Ce^{-2t} = \frac{2}{R} + \left(8C - \frac{4}{R}\right)e^{-2t}$$

比较系数得 $R = 2\Omega$，$C = 0.5\mathrm{F}$。

5-10 如习题 5-10 图所示，二端网络 N 中只含一个电阻和一个电感，其端钮电压 u 及电流 i 波形如图中所示。（1）试确定 R 与 L 是如何连接的；（2）求 R、L 值。

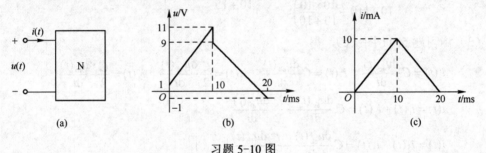

习题 5-10 图

解：（1）由图（b）知

$$u(t) = \begin{cases} 1 + 10^3 t(\mathrm{V}) & 0 < t < 10\mathrm{ms} \\ -10^3 t + 19(\mathrm{V}) & 10\mathrm{ms} < t < 20\mathrm{ms} \end{cases} \qquad ①$$

$$i(t) = \begin{cases} t(\mathrm{A}) & 0 < t < 10\mathrm{ms} \\ -t + 20 \times 10^{-3}(\mathrm{A}) & 10\mathrm{ms} < t < 20\mathrm{ms} \end{cases}$$

假设 R 与 L 是并联的，则

$$i(t) = \frac{u(t)}{R} + \frac{1}{L}\int_{-\infty}^{t} u(\tau)\mathrm{d}\tau = \frac{u(t)}{R} + i_L(0) + \frac{1}{L}\int_0^t u(\tau)\mathrm{d}\tau$$

可以判断电流是 t 的二次函数，显然与图中已知电流波形不符，所以 R 与 L 不可能是并联的，即 R 与 L 是串联的。

（2）由于 R 与 L 是串联的，则由 KVL 得到

$$u(t) = Ri(t) + L\frac{\mathrm{d}i(t)}{\mathrm{d}t} = \begin{cases} Rt + L\ (\mathrm{V}) & 0 < t < 10\mathrm{ms} \\ R(-t + 20 \times 10^{-3}) - L\ (\mathrm{V}) & 10\mathrm{ms} < t < 20\mathrm{ms} \end{cases}$$

与式①对比系数得到 $R=1000\Omega$，$L=1\mathrm{H}$。

5-11 如习题 5-11 图所示的电路。

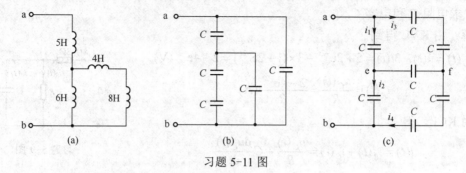

习题 5-11 图

（1）求图（a）中 ab 端的等效电感；

（2）图（b）中各电容 $C=10\mu\mathrm{F}$，求 ab 端的等效电容；

（3）图（c）中各电容 $C=200\mathrm{pF}$，求 ab 端的等效电容。

解：（1）$L_{\mathrm{ab}}=5+6//(4+8)=5+6//12=5+4=9\mathrm{H}$

（2）$C_{\mathrm{ab}}=10+\dfrac{10\times\left(10+\dfrac{10\times10}{10+10}\right)}{10+\left(10+\dfrac{10\times10}{10+10}\right)}=10+\dfrac{10\times15}{10+15}=10+6=16\mu\mathrm{F}$

（3）由习题 5-11 图（c），得

$$i_1(t)=C\frac{\mathrm{d}u_{\mathrm{ae}}(t)}{\mathrm{d}t}\quad i_2(t)=C\frac{\mathrm{d}u_{\mathrm{eb}}(t)}{\mathrm{d}t}\quad i_3(t)=\frac{C}{2}\frac{\mathrm{d}u_{\mathrm{af}}(t)}{\mathrm{d}t}\quad i_4(t)=\frac{C}{2}\frac{\mathrm{d}u_{\mathrm{fb}}(t)}{\mathrm{d}t}$$

$$i(t)=i_1(t)+i_3(t)=C\frac{\mathrm{d}u_{\mathrm{ae}}(t)}{\mathrm{d}t}+\frac{C}{2}\frac{\mathrm{d}u_{\mathrm{af}}(t)}{\mathrm{d}t}$$

$$i(t)=i_2(t)+i_4(t)=C\frac{\mathrm{d}u_{\mathrm{eb}}(t)}{\mathrm{d}t}+\frac{C}{2}\frac{\mathrm{d}u_{\mathrm{fb}}(t)}{\mathrm{d}t}$$

则

$$2i(t)=C\left[\frac{\mathrm{d}u_{\mathrm{ae}}(t)}{\mathrm{d}t}+\frac{\mathrm{d}u_{\mathrm{eb}}(t)}{\mathrm{d}t}\right]+\frac{C}{2}\left[\frac{\mathrm{d}u_{\mathrm{af}}(t)}{\mathrm{d}t}+\frac{\mathrm{d}u_{\mathrm{fb}}(t)}{\mathrm{d}t}\right]=C\frac{\mathrm{d}u_{\mathrm{ab}}(t)}{\mathrm{d}t}+\frac{C}{2}\frac{\mathrm{d}u_{\mathrm{ab}}(t)}{\mathrm{d}t}=\frac{3C}{2}\frac{\mathrm{d}u_{\mathrm{ab}}(t)}{\mathrm{d}t}$$

所以

$$i(t)=\frac{3C}{4}\frac{\mathrm{d}u_{\mathrm{ab}}(t)}{\mathrm{d}t}$$

即

$$C_{\mathrm{ab}}=\frac{3}{4}\times200=150\mathrm{pF}$$

或者考虑 ab 端电容构成的电桥阻抗平衡，ef 之间短路或者开路，这样（ef 开路时）

$$C_{\mathrm{ab}}=\frac{1}{4}C+\frac{1}{2}C=\frac{3}{4}C=150\mathrm{pF}$$

5-12 列出习题 5-12 图所示两个电路中 $i_L(t)$ 的微分方程（其中 $u_{\mathrm{S}}(t)$ 为换路后的激励）。

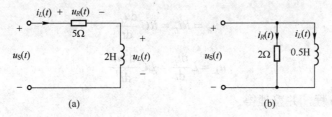

习题 5-12 图

解：（1）图（a）中，由 KVL 有

$$u_R + u_L = u_S$$

由元件 VCR 有

$$u_R = R i_L$$

$$u_L = L \frac{\mathrm{d} i_L}{\mathrm{d} t}$$

综合上面三式，整理得

$$\frac{\mathrm{d} i_L}{\mathrm{d} t} + \frac{R}{L} i_L = \frac{1}{L} u_S$$

代入数据得

$$\frac{\mathrm{d} i_L}{\mathrm{d} t} + 2.5 i_L = 0.5 u_S$$

（2）图（b）中，由元件 VCR 和 KVL，得

$$u_L = L \frac{\mathrm{d} i_L}{\mathrm{d} t} = u_S$$

代入数据得

$$\frac{\mathrm{d} i_L}{\mathrm{d} t} = 2 u_S$$

5-13 列出习题 5-13 图所示三个电路中 $i_L(t)$ 的微分方程和 $u_C(t)$ 的微分方程。

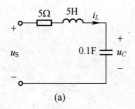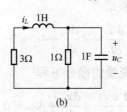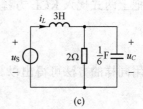

习题 5-13 图

解：（1）图（a）中，根据 KVL 得

$$u_R + u_L + u_C = u_S$$

把元件的 VCR

$$i_L = i_C = C \frac{\mathrm{d} u_C}{\mathrm{d} t}$$

$$u_R = Ri_L = RC\frac{\mathrm{d}u_C}{\mathrm{d}t}$$

$$u_L = L\frac{\mathrm{d}i_L}{\mathrm{d}t} = LC\frac{\mathrm{d}^2u_C}{\mathrm{d}t^2}$$

代入 KVL 方程，并整理得

$$\frac{\mathrm{d}^2u_C}{\mathrm{d}t^2} + \frac{R}{L}\frac{\mathrm{d}u_C}{\mathrm{d}t} + \frac{1}{LC}u_C = \frac{1}{LC}u_S$$

代入数据得

$$\frac{\mathrm{d}^2u_C}{\mathrm{d}t^2} + \frac{\mathrm{d}u_C}{\mathrm{d}t} + 2u_C = 2u_S$$

用同样的方法可得出以 i_L 为变量的微分方程

$$\frac{\mathrm{d}^2i_L}{\mathrm{d}t^2} + \frac{R}{L}\frac{\mathrm{d}i_L}{\mathrm{d}t} + \frac{1}{LC}i_L = \frac{1}{L}\frac{\mathrm{d}u_S}{\mathrm{d}t}$$

代入数据得

$$\frac{\mathrm{d}^2i_L}{\mathrm{d}t^2} + \frac{\mathrm{d}i_L}{\mathrm{d}t} + 2i_L = 0.2\frac{\mathrm{d}u_S}{\mathrm{d}t}$$

（2）图（b）中，根据 KCL 得

$$i_L - \frac{u_C}{1} - \frac{\mathrm{d}u_C}{\mathrm{d}t} = 0$$

根据 KVL 得

$$u_C + 3i_L + \frac{\mathrm{d}i_L}{\mathrm{d}t} = 0$$

对上式求导

$$\frac{\mathrm{d}u_C}{\mathrm{d}t} + 3\frac{\mathrm{d}i_L}{\mathrm{d}t} + \frac{\mathrm{d}^2i_L}{\mathrm{d}t^2} = 0$$

把上两式代入 KCL 方程，并整理得

$$\frac{\mathrm{d}^2i_L}{\mathrm{d}t^2} + 4\frac{\mathrm{d}i_L}{\mathrm{d}t} + 4i_L = 0$$

用同样的方法可得出以 u_C 为变量的微分方程

$$\frac{\mathrm{d}^2u_C}{\mathrm{d}t^2} + 4\frac{\mathrm{d}u_C}{\mathrm{d}t} + 4u_C = 0$$

（3）图（c）中，根据 KCL 得

$$i_L - \frac{u_C}{2} - \frac{1}{6}\frac{\mathrm{d}u_C}{\mathrm{d}t} = 0$$

根据 KVL 得

$$3\frac{\mathrm{d}i_L}{\mathrm{d}t} + u_C = u_S$$

把上式代入 KCL 方程，并整理得

$$\frac{\mathrm{d}^2 u_C}{\mathrm{d}t^2} + 3\frac{\mathrm{d}u_C}{\mathrm{d}t} + 2u_C = 2u_S$$

用同样的方法可得出以 i_L 为变量的微分方程

$$\frac{\mathrm{d}^2 i_L}{\mathrm{d}t^2} + 3\frac{\mathrm{d}i_L}{\mathrm{d}t} + 2i_L = u_S + \frac{1}{3}\frac{\mathrm{d}u_S}{\mathrm{d}t}$$

5-14 （1）如习题 5-14 图（a）所示的 RL 电路，在开关断开切断电源的瞬间，开关将出现电弧，试加以解释。

（2）如习题 5-14 图（b）所示电路，在 $t=0$ 时开关断开，试求 $i(t)$，$t>0$，$i(0)=2A$；若图中 20kΩ电阻是用以测量 $t<0$ 时 u_{ab} 的电压表的内阻，电压表量程为 300V，试说明在开关断开的瞬间，电压表将有什么危险，并设计一种方案来防止这种情况的出现。

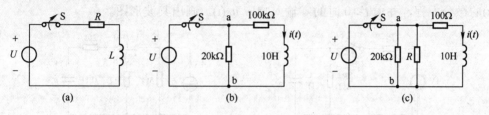

习题 5-14 图

解：（1）由习题 5-14 图（a）知，开关闭合时，回路中有电流，在开关断开切断电源的瞬间，回路中的电流瞬间变为零，使电感两端产生高压，此时开关两触点之间的电压很高，开关两触点之间的空气被击穿，出现电弧，将电感储存的能量释放出来。

（2）由习题 5-14（b）图可知，在 $t=0$ 时开关断开后，电路为零输入电路，则 $i(t)$ 为零输入响应。

$$\tau = \frac{L}{R_{eq}} = \frac{10}{100 + 20000} \approx 5 \times 10^{-4}\,\mathrm{s}$$

$$i(t) = i(0)\mathrm{e}^{-\frac{1}{\tau}t} = 2\mathrm{e}^{-2 \times 10^3 t} \qquad t \geq 0$$

开关断开前的瞬间，$i(0_-)=2A$，根据换路定律，在开关断开的瞬间，$i(0_+)=2A$，即开关断开的瞬间有 $i(0_+)=2A$ 的电流流过电压表，此时电压表两端的电压

$$u_{ab}(0_+) = 2 \times 20 \times 10^3 = 40\mathrm{kV}$$

这一电压远远超过电压表的量程，极易烧坏电压表。为防止这种情况的出现，可在电路中加一泄放电阻 R 与电压表并联，其阻值要远小于电压表的内阻，如习题 5-14 图（c）所示。

5-15 如习题 5-15 图所示电路，求 $u_C(t)$（换路前电路处于稳态 $u_C(0_-)=0$）。分别写出 $u_C(t)$ 的稳态响应、暂态响应、零输入响应和零状态响应。

解：根据换路定律，得

$$u_C(0_+) = u_C(0_-) = 0$$

$$u_C(\infty) = \frac{4R_2}{R_1 + R_2} = \frac{4}{4+4} \times 4 = 2\text{V}$$

$$\tau = R_{eq}C = \frac{R_1 R_2}{R_1 + R_2}C = \frac{4 \times 4}{4+4} \times 1 = 2\text{s}$$

$$u_C(t) = u_C(\infty)(1 - e^{-\frac{1}{\tau}t}) = 2 - 2e^{-\frac{1}{2}t}\text{ (V)} \quad t \geqslant 0$$

$u_C(t)$ 的稳态响应：2V；

$u_C(t)$ 的暂态响应：$-2e^{-\frac{1}{2}t}\text{V}$；

$u_C(t)$ 的零输入响应：$u_{Czi}(t) = 0$；

$u_C(t)$ 的零状态响应：$u_{Cf}(t) = u_C(\infty)(1 - e^{-\frac{1}{\tau}t}) = 2(1 - e^{-\frac{1}{2}t})\text{(V)}$。

5-16　如习题 5-16 图所示电路，$t<0$ 时电路已稳定。$t=0$ 时开关由 1 扳向 2，列出求 $u_C(t)$ 的微分方程，并求 $t\geqslant 0$ 时的零输入响应 $u_C(t)$。画出其波形图。

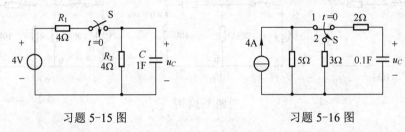

习题 5-15 图　　　　　　习题 5-16 图

解： 关于 $u_C(t)$ 的微分方程为

$$(2+3) \times 0.1\frac{du_C}{dt} + u_C = 0$$

即

$$\frac{du_C}{dt} + 2u_C = 0$$

$u_C(t)$ 的零输入响应为

$$u_C = u_C(0_+)e^{-2t}$$

其中初始值

$$u_C(0_+) = u_C(0_-) = 4 \times 5 = 20\text{V}$$

所以零输入响应为

$$u_C = 20e^{-2t}\text{(V)} \qquad t \geqslant 0$$

其波形省略。

5-17　如习题 5-17 图所示电路，$t<0$ 时电路已稳定。$t=0$ 时开关闭合，列出求 $i_L(t)$ 的微分方程，并求 $t\geqslant 0$ 时的零状态响应 $i_L(t)$，画出其波形图。

解： 由电感 VCR，得到

$$u_L = L\frac{di_L}{dt} = \frac{di_L}{dt}$$

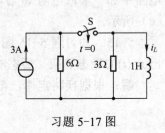

习题 5-17 图

开关闭合后，根据 KCL，得

$$\frac{u_L}{6} + \frac{u_L}{3} + i_L = 3$$

将电感 VCR 代入整理得

$$\frac{\mathrm{d}i_L}{\mathrm{d}t} + 2i_L = 6$$

由电路得稳态响应和时间常数

$$i_L(\infty) = 3\mathrm{A}$$

$$\tau = \frac{L}{R_{\mathrm{eq}}} = \frac{1}{6//3} = \frac{1}{2}\mathrm{s}$$

零状态响应为

$$i_L(t) = 3(1 - \mathrm{e}^{-2t})(\mathrm{A}) \qquad t \geqslant 0$$

$i_L(t)$波形省略。

5-18 如习题 5-18 图（a）所示电路，换路前电路处于稳态，t=0 时开关 S 由 1 闭合到 2，求初始值 $i_L(0_+)$、$u_L(0_+)$和稳态值 $i_L(\infty)$、$u_L(\infty)$以及电路的时间常数τ。

解：由习题 5-18 图（a）可知，开关 S 在 1 位置，电路处于稳态

$$i_L(0_-) = \frac{100}{20 + 30} = 2\mathrm{A}$$

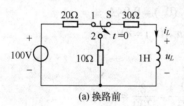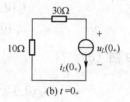

(a) 换路前　　　　　　　　(b) $t = 0_+$

习题 5-18 图

$$i_L(0_+) = i_L(0_-) = 2\mathrm{A}$$

由习题 5-18 图（b），得到

$$u_L(0_+) = -(10 + 30)i_L(0_+) = -80\,\mathrm{V}$$

换路后的电路达到稳态时，各稳态值为

$$i_L(\infty) = 0$$

$$u_L(\infty) = 0$$

$$\tau = \frac{L}{R_{\mathrm{eq}}} = \frac{1}{10 + 30} = 0.025\mathrm{s}$$

5-19 如习题 5-19 图（a）所示电路，$t = 0$时换路，换路前电路已处于稳态。（1）求初始值 $u_C(0_+)$，$i_L(0_+)$，$i_C(0_+)$，$i_R(0_+)$；（2）求稳态响应 $u_C(\infty)$，$i_L(\infty)$，$i_R(\infty)$。

解：分别画出 t=0_-、t=0_+和 t=∞时的等效电路，如习题 5-19 图（b）、（c）和（d）所示。

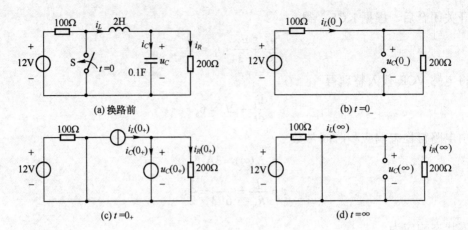

(a) 换路前　　　　　　　　　　(b) t=0₋

(c) t=0₊　　　　　　　　　　(d) t=∞

习题 5-19 图

（1）求初始值 $u_C(0_+)$，$u_L(0_+)$，$i_C(0_+)$，$i_R(0_+)$。由于

$$i_L(0_-) = \frac{12}{100+200} = 0.04\text{A}$$

$$u_C(0_-) = \frac{200}{100+200} \times 12 = 8\text{V}$$

根据换路定则，得

$$i_L(0_+) = i_L(0_-) = 0.04\text{A}$$
$$u_C(0_+) = u_C(0_-) = 8\text{V}$$

由习题 5-19 图（c），得

$$i_R(0_+) = \frac{u_C(0_+)}{200} = \frac{8}{200} = 0.04\text{A}$$

$$i_C(0_+) = i_L(0_+) - i_R(0_+) = 0$$

（2）求稳态响应 $u_C(\infty)$，$i_L(\infty)$，$i_R(\infty)$。

由习题 5-19 图（c），换路后的电路为零输入电路，故

$$i_L(\infty) = 0 \qquad u_C(\infty) = 0 \qquad i_R(\infty) = 0$$

5-20　如习题 5-20 图（a）所示电路，在 $t=0$ 时换路，$t<0$ 时电路处于稳态。（1）求初始值 $i_L(0_+)$、$u_L(0_+)$、$i(0_+)$和$i_C(0_+)$；（2）求稳态响应 $i_L(\infty)$、$i(\infty)$和$u_C(\infty)$。

解：分别画出 $t=0_-$、$t=0_+$ 和 $t=\infty$ 时的等效电路，如习题 5-20 图（b）、（c）和（d）所示。

（1）求初始值 $i_L(0_+)$，$u_L(0_+)$，$i(0_+)$和$i_C(0_+)$。由习题 5-20 图（b），得

$$i_L(0_-) = \frac{8}{2+4} = \frac{4}{3}\text{A}$$

$$u_C(0_-) = \frac{4}{2+4} \times 8 = \frac{16}{3}\text{V}$$

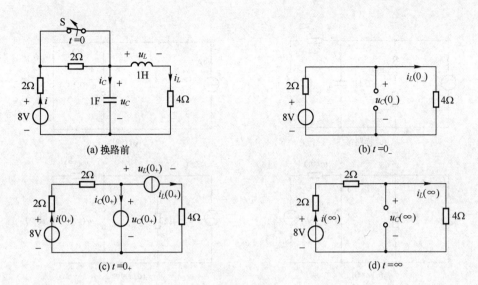

(a) 换路前   (b) $t=0_-$

(c) $t=0_+$ (d) $t=\infty$

习题 5-20 图

根据换路定则，得

$$i_L(0_+) = i_L(0_-) = \frac{4}{3}\text{A}$$

$$u_C(0_+) = u_C(0_-) = \frac{16}{3}\text{V}$$

由习题 5-20 图（c），得

$$u_L(0_+) = u_C(0_+) - 4i_L(0_+) = \frac{16}{3} - 4 \times \frac{4}{3} = 0$$

$$i(0_+) = \frac{8 - u_C(0_+)}{2+2} = \frac{8 - \frac{16}{3}}{4} = \frac{2}{3}\text{A}$$

$$i_C(0_+) = i(0_+) - i_L(0_+) = \frac{2}{3} - \frac{4}{3} = -\frac{2}{3}\text{A}$$

（2）求稳态响应 $i_L(\infty)$，$i(\infty)$ 和 $u_C(\infty)$。

由习题 5-20 图（d），得

$$i(\infty) = i_L(\infty) = \frac{8}{2+2+4} = 1\text{A}$$

$$u_C(\infty) = \frac{4}{2+2+4} \times 8 = 4\text{V}$$

5-21 如习题 5-21 图（a）所示电路，在 $t=0$ 时开关 S 由断开到闭合，闭合前电路已处于稳态。（1）求 $u_C(0_+)$，$u_R(0_+)$，$i_C(0_+)$ 和 $i_L(0_+)$；（2）求 $u_C(\infty)$，$i_L(\infty)$，$u_R(\infty)$。

解：分别画出 $t=0_-$、$t=0_+$ 和 $t=\infty$ 时的等效电路，如习题 5-21 图（b）、（c）和（d）所示。

（1）求 $u_C(0_+)$，$u_R(0_+)$，$i_C(0_+)$ 和 $i_L(0_+)$。

由习题 5-21 图（b），得

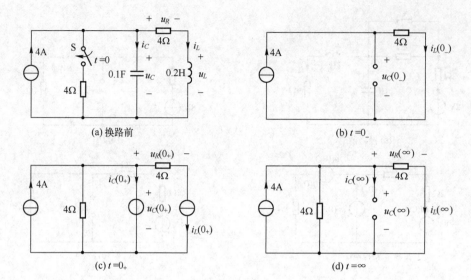

习题 5-21 图

$$i_L(0_-) = 4\text{A}$$

$$u_C(0_-) = 4i_L(0_-) = 16\text{V}$$

根据换路定律，得

$$i_L(0_+) = i_L(0_-) = 4\text{A}$$

$$u_C(0_+) = u_C(0_-) = 16\text{V}$$

由习题 5-21 图（c），得

$$u_R(0_+) = 4i_L(0_+) = 16\text{V}$$

$$i_C(0_+) = 4 - \frac{u_C(0_+)}{4} - i_L(0_+) = 4 - 4 - 4 = -4\text{A}$$

（2）求 $u_C(\infty)$，$i_L(\infty)$，$u_R(\infty)$。

由习题 5-21 图（d），得

$$i_L(\infty) = \frac{4}{4+4} \times 4 = 2\text{A}$$

$$u_C(\infty) = u_R(\infty) = 4i_L(\infty) = 8\text{V}$$

5-22　如习题 5-22 图（a）所示的电路，在 $t=0$ 时换路，换路前电路已稳定。求 $t \geqslant 0$ 时的 $i_L(t)$ 和 $u(t)$，并画出其波形。

解：对 $i_L(t)$ 和 $u(t)$ 而言，换路后为零输入响应。分别画出 $t=0_-$ 和 $t=0_+$ 时的等效电路，如习题 5-22 图（b）和（c）所示。

（1）求 $i_L(0_+)$ 和 $u(0_+)$。

由习题 5-22 图（b），得

$$i_L(0_-) = \frac{6}{6+3} \times 6 = 4\text{A}$$

138

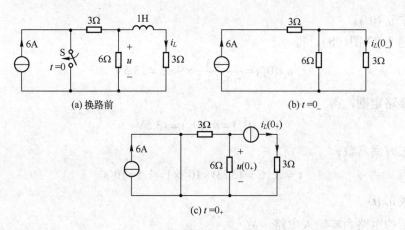

(a) 换路前 (b) $t=0_-$

(c) $t=0_+$

习题 5-22 图

根据换路定则，得

$$i_L(0_+) = i_L(0_-) = 4\text{A}$$

由习题 5-22 图（c），得

$$u(0_+) = -\frac{3i_L(0_+)}{6+3} \times 6 = -8\text{V}$$

（2）求时间常数 τ。

$$\tau = \frac{L}{R_{\text{eq}}} = \frac{1}{3/\!/6+3} = \frac{1}{5}\text{s}$$

（3）求 $i_L(t)$ 和 $u(t)$。

由于换路后的电路为零输入电路，故

$$i_L(t) = i_L(0_+)\text{e}^{-\frac{1}{\tau}t} = 4\text{e}^{-5t}\text{(A)} \quad t \geqslant 0$$

$$u(t) = u(0_+)\text{e}^{-\frac{1}{\tau}t} = -8\text{e}^{-5t}\text{(V)} \quad t \geqslant 0$$

$i_L(t)$ 和 $u(t)$ 的波形略。

5-23　如习题 5-23 图（a）所示电路，换路前电路处于稳态，求 $t \geqslant 0$ 时的 $u_C(t)$，并画出其波形。

解：对 $u_C(t)$ 而言，换路后为零输入响应。画出 $t=0_-$ 时的等效电路，如习题 5-23 图（b）所示。

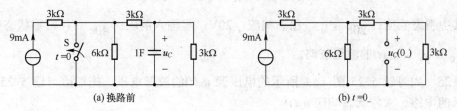

(a) 换路前 (b) $t=0_-$

习题 5-23 图

（1）求 $u_C(0_+)$。

由习题 5-23 图（b），得

$$u_C(0_-) = \frac{3+3}{6+3+3} \times 9 \times 3 = 13.5\text{V}$$

根据换路定则，得

$$u_C(0_+) = u_C(0_-) = 13.5\text{V}$$

（2）求时间常数 τ。

$$\tau = R_{eq}C = (3//3) \times 10^3 \times 1 = 1.5 \times 10^3\text{s}$$

（3）求 $u_C(t)$。

换路后的电路为零输入电路，故

$$u_C(t) = u_C(0_+)\text{e}^{-\frac{1}{\tau}t} = 13.5\text{e}^{-6.67 \times 10^{-4}t}\text{(V)} \quad t \geqslant 0$$

$u_C(t)$ 的波形略。

5-24　如习题 5-24 图所示电路，换路前已稳定，求 $t \geqslant 0$ 时的 $u_C(t)$。说明其暂态响应、稳态响应、零输入响应和零状态响应，并画出它们的波形。

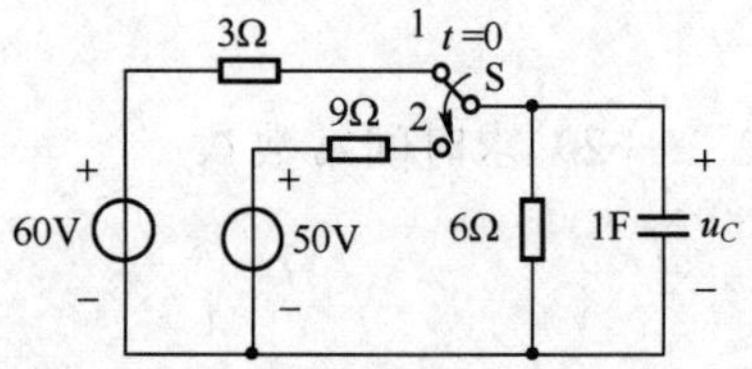

解：（1）求 $u_C(0_+)$。

由于

$$u_C(0_-) = \frac{6}{6+3} \times 60 = 40\text{V}$$

根据换路定则，得

$$u_C(0_+) = u_C(0_-) = 40\text{V}$$

习题 5-24 图

（2）求稳态值 $u_C(\infty)$。

换路后当电路到达稳态时，有

$$u_C(\infty) = \frac{6}{6+9} \times 50 = 20\text{V}$$

（3）求时间常数 τ。

$$\tau = R_{eq}C = \frac{6 \times 9}{6+9} \times 1 = \frac{18}{5}\text{s}$$

根据三要素公式，得

$$u_C(t) = 20 + 20\text{e}^{-\frac{5}{18}t}\text{(V)} \qquad t \geqslant 0$$

其中暂态响应：$20\text{e}^{-\frac{5}{18}t}\text{V}$，稳态响应：20V；零输入响应：$40\text{e}^{-\frac{5}{18}t}\text{V}$，零状态响应：$20(1-\text{e}^{-\frac{5}{18}t})\text{V}$。$u_C(t)$ 的波形省略。

5-25　如习题 5-25 图（a）所示的电压源 $u_S(t)$ 的波形电压，施加给习题 5-25（b）图所示的电路。求零状态响应 $u_R(t)$。

解：（1）将习题 5-25 图（a）所示的电压源 $u_S(t)$ 的波形用阶跃函数表示，得

$$u_S(t) = \varepsilon(t) + \varepsilon(t-1) - 2\varepsilon(t-2)$$

（2）求 $u_R(t)$ 的单位阶跃响应。在习题 5-25（b）图中，令 $u_S(t)=\varepsilon(t)$，由于 $u_C(0_-)=0$，则 $u_C(0_+)=0$，$u_R(0+)=u_S(0+)=1\mathrm{V}$。

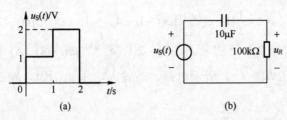

（a）　　　　　　（b）

习题 5-25 图

电路进入稳态时，电容看作开路，得

$$u_R(\infty)=0$$

$$\tau=R_{\mathrm{eq}}C=100\times10^3\times10\times10^{-6}=1\mathrm{s}$$

故 $u_R(t)$ 的单位阶跃响应为

$$g(t)=u_R(\infty)+\left[u_R(0_+)-u_R(\infty)\right]\mathrm{e}^{-\frac{1}{\tau}t}=\mathrm{e}^{-t}\varepsilon(t)(\mathrm{V})$$

（3）根据电路的线性时不变性，当 $u_S(t)=\varepsilon(t)+\varepsilon(t-1)-2\varepsilon(t-2)$ 时，$u_R(t)$ 为

$$u_R(t)=g(t)+g(t-1)-2g(t-2)=\mathrm{e}^{-t}\varepsilon(t)+\mathrm{e}^{-(t-1)}\varepsilon(t-1)-2\mathrm{e}^{-(t-2)}\varepsilon(t-2)(\mathrm{V})$$

5-26　如习题 5-26 图（a）所示电路，以 $i_L(t)$ 为输出：

（1）求阶跃响应；

（2）若输入信号 $i_S(t)$ 的波形如习题 5-26 图（b）所示，求 $i_L(t)$ 的零状态响应。

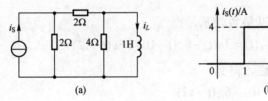

（a）　　　　　　（b）

习题 5-26 图

解：（1）求阶跃响应。

阶跃响应 $i_L(t)$ 是激励 $i_S(t)=\varepsilon(t)$ 时 $i_L(t)$ 的零状态响应。在习题 5-26 图（a）中，令 $i_S(t)=\varepsilon(t)$，则

$$i_L(\infty)=\frac{2}{2+2}\times1=\frac{1}{2}\mathrm{A}$$

$$\tau=\frac{L}{R_{\mathrm{eq}}}=\frac{1}{4//(2+2)}=\frac{1}{2}\mathrm{s}$$

故阶跃响应为

$$g(t)=i_L(\infty)(1-\mathrm{e}^{-\frac{1}{\tau}t})=\frac{1}{2}(1-\mathrm{e}^{-2t})\varepsilon(t)(\mathrm{A})$$

（2）输入信号 $i_S(t)$ 的波形如习题 5-26 图（b）所示时，求 $i_L(t)$ 的零状态响应。

$$i_S(t)=4\varepsilon(t-1)-4\varepsilon(t-3)$$

根据电路的线性时不变性，$i_L(t)$ 的零状态响应为

$$i_L(t) = 4g(t-1) - 4g(t-3)$$

$$= 4 \times \frac{1}{2}(1 - e^{-2(t-1)})\varepsilon(t-1) - 4 \times \frac{1}{2}(1 - e^{-2(t-3)})\varepsilon(t-3)$$

$$= 2(1 - e^{-2(t-1)})\varepsilon(t-1) - 2(1 - e^{-2(t-3)})\varepsilon(t-3) \text{ (A)}$$

5-27 如习题 5-27 图（a）所示电路，若输入电压 $u_S(t)$ 如习题 5-27 图（b）所示，求 $u_C(t)$ 的零状态响应。

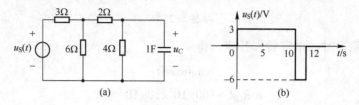

习题 5-27 图

解：（1）求 $u_C(t)$ 的单位阶跃响应，令 $u_S(t) = \varepsilon(t)$，则

$$u_C(0_+) = u_C(0_-) = 0$$

$$u_C(\infty) = \frac{4}{2+4} \times \frac{6 /\!/ (2+4)}{3 + 6 /\!/ (2+4)} \times 1 = \frac{1}{3} \text{ V}$$

$$\tau = R_{eq}C = [4 /\!/ (2 + 3 /\!/ 6)] \times 1 = 2\text{s}$$

$$g(t) = u_C(\infty)(1 - e^{-\frac{1}{\tau}t}) = \frac{1}{3}(1 - e^{-\frac{t}{2}})\varepsilon(t)(\text{V})$$

（2）输入电压 $u_S(t)$ 用阶跃函数表示，得

$$u_S(t) = 3\varepsilon(t) - 9\varepsilon(t-10) + 6\varepsilon(t-12)$$

根据电路的线性时不变性，得到

$$u_C(t) = 3g(t) - 9g(t-10) + 6g(t-12)$$

$$= 3 \times \frac{1}{3}(1 - e^{-\frac{t}{2}})\varepsilon(t) - 9 \times \frac{1}{3}(1 - e^{-\frac{t-10}{2}})\varepsilon(t-10) + 6 \times \frac{1}{3}(1 - e^{-\frac{t-12}{2}})\varepsilon(t-12)$$

$$= (1 - e^{-\frac{t}{2}})\varepsilon(t) - 3(1 - e^{-\frac{t-10}{2}})\varepsilon(t-10) + 2(1 - e^{-\frac{t-12}{2}})\varepsilon(t-12)(\text{V})$$

5-28 如习题 5-28 图（a）所示电路，若以 u_C 为输出，求其阶跃响应。

解： u_C 的阶跃响应也是 u_C 的零状态响应，令 $i_S(t) = \varepsilon(t)$，电路进入稳态时的等效电路如习题 5-28 图（b）所示。

（1）求稳态值 $u_C(\infty)$，由 KVL 得

$$u_1(\infty) = \left[1 - \frac{3}{2}u_1(\infty)\right] \times 2 = 2 - 3u_1(\infty)$$

解得 $u_1(\infty) = \frac{1}{2}\text{V}$，所以

$$u_C(\infty) = -2 \times \frac{3}{2}u_1(\infty) + u_1(\infty) = -1\text{V}$$

142

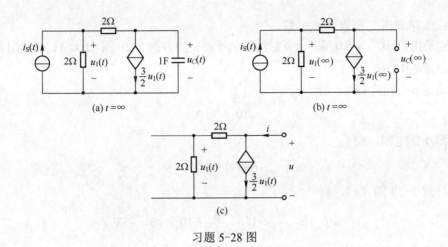

(a) $t = \infty$

(b) $t = \infty$

(c)

习题 5-28 图

（2）求时间常数。先求等效电阻 R_{eq}。

如习题 5-28 图（c）所示，用伏安法求 R_{eq}。由于

$$u = (2+2)(i - \frac{3}{2}u_1)$$

而 $u_1 = \frac{1}{2}u$，代入整理得到

$$R_{\text{eq}} = \frac{u}{i} = 1\Omega$$

则时间常数

$$\tau = R_{\text{eq}}C = 1 \times 1 = 1\text{s}$$

因此 u_C 的阶跃响应为

$$u_C(t) = u_C(\infty)(1 - \text{e}^{-\frac{1}{\tau}t}) = -(1 - \text{e}^{-t})\varepsilon(t)(\text{V})$$

5-29　如习题 5-29 图（a）所示的电路，换路前电路已处于稳态，求 $i_L(t)$ 和 $u(t)$。指明其零状态响应和零输入响应。

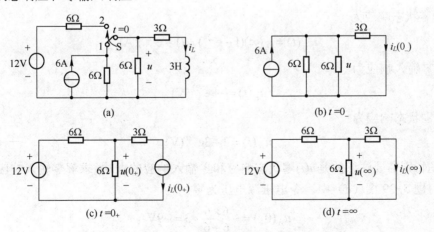

(a)

(b) $t = 0_-$

(c) $t = 0_+$

(d) $t = \infty$

习题 5-29 图

解：本题利用三要素公式求解。

分别画出 $t=0_-$、$t=0_+$ 和 $t=\infty$ 时的等效电路，如习题 5-29 图（b）、（c）和（d）所示。

（1）求 $i_L(0_+)$ 和 $u(0_+)$。

由习题 5-29 图（b），得

$$i_L(0_-) = 3\mathrm{A}$$

根据换路定则，得

$$i_L(0_+) = 3\mathrm{A}$$

由习题 5-29 图（c），得

$$u(0_+) = \frac{6}{6+6} \times 12 - \frac{6}{6+6} i_L(0_+) \times 6 = -3\mathrm{V}$$

（2）求稳态值 $i_L(\infty)$ 和 $u(\infty)$。

由习题 5-29 图（d），得

$$u(\infty) = \frac{(6//3)}{(6//3)+6} \times 12 = 3\mathrm{V}$$

$$i_L(\infty) = \frac{u(\infty)}{3} = 1\mathrm{A}$$

（3）求时间常数 τ。

$$\tau = \frac{L}{R_{\mathrm{eq}}} = \frac{3}{6//6+3} = \frac{1}{2}\mathrm{s}$$

$i_L(t)$ 和 $u(t)$ 分别为

$$i_L(t) = 1 + 2\mathrm{e}^{-2t}(\mathrm{A}) \qquad t \geqslant 0$$

$$u(t) = 3 - 6\mathrm{e}^{-2t}(\mathrm{V}) \qquad t \geqslant 0$$

$i_L(t)$ 零输入响应为

$$i_{Lzi}(t) = i_L(0_+)\mathrm{e}^{-2t} = 3\mathrm{e}^{-2t}(\mathrm{A})$$

$i_L(t)$ 零状态响应为

$$i_{Lzs}(t) = i_L(\infty)(1-\mathrm{e}^{-2t}) = (1-\mathrm{e}^{-2t})(\mathrm{A})$$

$u(t)$ 零输入响应为

$$u_{zi}(t) = -9\mathrm{e}^{-2t}(\mathrm{V})$$

$u(t)$ 零状态响应为

$$u_{zs}(t) = 3 + 3\mathrm{e}^{-2t}(\mathrm{V})$$

本题特别需要注意的是 $u(t)$ 零状态响应和零输入响应的求法。求解零输入响应时的初始值（习题 5-29 图（c）中，令电压源电压为零）为

$$u_{zi}(0_+) = -\frac{6 \times 6}{6+6} \times 3 = -9\mathrm{V}$$

而稳态值为零。

求解零状态响应时的初始值（习题 5-29 图（c）中，令电感电流为零）为

$$u_{zs}(0_+) = \frac{6}{6+6} \times 12 = 6\text{V}$$

稳态值为

$$u(\infty) = \frac{(6//3)}{(6//3)+6} \times 12 = 3\text{V}$$

所以 $u(t)$ 零输入响应为

$$u_{zi}(t) = u_{zi}(0_+)e^{-2t} = -9e^{-2t}(\text{V})$$

零状态响应为

$$u_{zs}(t) = u(\infty) + [u_{zs}(0_+) - u(\infty)]e^{-2t} = 3 + 3e^{-2t}(\text{V})$$

5-30　如习题 5-30 图（a）所示的电路，$t=0$ 时换路，设电路初始储能为零，求 $t \geqslant$ 0 时的 $u_C(t)$，画出其波形。

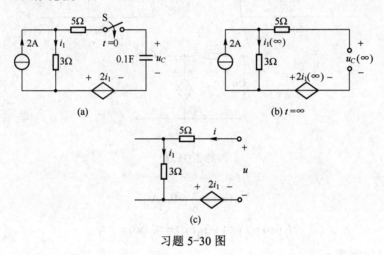

习题 5-30 图

解： 电路初始储能为零，即电路为零状态，$u_C(t)$ 为零状态响应。

（1）求稳态值 $u_C(\infty)$。

由习题 5-30 图（b），得

$$i_1(\infty) = 2\text{A}$$
$$u_C(\infty) = 3i_1(\infty) + 2i_1(\infty) = 5i_1(\infty) = 10\text{V}$$

（2）求时间常数 τ。

由习题 5-30 图（c），用伏安法求 R_{eq}，得

$$i_1 = i$$
$$u = 5i + 3i_1 + 2i_1 = 10i$$
$$R_{eq} = \frac{u}{i} = 10\Omega$$

时间常数 τ 为

145

$$\tau = R_{eq}C = 10 \times 0.1 = 1s$$

所以

$$u_C(t) = u_C(\infty)(1 - e^{-\frac{1}{\tau}t}) = 10(1 - e^{-t})(V) \qquad t \geqslant 0$$

其波形略。

5-31 如习题 5-31 图（a）所示的电路，$t=0$ 时换路，设电路的初始状态为零，求 $t \geqslant 0$ 时的 $i_L(t)$。

解：电路的初始状态为零，$i_L(t)$ 为零状态响应。

（1）求稳态值 $i_L(\infty)$。

由习题 5-31 图（b），得

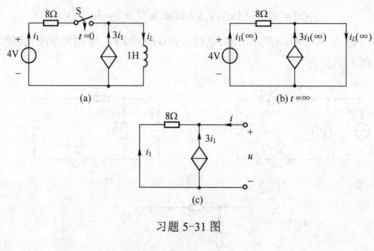

习题 5-31 图

$$i_1(\infty) = \frac{4}{8} = 0.5A$$

$$i_L(\infty) = i_1(\infty) + 3i_1(\infty) = 4i_1(\infty) = 2A$$

（2）求时间常数 τ。

由习题 5-31 图（c），用伏安法求 R_{eq}，得

$$i_1 + 3i_1 + i = 0$$

即 $i_1 = -\frac{1}{4}i$。

$$u = -8i_1 = 2i$$

$$R_{eq} = \frac{u}{i} = 2\Omega$$

时间常数 τ 为

$$\tau = \frac{L}{R_{eq}} = \frac{1}{2}s$$

所求响应为

$$i_L(t) = i_L(\infty)(1 - e^{-\frac{1}{\tau}t}) = 2(1 - e^{-2t})(A) \qquad t \geqslant 0$$

5-32　如习题 5-32 图（a）所示的电路，设电路初始储能为零，求 $t \geqslant 0$ 时的 $i_1(t)$。

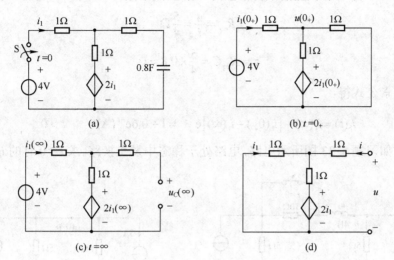

习题 5-32 图

解：分别画出 $t = 0_-$、$t = 0_+$ 和 $t = \infty$ 时的等效电路，如习题 5-32 图（b）、（c）和（d）所示。电容初始电压为零，$t = 0_+$ 时刻用短路代替。

（1）求 $i_1(0_+)$。

在习题 5-32（b）图中，用节点法求 $i_1(0_+)$，选下面的节点为参考点，列节点方程

$$(1 + 1 + 1)u(0_+) = \frac{4}{1} + \frac{2i_1(0_+)}{1}$$

又有

$$i_1(0_+) = \frac{4 - u(0_+)}{1}$$

综合上面两个方程，得

$$i_1(0_+) = 1.6\text{A}$$

（2）求 $i_1(\infty)$。

如习题 5-32 图（c），得

$$(1 + 1)i_1(\infty) + 2i_1(\infty) = 4$$

$$i_1(\infty) = 1\text{A}$$

（3）求时间常数 τ。

如习题 5-32 图（d）中，用伏安法求 R_{eq}。由 KVL 得到

$$1 \times i_1 + 1 \times (i + i_1) + 2i_1 = 0$$

即

$$i_1 = -\frac{1}{4}i$$

再由 KVL

$$u = 1 \times i - 1 \times i_1 = \frac{5}{4}i$$

$$R_{\text{eq}} = \frac{u}{i} = \frac{5}{4}\Omega$$

$$\tau = R_{\text{eq}}C = \frac{5}{4} \times 0.8 = 1\text{s}$$

由三要素公式得

$$i_1(t) = i_1(\infty) + \left[i_1(0_+) - i_1(\infty)\right]e^{-\frac{1}{\tau}t} = 1 + 0.6e^{-t}(\text{A}) \qquad t > 0$$

5-33 如习题 5-33 图所示电路,电路处于稳态中发生换路,求 $t \geq 0$ 时的 $i_L(t)$ 和 $u_L(t)$。

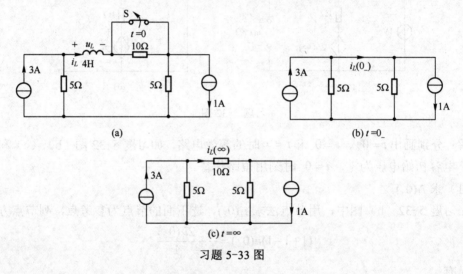

习题 5-33 图

解:本题可先计算 $i_L(t)$,然后利用电感 VCR 得到 $u_L(t)$。分别画出 $t=0$ 和 $t=\infty$ 时的等效电路,如习题图 5-33(b)和(c)所示。

(1)求 $i_L(0_+)$。

由习题 5-33 图（b），得

$$i_L(0_-) = \frac{5}{5+5} \times 3 + \frac{5}{5+5} \times 1 = 2\text{A}$$

根据换路定则，得

$$i_L(0_+) = 2\text{A}$$

(2)求 $i_L(\infty)$。

由习题 5-33 图（c），得

$$i_L(\infty) = \frac{5}{5+10+5} \times 3 + \frac{5}{5+10+5} \times 1 = 1\text{A}$$

(3)求时间常数 τ。

$$\tau = \frac{L}{R_{\text{eq}}} = \frac{4}{5+5+10} = \frac{1}{5}\text{s}$$

所以

$$i_L(t) = i_L(\infty) + \left[i_L(0_+) - i_L(\infty)\right]e^{-\frac{1}{\tau}t} = 1 + e^{-5t}(\text{A}) \qquad t \geqslant 0$$

$$u_L(t) = L\frac{\mathrm{d}i_L}{\mathrm{d}t} = 4 \times (-5)e^{-5t} = -20e^{-5t}(\text{V}) \qquad t > 0$$

5-34　如习题 5-34 图（a）所示电路，电路处于稳态时发生换路，求 $t \geqslant 0$ 时的 $i_L(t)$ 和 $u(t)$。

解：如习题 5-34 图（a）所示，可以得到 $t = 0_-$ 时电感电流为

$$i_L(0_-) = \frac{30}{10} = 3\text{A}$$

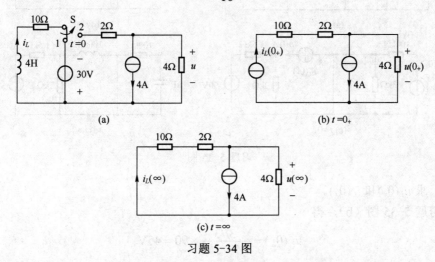

习题 5-34 图

$$i_L(0_+) = i_L(0_-) = 3\text{A}$$

分别画出 $t = 0_+$ 和 $t = \infty$ 时的等效电路，如习题 5-34 图（b）和（c）所示。

（1）求 $u(0_+)$。

由习题 5-34 图（b），得

$$u(0_+) = 4\left[i_L(0_+) - 4\right] = -4\text{V}$$

（2）求 $i_L(\infty)$ 和 $u(\infty)$。

由习题 5-34 图（c），得

$$i_L(\infty) = \frac{4}{4 + 10 + 2} \times 4 = 1\text{A}$$

$$u(\infty) = 4\left[i_L(\infty) - 4\right] = -12\text{V}$$

（3）求时间常数 τ。

$$\tau = \frac{L}{R_{\text{eq}}} = \frac{4}{10 + 2 + 4} = \frac{1}{4}\text{s}$$

所以

$$i_L(t) = i_L(\infty) + \left[i_L(0_+) - i_L(\infty)\right]e^{-\frac{1}{\tau}t} = 1 + 2e^{-4t}(\text{A}) \qquad t \geqslant 0$$

$$u(t) = u(\infty) + \left[u(0_+) - u(\infty)\right] \mathrm{e}^{-\frac{1}{\tau}t} = -12 + 8\mathrm{e}^{-4t}(\mathrm{V}) \qquad t > 0$$

5-35 如习题 5-35 图（a）所示的电路，电路处于稳态时发生换路，求 $t \geqslant 0$ 时的 $i_C(t)$ 和 $u_L(t)$。

解：$t \geqslant 0$ 时，电容和电感分别属于两个回路，可以按照两个一阶电路求解。分别画出 $t = 0_-$、$t = 0_+$ 和 $t > 0$ 时的等效电路，如习题 5-35 图（b）、（c）和（d）所示。

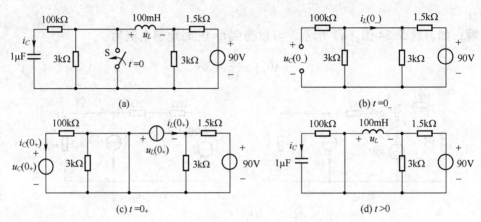

习题 5-35 图

（1）求 $u_L(0_+)$ 和 $i_C(0_+)$。

由习题 5-35 图（b），得

$$u_C(0_-) = \frac{3//3}{1.5 + 3//3} \times 90 = 45\mathrm{V}$$

$$i_L(0_-) = -\frac{u_C(0_-)}{3 \times 10^3} = -15\mathrm{mA}$$

根据换路定则，得

$$u_C(0_+) = 45\mathrm{V}$$

$$i_L(0_+) = -15\mathrm{mA}$$

由习题 5-35 图（c），得

$$i_C(0_+) = -\frac{u_C(0_+)}{100 \times 10^3} = -0.45\mathrm{mA}$$

$$u_L(0_+) = -(3//1.5) \times 10^3 \times (-15 \times 10^{-3}) - \frac{3}{1.5 + 3} \times 90 = -45\mathrm{V}$$

（2）求 $u_L(\infty)$ 和 $i_C(\infty)$。

由习题 5-35 图（d），知电路进入稳态时，$u_L(\infty) = 0$，$i_C(\infty) = 0$。

（3）求时间常数。

对 RC 回路，时间常数为

$$\tau_1 = R_{\mathrm{eq1}}C = 100 \times 10^3 \times 1 \times 10^{-6} = 0.1\mathrm{s}$$

对 RL 回路，时间常数为

$$\tau_2 = \frac{L}{R_{eq2}} = \frac{100 \times 10^{-3}}{(3//1.5) \times 10^3} = 10^{-4}\,\text{s}$$

所以

$$i_C(t) = i_C(0_+) e^{-\frac{1}{\tau_1}t} = -0.45 e^{-10t}\,(\text{mA}) \qquad t > 0$$

$$u_L(t) = u_L(0_+) e^{-\frac{1}{\tau_2}t} = -45 e^{-10^4 t}\,(\text{V}) \qquad t > 0$$

5-36 如习题 5-36 图所示电路，已知 $u_C(0_-) = 0$，$i_L(0_-)=0$，求 $t \geqslant 0$ 时的 $i(t)$ 和 $u(t)$。

解：开关闭合后，$i_L(t)$ 支路和 $u_C(t)$ 支路均为一阶电路，所以该电路可以看作由两个一阶电路组成的二阶电路。可以先计算 $i_L(t)$ 和 $u_C(t)$，然后由电路关系得到 $i(t)$ 和 $u(t)$。

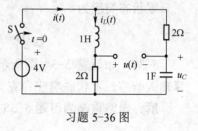

习题 5-36 图

（1）求 $i_L(\infty)$ 和 $u_C(\infty)$。

开关闭合后电路稳态时，电感短路，电容开路，得

$$i_L(\infty) = \frac{4}{2} = 2\text{A}$$

$$u_C(\infty) = 4\text{V}$$

（2）求时间常数。

对电感而言，时间常数为

$$\tau_1 = \frac{L}{R_{eq}} = \frac{1}{2}\text{s}$$

对电容而言，时间常数为

$$\tau_2 = R_{eq}C = 2 \times 1 = 2\text{s}$$

（3）求 $i_L(t)$、$u_C(t)$ 和 $i_C(t)$。

$$i_L(t) = i_L(\infty)(1 - e^{-\frac{1}{\tau_1}t}) = 2 - 2e^{-2t}\,(\text{A}) \qquad t \geqslant 0$$

$$u_C(t) = u_C(\infty)(1 - e^{-\frac{1}{\tau_2}t}) = 4 - 4e^{-\frac{1}{2}t}\,(\text{V}) \qquad t \geqslant 0$$

$$i_C(t) = C\frac{\mathrm{d}u_C}{\mathrm{d}t} = 2e^{-\frac{1}{2}t}\,(\text{A}) \qquad t > 0$$

（4）求 $i(t)$ 和 $u(t)$。

由 KCL 得到

$$i(t) = i_L(t) + i_C(t) = 2 - 2e^{-2t} + 2e^{-\frac{1}{2}t}\,(\text{A}) \qquad t > 0$$

由 KVL 得到

$$u(t) = 2i_L(t) - u_C(t) = 4 - 4e^{-2t} - (4 - 4e^{-\frac{1}{2}t}) = 4e^{-\frac{1}{2}t} - 4e^{-2t}\,(\text{V}) \qquad t > 0$$

5-37 如习题 5-33 图所示的电路，电路处于稳态中发生换路，求 $t \geqslant 0$ 时的 $i_L(t)$ 的零输入响应、零状态响应和完全响应。

解：电路重画为习题 5-37 图。由习题 5-33 知

151

$$i_L(0_+) = 2\text{A}, \quad i_L(\infty) = 1\text{A}, \quad \tau = \frac{1}{5}\text{s}$$

完全响应为

$$i_L(t) = 1 + \text{e}^{-5t}(\text{A}) \quad t \geqslant 0$$

故零输入响应为

$$i_{Lzi}(t) = i_L(0_+)\text{e}^{-\frac{1}{\tau}t} = 2\text{e}^{-5t}(\text{A}) \qquad t \geqslant 0$$

零状态响应为

$$i_{Lzs}(t) = i_L(\infty)(1 - \text{e}^{-\frac{1}{\tau}t}) = 1 - \text{e}^{-5t}(\text{A}) \qquad t \geqslant 0$$

5-38 如习题 5-34 图所示的电路,电路处于稳态时发生换路,求 $t \geqslant 0$ 时的 $i_L(t)$ 的零输入响应、零状态响应和完全响应。

解:电路重画为习题 5-38 图。由习题 5-34 知

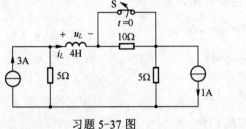

习题 5-37 图　　　　　　　　　习题 5-38 图

$$i_L(0_+) = 3\text{A}, \quad i_L(\infty) = 1\text{A}, \quad \tau = \frac{1}{4}\text{s}$$

完全响应为

$$i_L(t) = 1 + 2\text{e}^{-4t}(\text{A}) \qquad t \geqslant 0$$

故零输入响应为

$$i_{Lzi}(t) = i_L(0_+)\text{e}^{-\frac{1}{\tau}t} = 3\text{e}^{-4t}(\text{A}) \qquad t \geqslant 0$$

零状态响应为

$$i_{Lzs}(t) = i_L(\infty)(1 - \text{e}^{-\frac{1}{\tau}t}) = 1 - \text{e}^{-4t}(\text{A}) \qquad t \geqslant 0$$

5-39 如习题 5-39 图(a)所示的电路,已知 $t=0$ 时开关闭合,$t=10\text{s}$ 时开关断开,求 $t \geqslant 0$ 时的 $u_C(t)$,并画出波形。

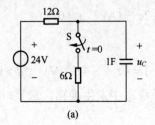

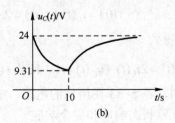

(a)　　　　　　　　　　　(b)

习题 5-39 图

解： 由习题 5-39 图（a）可知，$t=0$ 时开关断开，电路处于稳态，得 $u_C(0_-)=24\text{V}$，由换路定则，有

$$u_C(0_+)=u_C(0_-)=24\text{V}$$

开关闭合，达到稳态时，电容电压为

$$u_C(\infty)=\frac{6}{12+6}\times 24=8\text{V}$$

电路时间常数为

$$\tau=R_{eq}C=\frac{12\times 6}{12+6}\times 1=4\text{s}$$

所以

$$u_C(t)=u_C(\infty)+\left[u_C(0_+)-u_C(\infty)\right]e^{-\frac{1}{\tau}t}=8+16e^{-\frac{1}{4}t}(\text{V}) \qquad 0\leqslant t<10\text{s}$$

$t=10\text{s}$ 时开关又断开，而 $u_C(10_-)=8+16e^{-\frac{1}{4}\times 10}=9.31\text{V}$，根据换路定则，得

$$u_C(10_+)=u_C(10_-)=9.31\text{V}$$

电容电压稳态值为

$$u_C(\infty)=24\text{V}$$

时间常数为

$$\tau=R_{eq}C=12\times 1=12\text{s}$$

于是

$$u_C(t)=u_C(\infty)+\left[u_C(10_+)-u_C(\infty)\right]e^{-\frac{1}{\tau}(t-10)}=24-14.69e^{-\frac{1}{12}(t-10)}(\text{V}) \qquad t\geqslant 10\text{s}$$

所以

$$u_C(t)=\begin{cases} 8+16e^{-\frac{1}{4}t}(\text{V}) & 0\leqslant t<10\text{s} \\ 24-14.69e^{-\frac{1}{12}(t-10)}(\text{V}) & t\geqslant 10\text{s} \end{cases}$$

$u_C(t)$ 的波形如习题 5-39 图（b）所示。

5-40 如习题 5-40 图所示的电路，$t<0$ 时开关 S 接于"1"，电路已是稳态。$t=0$ 时，开关 S 接于"2"；在 $t=2\text{s}$ 时，开关 S 接到"3"。求 $t\geqslant 0$ 时的 $u_C(t)$。

解： 开关接在"1"位置时，电路已处于稳态，因此

$$u_C(0_-)=\frac{4}{4+1}\times 5=4\text{V}$$

则由换路定则，得到

$$u_C(0_+)=u_C(0_-)=4\text{V}$$

开关 S 接于"2"时，电路为零输入电路，时间常数为

$$\tau=R_{eq}C=4\times 0.5=2\text{s}$$

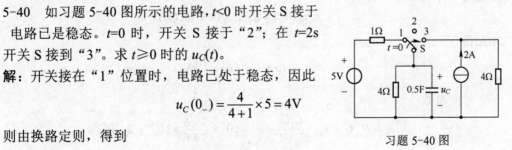

习题 5-40 图

153

因此
$$u_C(t) = u_C(0_+)\mathrm{e}^{-\frac{1}{\tau}t} = 4\mathrm{e}^{-\frac{1}{2}t}(\mathrm{V}) \qquad 0 \leqslant t < 2\mathrm{s}$$

在 $t=2\mathrm{s}$ 时，开关 S 接到 "3" 位置，初始值为
$$u_C(2_+) = u_C(2_-) = 4\mathrm{e}^{-\frac{1}{2}\times 2} = 1.47\mathrm{V}$$

稳态值为
$$u_C(\infty) = \frac{4}{4+4}\times 2\times 4 = 4\mathrm{V}$$

时间常数为
$$\tau = R_{\mathrm{eq}}C = \frac{4\times 4}{4+4}\times 0.5 = 1\mathrm{s}$$

故
$$u_C(t) = u_C(\infty) + \left[u_C(2_+) - u_C(\infty)\right]\mathrm{e}^{-\frac{1}{\tau}(t-2)} = 4 - 2.53\mathrm{e}^{-(t-2)}(\mathrm{V}) \qquad t \geqslant 2\mathrm{s}$$

所以
$$u_C(t) = \begin{cases} 4\mathrm{e}^{-\frac{1}{2}t}(\mathrm{V}) & 0 \leqslant t < 2\mathrm{s} \\ 4 - 2.53\mathrm{e}^{-(t-2)}(\mathrm{V}) & t \geqslant 2\mathrm{s} \end{cases}$$

5-41 如习题 5-41 图所示的电路，已知 $u_1(0_-)=10\mathrm{V}$，$u_2(0_-)=0$。（1）求 $t \geqslant 0$ 时的 $u_1(t)$ 和 $u_2(t)$，并画出波形；（2）计算在 $t \geqslant 0$ 时电阻吸收的能量。

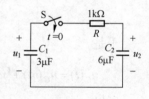

习题 5-41 图

解： 图示电路中有两个电容，两者为串联关系，因此可以按一阶电路处理。由于回路中有电阻存在，换路前后瞬间电流为有限值，电容电压不跃变。

（1）根据已知 $u_1(0_-) = 10\mathrm{V}$，$u_2(0_-) = 0$，得到 $u_1(0_+) = 10\mathrm{V}$，$u_2(0_+) = 0$。

电路达到稳态时
$$u_1(\infty) = u_2(\infty)$$

根据电荷守恒定律，得
$$C_1 u_1(0_+) = C_1 u_1(\infty) + C_2 u_2(\infty)$$

由此得
$$u_1(\infty) = u_2(\infty) = \frac{10}{3}\mathrm{V}$$

时间常数
$$\tau = R_{\mathrm{eq}}C = R_{\mathrm{eq}}\frac{C_1 C_2}{C_1 + C_2} = 1\times 10^3 \times \frac{3\times 6}{3+6}\times 10^{-6} = 2\times 10^{-3}\mathrm{s}$$

所以
$$u_1(t) = u_1(\infty) + \left[u_1(0_+) - u_1(\infty)\right]\mathrm{e}^{-\frac{1}{\tau}t} = \frac{10}{3} + \frac{20}{3}\mathrm{e}^{-500t}(\mathrm{V}) \quad t \geqslant 0$$

$$u_2(t) = u_2(\infty)(1 - \mathrm{e}^{-\frac{t}{\tau}}) = \frac{10}{3}(1 - \mathrm{e}^{-500t})(\mathrm{V}) \quad t \geqslant 0$$

波形略。

（2）$t \geqslant 0$ 时电阻吸收的能量为

$$W = \int_0^\infty R i_1^2 \mathrm{d}t$$

其中

$$i_1(t) = C_1 \frac{\mathrm{d}u_1(t)}{\mathrm{d}t} = 3 \times 10^{-6} \times \frac{20}{3} \times (-500)\mathrm{e}^{-500t} = -10^{-2}\mathrm{e}^{-500t}(\mathrm{A}) \quad t \geqslant 0$$

$$W = \int_0^\infty R i_1^2 \mathrm{d}t = 10^3 \times (10^{-2})^2 \mathrm{e}^{-1000t} \mathrm{d}t = 0.1\mathrm{mJ}$$

5-42 如习题 5-42 图所示的电路，求 $t \geqslant 0$ 时的零状态响应 $u_R(t)$ 和 $i_L(t)$。

解： 由三要素计算零状态响应 $u_R(t)$ 和 $i_L(t)$。

（1）计算初始值。

由题图得到，$i_L(0_-)=0$，由换路定则，$i_L(0_+)=0$，则

$$u_R(0_+) = \frac{6}{6+6} \times 8 = 4\mathrm{V}$$

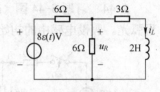

习题 5-42 图

（2）计算稳态值。

电路进入稳态时，电感看作短路，得

$$u_R(\infty) = \frac{6//3}{6 + 6//3} \times 8 = 2\mathrm{V}$$

$$i_L(\infty) = \frac{u_R(\infty)}{3} = \frac{2}{3}\mathrm{A}$$

（3）计算时间常数。

$$\tau = \frac{L}{R_{\mathrm{eq}}} = \frac{2}{3 + 6//6} = \frac{1}{3}\mathrm{s}$$

（4）由三要素公式写出各响应。

$$i_L(t) = i_L(\infty)(1 - \mathrm{e}^{-\frac{t}{\tau}}) = \frac{2}{3}(1 - \mathrm{e}^{-3t})(\mathrm{A}) \quad t \geqslant 0$$

$$u_R(t) = u_R(\infty) + [u_R(0_+) - u_R(\infty)]\mathrm{e}^{-\frac{t}{\tau}} = 2 + 2\mathrm{e}^{-3t}(\mathrm{V}) \quad t \geqslant 0$$

5-43 如习题 5-43 图所示电路，求 $t \geqslant 0$ 时的零状态响应 $i(t)$ 和 $i_L(t)$。

解： 由三要素计算零状态响应 $i(t)$ 和 $i_L(t)$。

（1）计算初始值。

由题图得到，$i_L(0_-)=0$，由换路定则 $i_L(0_+)=0$，则

$$i(0_+) = \frac{60}{30+60} - \frac{60}{30+60} \times 2 = -\frac{2}{3}\mathrm{A}$$

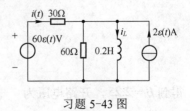

习题 5-43 图

（2）计算稳态值。

电路进入稳态时，电感看作短路，得

$$i_L(\infty) = \frac{60}{30} + 2 = 4A$$

$$i(\infty) = \frac{60}{30} = 2A$$

（3）计算时间常数。

$$\tau = \frac{L}{R_{eq}} = \frac{0.2}{30//60} = 0.01s$$

（4）由三要素公式写出各响应。

$$i_L(t) = i_L(\infty)(1 - e^{-\frac{t}{\tau}}) = 4(1 - e^{-100t})(A) \qquad t \geqslant 0$$

$$i(t) = i(\infty) + [i(0_+) - i(\infty)]e^{-\frac{t}{\tau}} = 2 - \frac{8}{3}e^{-100t}(A) \qquad t \geqslant 0$$

5-44 习题 5-44 图（a）所示电路中，当间隙（Gap）两端的电压达到 45kV 时，将出现弧光。假设电感中的初始电流为零。通过调整 β 值使得电感端的戴维南电阻为-5kΩ。

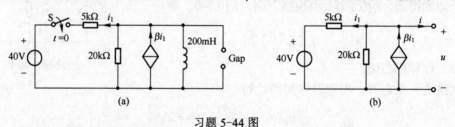

习题 5-44 图

（1）β 值是多少？

（2）开关闭合多少微秒间隙将出现弧光？

解：根据题意，电感端的戴维南电阻为-5kΩ（为负），电路响应将按指数规律增长，当电感电压增大到 45kV 时，电感将通过间隙（Gap）放电，出现弧光。

（1）将电感两端电阻电路等效为戴维南电路，如习题 5-44 图（b）所示，由 KVL 得到

$$\begin{cases} u = 5i_1 + 40 \\ 40 + 5i_1 = 20(\beta i_1 - i_1 - i) \end{cases}$$

其中，各电阻单位 kΩ，电流单位为 mA。整理得到其端口 u、i 关系为

$$u = \frac{40(4\beta - 4)}{4\beta - 5} + \frac{20}{4\beta - 5}i$$

考虑端口 u、i 参考方向，等效电阻为

$$R_{eq} = -\frac{20}{4\beta - 5}$$

令

$$R_{eq} = -\frac{20}{4\beta - 5} = -5$$

得到 $\beta = 2.25$，开路电压为

$$u_{oc} = \frac{40(4\beta - 4)}{4\beta - 5} = 50\text{V}$$

（2）假设电感中的初始电流为零，则电感电压初始值为 $u_L(0_+) = u_{oc} = 50\text{V}$，稳态值为 $u_L(\infty) = 0$，时间常数 $\tau = \dfrac{L}{R_{eq}} = \dfrac{200 \times 10^{-3}}{-5 \times 10^3} = -40 \times 10^{-6}\text{s}$，则

$$u_L(t) = u_L(0_+)\text{e}^{-\frac{t}{\tau}} = 50\text{e}^{-\frac{t}{\tau}}(\text{V})$$

可见电感电压将按指数规律增长，当达到 45kV 时，可计算所用时间为

$$t = -\tau \ln\frac{45 \times 10^3}{50} = 40 \times 10^{-6} \times 6.8 = 272\mu\text{s}$$

5-45　如习题 5-45 图（a）所示的电路，$u_S(t)$ 为信号发生器输出的方波信号，其幅值为 5V，周期 T 为 0.1ms，其波形如习题 5-45 图（b）所示，电容 $C = 2200\text{pF}$，电容初始电压为零。

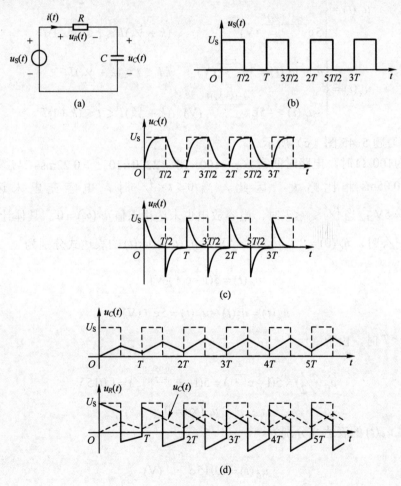

习题 5-45 图

（1）当 R 分别为 1kΩ、100kΩ 时，写出 $u_C(t)$、$u_R(t)$ 的表达式，并画出它们的波形。

157

（2）分析当电路时间常数在远小于 $T/2$ 时，$u_R(t)$ 与 $u_S(t)$ 的关系，以及电路时间常数与 $T/2$ 大小差不多时，$u_C(t)$ 与 $u_S(t)$ 的关系。

（3）指出哪一组 RC 值满足微分电路，哪一组 RC 值满足积分电路。

解：动态电路暂态时间的长短与电路时间常数有关。由于电路激励为分段的直流信号，电路响应要根据电路时间常数与激励作用时间的变化而不同。当电阻 R 变化时，电路时间常数变化。

（1）当 R 为 $1\mathrm{k\Omega}$ 时，电路时间常数 $\tau = 1\times 10^3 \times 2200 \times 10^{-12} = 2.2\times 10^{-6}\mathrm{s}$，而激励作用时间为 $T/2 = 0.05\mathrm{ms}$，$\tau \ll T/2$，因此，当 $0 \leqslant t < T/2$ 时，电容充电完成，稳态值为 $u_C(\infty) = U_S = 5\mathrm{V}$；当 $T/2 \leqslant t < T$ 时，电容放电完成，稳态值为 $u_C(\infty) = 0$。以后充放电重复进行。$u_C(t)$、$u_R(t)$ 的表达式分别为

$$u_C(t) = \begin{cases} 5(1 - e^{-\frac{t-kT}{\tau}})(\mathrm{V}) & kT \leqslant t < (k+\frac{1}{2})T \\[2mm] 5e^{-\frac{t-(k+\frac{1}{2})T}{\tau}}(\mathrm{V}) & (k+\frac{1}{2})T \leqslant t \leqslant (k+1)T \end{cases}$$

$$u_R(t) = \begin{cases} u_S - u_C(t) = 5e^{-\frac{t-kT}{\tau}}(\mathrm{V}) & kT \leqslant t \leqslant (k+\frac{1}{2})T \\[2mm] -u_C(t) = -5e^{-\frac{t-(k+\frac{1}{2})T}{\tau}}(\mathrm{V}) & (k+\frac{1}{2})T \leqslant t \leqslant (k+1)T \end{cases}$$

波形分别如习题 5-45 图（c）所示。

当 R 为 $100\mathrm{k\Omega}$ 时，电路时间常数 $\tau = 100\times 10^3 \times 2200 \times 10^{-12} = 0.22\mathrm{ms}$，与激励作用时间为 $T/2 = 0.05\mathrm{ms}$ 相比略大，因此，当 $0 \leqslant t < T/2$ 时，电容充电未达稳态值 $u_C(\infty) = U_S = 5\mathrm{V}$；当 $T/2 \leqslant t < T$ 时，电容放电也未达稳态值 $u_C(\infty) = 0$。具体计算如下。

$0 \leqslant t < T/2$ 时，$u_C(0) = 0$，$u_C(\infty) = 5\mathrm{V}$，$u_C(t)$、$u_R(t)$ 的表达式分别为

$$u_C(t) = 5(1 - e^{-\frac{t}{\tau}})(\mathrm{V})$$

$$u_R(t) = u_S(t) - u_C(t) = 5e^{-\frac{t}{\tau}}(\mathrm{V})$$

$T/2 \leqslant t < T$ 时，由于

$$u_C(T/2) = 5(1 - e^{-\frac{T/2}{\tau}}) = 5(1 - e^{-\frac{0.05\times 10^{-3}}{0.22\times 10^{-3}}}) = 1.015\mathrm{V}$$

$$u_C(\infty) = 0$$

$u_C(t)$、$u_R(t)$ 的表达式分别为

$$u_C(t) = 1.015 e^{-\frac{t-T/2}{\tau}}(\mathrm{V})$$

$$u_R(t) = -u_C(t) = -1.015 e^{-\frac{t-T/2}{\tau}}(\mathrm{V})$$

$T \leqslant t < \frac{3}{2}T$ 时，由于

$$u_C(T) = 1.015\mathrm{e}^{-\frac{T-T/2}{\tau}} = 0.809\,\mathrm{V}$$

$$u_C(\infty) = 5\mathrm{V}$$

$u_C(t)$、$u_R(t)$ 的表达式分别为

$$u_C(t) = 5 + (0.809 - 5)\mathrm{e}^{-\frac{t-T}{\tau}} = 5 - 4.19\mathrm{e}^{-\frac{t-T}{\tau}}\,(\mathrm{V})$$

$$u_R(t) = u_S(t) - u_C(t) = 4.19\mathrm{e}^{-\frac{t-T}{\tau}}\,(\mathrm{V})$$

后面计算省略。可以看出，经过几个周期后，电容电压的充电和放电幅度会稳定下来，即达到充多少、放多少的动态平衡。波形如习题 5-45 图（d）所示。

（2）当 $\tau \ll T/2$ 时，电容充电很快完成，$u_C(t) \approx u_S$，所以，电阻电压为

$$u_R(t) = Ri_C(t) = RC\frac{\mathrm{d}u_C(t)}{\mathrm{d}t} \approx RC\frac{\mathrm{d}u_S(t)}{\mathrm{d}t}$$

电阻电压近似等于输入电压的微分，此时 RC 电路称为微分电路。

当时间常数 τ 与充电时间 $T/2$ 大小差不多时，电容充电很慢，$u_C(t) \approx 0$，充电电流为

$$i(t) = \frac{u_S(t) - u_C(t)}{R} \approx \frac{u_S(t)}{R}$$

所以，电容电压为

$$u_C(t) = \frac{1}{C}\int_{-\infty}^{t} i(\xi)\,\mathrm{d}\xi \approx \frac{1}{RC}\int_{-\infty}^{t} u_S(t)\,\mathrm{d}\xi$$

电容电压近似等于输入电压的积分，此时 RC 电路称为积分电路。

5-46 如习题 5-46 图所示的电路，已知 $u_C(0)=4\mathrm{V}$，$i(0)=2\mathrm{A}$，求 $t \geqslant 0$ 时的 $i(t)$。

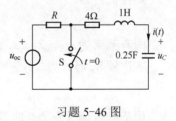

习题 5-46 图

解： 根据换路后电路响应为零输入响应，列出电路关于 u_C 的微分方程

$$\frac{\mathrm{d}^2 u_C}{\mathrm{d}t^2} + \frac{R}{L}\frac{\mathrm{d}u_C}{\mathrm{d}t} + \frac{1}{LC}u_C = 0$$

将元件参数值 $R=4\Omega$，$L=1\mathrm{H}$，$C=0.25\mathrm{F}$ 代入得

$$\frac{\mathrm{d}^2 u_C}{\mathrm{d}t^2} + 4\frac{\mathrm{d}u_C}{\mathrm{d}t} + 4u_C = 0$$

其特征方程为

$$s^2 + 4s + 4 = 0$$

固有频率为

$$s_1 = s_2 = -2$$

u_C 的零输入响应形式为

$$u_C(t) = (A_1 + A_2 t)\mathrm{e}^{-2t}$$

代入初始条件，得

$$u_C(0)=A_1=4$$

$$u_C'(0) = \frac{i_L(0)}{C} = A_2 - 2A_1 = 8$$

解以上两式得

$$\begin{cases} A_1 = 4 \\ A_2 = 16 \end{cases}$$

所以

$$u_C(t)=(4+16t)\mathrm{e}^{-2t}(\mathrm{V}) \qquad t \geqslant 0$$

$$i(t) = i_L(t) = i_C(t) = C\frac{\mathrm{d}u_C}{\mathrm{d}t} = (2-8t)\mathrm{e}^{-2t}(\mathrm{A}) \quad t \geqslant 0$$

5-47 如习题 5-47 图所示的 GCL 并联电路，若以 i_L 和 u_C 为输出，求它们的阶跃响应。

解：阶跃响应为 $i_S = \varepsilon(t)$ 时的零状态响应。列出 i_L 的微分方程

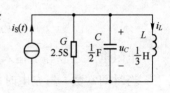

习题 5-47 图

$$\frac{\mathrm{d}^2 i_L}{\mathrm{d}t^2} + \frac{G}{C}\frac{\mathrm{d}i_L}{\mathrm{d}t} + \frac{1}{LC}i_L = \frac{1}{LC}i_S$$

将元件参数值 $G = 2.5\mathrm{S}$，$L = \frac{1}{3}\mathrm{H}$，$C = \frac{1}{2}\mathrm{F}$，$i_S = 1\mathrm{A}$ 代入上式得

$$\frac{\mathrm{d}^2 i_L}{\mathrm{d}t^2} + 5\frac{\mathrm{d}i_L}{\mathrm{d}t} + 6i_L = 6$$

其特征方程为

$$s^2 + 5s + 6 = 0$$

固有频率为 $s_1 = -2$，$s_2 = -3$。

齐次解 i_{Lh} 形式为

$$i_{Lh} = A_1\mathrm{e}^{-2t} + A_2\mathrm{e}^{-3t}$$

由于阶跃信号在 $t>0$ 时等于常数 1，故其特解也是常数，代入微分方程，可求得

$$i_{Lp} = 1$$

所以阶跃响应

$$i_L(t) = 1 + A_1\mathrm{e}^{-2t} + A_2\mathrm{e}^{-3t}$$

将初始值 $i_L'(0) = \frac{u_C(0)}{L} = 0$，$i_L(0)=0$ 代入上式，得

$$i_L(0) = A_1 + A_2 + 1 = 0$$

$$i_L'(0) = -2A_1 - 3A_2 = 0$$

解以上两式得

$$\begin{cases} A_1 = -3 \\ A_2 = 2 \end{cases}$$

得阶跃响应

$$i_L(t) = 1 - 3e^{-2t} + 2e^{-3t}(A) \qquad t \geqslant 0$$

u_C 的阶跃响应

$$u_C(t) = L\frac{\mathrm{d}i_L}{\mathrm{d}t} = \frac{1}{3} \ (6e^{-2t} - 6e^{-3t}) = 2e^{-2t} - 2e^{-3t}(V) \qquad t \geqslant 0$$

5-48 如习题 5-48 图（a）所示的电路，换路前电路已达稳态，求 $t \geqslant 0$ 时的 $u_C(t)$。

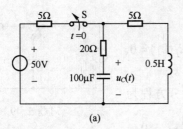 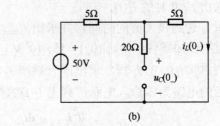

习题 5-48 图

解：换路前电路已达稳态，$t = 0_-$ 等效电路如习题 5-48 图（b）所示。得到

$$u_C(0_-) = \frac{5}{5+5} \times 50 = 25V$$

$$i_L(0_-) = \frac{50}{10} = 5A$$

换路后的二阶电路为零输入响应，列出 $u_C(t)$ 的微分方程为

$$\frac{\mathrm{d}^2 u_C}{\mathrm{d}t^2} + 50\frac{\mathrm{d}u_C}{\mathrm{d}t} + 2 \times 10^4 u_C = 0$$

其特征方程为

$$s^2 + 50s + 2 \times 10^4 = 0$$

固有频率为

$$s_1 = -25 + \mathrm{j}25\sqrt{31} \qquad s_2 = -25 - \mathrm{j}25\sqrt{31}$$

$u_C(t)$ 的零输入响应为欠阻尼形式，即

$$u_C(t) = e^{-25t}[A_1 \cos(25\sqrt{31}\,t) + A_2 \sin(25\sqrt{31}\,t)]$$

代入初始条件，得

$$u_C(0) = A_1 = 25$$

$$u_C'(0) = -\frac{i_L(0)}{C} = -25A_1 + 25\sqrt{31}A_2 = -5 \times 10^4$$

解以上两式得

$$\begin{cases} A_1 = 25 \\ A_2 = -355 \end{cases}$$

所以

$$u_C(t) = e^{-25t}[25\cos(25\sqrt{31}t) - 355\sin(25\sqrt{31}t)] \ (V) \qquad t \geqslant 0$$

或者
$$u_C(t) = 356e^{-25t}\sin(139t + 176°) \quad (V) \qquad t \geqslant 0$$

5-49　如在习题 5-49 图所示电路中，C=2000μF，L=4nH，r=0.4mΩ，直流电源 U_S=15kV，如在 $t < 0$ 时开关 S 位于 "1"，电路已处于稳态，当 t=0 时，开关由 "1" 闭合到 "2"。

（1）列出求 $i_L(t)$ 的方程，求出固有频率 s_1、s_2；

（2）求衰减常数 α、谐振角频率 ω_0；

（3）求出 $t \geqslant 0$ 时的 $i_L(t)$；

（4）求 i_L 达到极大值的时间，并求出 i_{Lmax}。

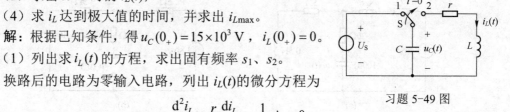

习题 5-49 图

解： 根据已知条件，得 $u_C(0_+) = 15 \times 10^3$ V，$i_L(0_+) = 0$。

（1）列出求 $i_L(t)$ 的方程，求出固有频率 s_1、s_2。

换路后的电路为零输入电路，列出 $i_L(t)$ 的微分方程为

$$\frac{d^2 i_L}{dt^2} + \frac{r}{L}\frac{di_L}{dt} + \frac{1}{LC}i_L = 0$$

将元件参数值 C=2000μF，L=4nH，r=0.4mΩ代入上式得

$$\frac{d^2 i_L}{dt^2} + 10^5\frac{di_L}{dt} + 125 \times 10^9 i_L = 0$$

其特征方程为

$$s^2 + 10^5 s + 125 \times 10^9 = 0$$

固有频率为

$$s_1 = -5 \times 10^4 + j35 \times 10^4 \qquad s_2 = -5 \times 10^4 - j35 \times 10^4$$

（2）求衰减常数 α、谐振角频率 ω_d。

根据（1）的结果 $s_1 = -\alpha + j\omega_d$，得

$$\alpha = 5 \times 10^4 /s$$

$$\omega_d = \sqrt{\frac{1}{LC}} = \sqrt{\frac{1}{4 \times 10^{-9} \times 2000 \times 10^{-6}}} = 35.36 \times 10^4 \, \text{rad/s}$$

（3）求 $i_L(t)$。

固有频率为一对共轭复数，$i_L(t)$ 的零输入响应为欠阻尼即减幅振荡形式，即

$$i_L(t) = e^{-5 \times 10^4 t}[A_1\cos(35 \times 10^4 t) + A_2\sin(35 \times 10^4 t)]$$

代入初始条件，得

$$i_L(0) = A_1 = 0$$

$$i_L'(0) = \frac{u_C(0) - ri_L(0)}{L} = -5 \times 10^4 A_1 + 35 \times 10^4 A_2 = 375 \times 10^{10}$$

解以上两式得

$$\begin{cases} A_1 = 0 \\ A_2 = 10.71 \times 10^6 \end{cases}$$

所以

$$i_L(t) = 10.7 \times 10^6 \, e^{-5 \times 10^4 t} \sin(35 \times 10^4 t)(\text{A}) \quad t \geqslant 0$$

（4）求 $i_L(t)$ 达到极大值的时间，并求 $i_{L\max}$。

$i_L(t)$ 达到极大值时，有

$$\frac{\mathrm{d}i_L}{\mathrm{d}t} = -5 \times 10^4 \times 10.7 \times 10^6 \, e^{-5 \times 10^4 t} \sin 35 \times 10^4 t + 35 \times 10^4 \times 10.7 \times 10^6 \, e^{-5 \times 10^4 t} \cos 35 \times 10^4 t = 0$$

即

$$\sin(81.9° - 35 \times 10^4 t) = 0$$

解上式得

$$t_{\max} = 4.08 \times 10^{-6}\,\text{s} = 4.08 \mu\text{s}$$

$$i_{\max} = 10.7 \times 10^6 \, e^{-5 \times 10^4 \times 4.08 \times 10^{-6}} \sin(35 \times 10^4 \times 4.08 \times 10^{-6})$$

$$= 10.7 \times 10^6 \, e^{-5 \times 10^4 \times 4.08 \times 10^{-6}} \sin 81.9°$$

$$= 8.64 \times 10^6 \,\text{A}$$

5-50 已知一阶线性电路，在相同的初始条件下，当激励为 $f(t)\varepsilon(t)$ 时，全响应为：$y_1(t) = [2e^{-t} + \cos(2t)]\varepsilon(t)$；当激励为 $2f(t)\varepsilon(t)$ 时，其全响应为：$y_2(t) = [e^{-t} + 2\cos(2t)]\varepsilon(t)$。求当激励为 $4f(t)\varepsilon(t)$ 时的全响应。

解：本题目利用线性电路性质求解。

当激励为 $f(t)\varepsilon(t)$ 时，全响应为

$$y_1(t) = 2e^{-t} + \cos(2t) = y_{zi}(t) + y_{zs}(t) \qquad ①$$

当激励为 $2f(t)\varepsilon(t)$ 时，全响应为

$$y_2(t) = e^{-t} + 2\cos(2t) = y_{zi}(t) + 2y_{zs}(t) \qquad ②$$

式②-式①，得到零状态响应

$$y_{zs}(t) = y_2(t) - y_1(t) = -e^{-t} + \cos(2t)$$

于是零输入响应为

$$y_{zi}(t) = y_1(t) - y_{zs}(t) = 3e^{-t}$$

因此，当激励为 $4f(t)\varepsilon(t)$ 时的全响应为

$$y(t) = y_{zi}(t) + 4y_{zs}(t) = [-e^{-t} + 4\cos(2t)]\varepsilon(t)$$

5-51 如习题 5-51 图所示电路中，N 内部只含电源及电阻，若 1V 的直流电压源于 $t = 0$ 开始作用于电路，输出端所得零状态响应为 $u_0(t) = \frac{1}{2} + \frac{1}{8}e^{-0.25t}(\text{V})$，$t > 0$。若把电路中的电容换以 2H 电感，输出端零状态响应 $u_0(t)$ 将如何？

解：对 RC 电路，输出端零状态响应为

$$u_0(t) = \frac{1}{2} + \frac{1}{8}e^{-0.25t}(\text{V})$$

由于

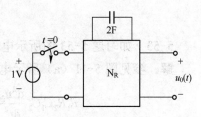

习题 5-51 图

$$u_0(t) = u_0(\infty) + [u_0(0_+) - u_0(\infty)] \, e^{-\frac{t}{\tau}}$$

对比可以得到 $u_0(\infty) = \dfrac{1}{2}\text{V}$ ，$u_0(0_+) = \dfrac{1}{8} + \dfrac{1}{2} = \dfrac{5}{8}\text{V}$ ，$\tau = 4\text{s}$ 。

由 $\tau = R_0 C = 4\text{s}$ 可得

$$R_0 = \tau / C = 2\Omega$$

当把电路中的 2F 电容换以 2H 电感时，初始值正好是前者电路的稳态值，而稳态值正是前者的初始值，即

$$u_0'(0_+) = u_0(\infty) = \frac{1}{2}\text{V}$$

$$u_0'(\infty) = u_0(0_+) = \frac{5}{8}\text{V}$$

$$\tau' = \frac{L}{R_0} = \frac{2}{2} = 1\text{s}$$

根据三要素得到

$$
\begin{aligned}
u_0'(t) &= u_0'(\infty) + [u_0'(0_+) - u_0'(\infty)] \, e^{-\frac{t}{\tau'}} \\
&= \frac{5}{8} + (\frac{1}{2} - \frac{5}{8}) e^{-t} \\
&= \frac{5}{8} - \frac{1}{8} e^{-t} (\text{V}) \qquad t > 0
\end{aligned}
$$

5-52　如习题 5-52 图所示电路，欲使 u_0 为等幅振荡，求 A 为多少？

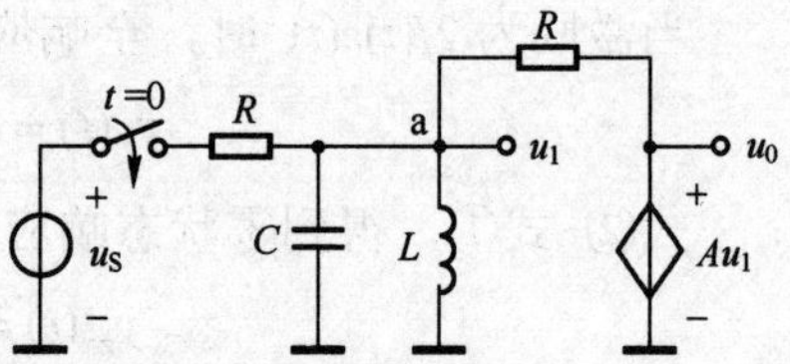

解：列写 a 点 KCL，即

$$
\begin{cases}
\dfrac{u_1 - u_s}{R} + C\dfrac{du_1}{dt} + \dfrac{1}{L}\displaystyle\int_{-\infty}^{t} u_1 d\xi + \dfrac{u_1 - u_0}{R} = 0 \\
u_0 = Au_1
\end{cases}
$$

习题 5-52 图

求导并整理得到

$$LC\frac{d^2 u_1}{dt^2} + \frac{L(2-A)}{R}\frac{du_1}{dt} + u_1 = \frac{L}{R}\frac{du_s}{dt}$$

欲使 u_0 为等幅振荡，u_1 也必然为等幅振荡，则特征根为一对共轭复数，即当

$$\frac{L(2-A)}{R} = 0$$

$$A = 2$$

5-53　如习题 5-53 图所示电路，以 u_2 为变量列方程。

解：参见图 5-11（a）所示电路，微分方程为

$$R_1 R_2 C_1 C_2 \frac{d^2 u_2}{dt^2} + (R_1 C_1 + R_1 C_2 + R_2 C_2)\frac{du_2}{dt} + u_2 = u_s$$

5-54　如习题 5-54 图所示电路，以 u_C 为变量列方程。

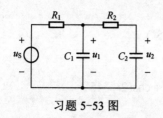

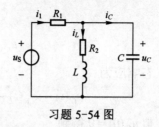

习题 5-53 图   习题 5-54 图

解：如图所示，由 KCL、KVL 和元件 VCR 得到

$$i_C = C\frac{\mathrm{d}u_C}{\mathrm{d}t}$$

$$i_1 = \frac{u_S - u_C}{R_1}$$

$$i_L = i_1 - i_C = \frac{u_S - u_C}{R_1} - C\frac{\mathrm{d}u_C}{\mathrm{d}t} \qquad \text{①}$$

而由右边回路 KVL 得到

$$R_2 i_L + L\frac{\mathrm{d}i_L}{\mathrm{d}t} = u_C \qquad \text{②}$$

将式①代入式②，并整理得到

$$LC\frac{\mathrm{d}^2 u_C}{\mathrm{d}t^2} + \left(\frac{L}{R_1} + R_2 C\right)\frac{\mathrm{d}u_C}{\mathrm{d}t} + \left(1 + \frac{R_2}{R_1}\right)u_C = \frac{L}{R_1}\frac{\mathrm{d}u_S}{\mathrm{d}t} + \frac{R_2}{R_1}u_S$$

5-55 如习题 5-55 图所示电路，已知 $i_S(t) = 2\sqrt{2}\cos(2t)(\mathrm{A})$，求 $u_C(t)$ 的零状态响应。

解：根据两类约束和元件 VCR，得到

$$\frac{u_C}{R} + C\frac{\mathrm{d}u_C}{\mathrm{d}t} = i_S$$

整理得

$$\frac{\mathrm{d}u_C}{\mathrm{d}t} + \frac{1}{RC}u_C = \frac{1}{C}i_S$$

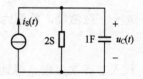

习题 5-55 图

零状态响应为微分方程的齐次解和特解之和。齐次解为

$$u_{Ch}(t) = K\mathrm{e}^{-\frac{t}{\tau}} = K\mathrm{e}^{-\frac{t}{RC}} = K\mathrm{e}^{-2t}$$

对于正弦激励，特解为同频率的正弦函数，设为

$$u_{Cp}(t) = U_m\cos(2t + \phi)$$

代入非齐次方程，得到

$$-2U_m\sin(2t + \phi) + 2U_m\cos(2t + \phi) = 2\sqrt{2}\cos(2t)$$

整理得到

$$\sqrt{2}U_m\cos(2t + \phi + 45°) = \sqrt{2}\cos(2t)$$

得到

$$\begin{cases} U_m = 1 \\ \phi = -45° \end{cases}$$

特解为

$$u_{Cp}(t) = \cos(2t - 45°)$$

因此，零状态响应为

$$u_C(t) = u_{Ch}(t) + u_{Cp}(t) = K e^{-2t} + \cos(2t - 45°)$$

由初始值 $u_C(0) = 0$ 得到

$$K = u_C(0) - \cos(-45°) = -\frac{\sqrt{2}}{2} = -0.707$$

即零状态响应为

$$u_C(t) = -0.707 e^{-2t} + \cos(2t - 45°)(V) \qquad t > 0$$

5-56 如习题 5-56 图所示电路，已知 $u_S(t) = 10\sqrt{2}\cos t(V)$，求 $i_L(t)$ 的零状态响应。

解：根据两类约束和元件 VCR，得到

$$R i_L + L \frac{\mathrm{d}i_L}{\mathrm{d}t} = u_S$$

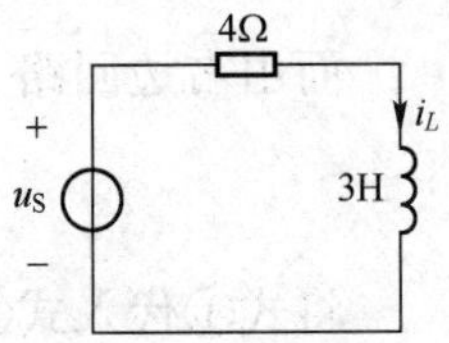

整理得

$$\frac{\mathrm{d}i_L}{\mathrm{d}t} + \frac{R}{L} i_L = \frac{1}{L} u_S$$

习题 5-56 图

零状态响应为微分方程的齐次解和特解之和。齐次解为

$$i_{Lh}(t) = K e^{-\frac{t}{\tau}} = K e^{-\frac{R}{L}t} = K e^{-\frac{4}{3}t}$$

对于正弦激励，特解为同频率的正弦函数，设为

$$i_{Lp}(t) = I_m \cos(t + \phi)$$

代入非齐次方程，得到

$$-I_m \sin(t + \phi) + \frac{4}{3} I_m \cos(t + \phi) = \frac{1}{3} \times 10\sqrt{2} \cos(t)$$

整理得到

$$\frac{5}{3} I_m \cos(t + \phi + 36.9°) = \frac{1}{3} \times 10\sqrt{2} \cos(t)$$

得到

$$\begin{cases} I_m = 2\sqrt{2} \\ \phi = -36.9° \end{cases}$$

特解为

$$i_{Lp}(t) = 2\sqrt{2} \cos(t - 36.9°)$$

因此，零状态响应为

$$i_L(t) = i_{Lh}(t) + i_{Lp}(t) = K e^{-\frac{4}{3}t} + 2\sqrt{2} \cos(t - 36.9°)$$

由初始值 $i_L(0) = 0$ 得到

$$K = i_L(0) - 2\sqrt{2}\cos(-36.9°) = -1.6\sqrt{2} = -2.26$$

即零状态响应为

$$i_L(t) = -2.26e^{-\frac{4}{3}t} + 2\sqrt{2}\cos(t - 36.9°)(A) \qquad t > 0$$

5-57　在如习题 5-57 图所示的电路中，网络 N 内只含有电阻 R，两电压源的电压单位是伏特（V）。当 $u_S(t) = 2\cos t\varepsilon(t)$ 时，全响应为 $u_C(t) = 1 - 3e^{-t} + \sqrt{2}\cos(t - 45°)(V)$，$t \geqslant 0$。

（1）求在同样初始条件下，当 $u_S(t) = 0$ 时的 $u_C(t)$；

（2）求在同样初始条件下，两个电源都为零时的 $u_C(t)$。

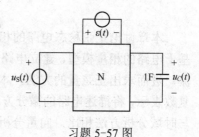

习题 5-57 图

解：由式（5-33）和式（5-34），一阶动态电路的响应为

$$y(t) = y_p(t) + [y(0_+) - y_p(0_+)]e^{-\frac{t}{\tau}}$$

此题目中，响应为电容电压，则有

$$u_C(t) = u_{Cp}(t) + [u_C(0_+) - u_{Cp}(0_+)]e^{-\frac{t}{\tau}}$$

本题目中有正弦交流电压源 $u_S(t)$ 和 1V 直流电压源共同作用，对比已知条件，可得稳态响应

$$u_{Cp}(t) = 1 + \sqrt{2}\cos(t - 45°)(V)$$

并且得到，1V 直流电压源引起的稳态响应为式中的 1，而正弦电压源 $u_S(t)$ 引起的稳态响应为其中的 $\sqrt{2}\cos(t - 45°)(V)$。

暂态响应为

$$[u_C(0_+) - u_{Cp}(0_+)]e^{-\frac{t}{\tau}} = -3e^{-t}$$

其中 $\tau = 1s$。由此得到电容电压初始值为

$$\begin{aligned}
u_C(0_+) &= -3 + u_{Cp}(0_+)\\
&= -3 + 1 + \sqrt{2}\cos(-45°)\\
&= -1V
\end{aligned}$$

（1）当 $u_S(t) = 0$ 时，1V 直流电压源单独作用，$u_C(0_+) = -1V$，$u_C(\infty) = 1V$，$\tau = 1s$，则

$$\begin{aligned}
u_C(t) &= u_C(\infty) + [u_C(0_+) - u_C(\infty)]e^{-\frac{t}{\tau}}\\
&= 1 - 2e^{-t}(V) \qquad t > 0
\end{aligned}$$

（2）两电源都为零时，电路为零输入响应，即

$$u_C(t) = u_C(0_+)e^{-\frac{t}{\tau}} = -e^{-t}(V) \qquad t > 0$$

第6章 正弦稳态电路

本章讨论正弦稳态电路的相量分析法。相量分析法是利用复数表示正弦电压和电流，基于电路的相量模型，建立电路的复数代数方程（不再是微分方程），求解相量电压和电流，进而求出正弦量的方法。本章利用的数学知识是复数及其运算，将正弦量用对应的复数表示，将描述电路的微分方程转化为复数表示的代数方程，进而得到正弦稳态响应。与时域分析方法相比，向量分析方法使分析计算大为简化。

相量分析法的适用条件是激励具有固定的频率。当正弦激励的频率变化时，电路的响应也将发生变化。本章也将讨论正弦稳态电路中响应随频率变化的规律和特点，即电路的频率响应。

6.1 基 本 要 求

（1）理解有效值和有效值相量的概念；掌握基尔霍夫定律和欧姆定律的相量形式；掌握电阻、电容、电感元件伏安关系的相量形式；理解阻抗和导纳、相量模型的概念。

（2）掌握正弦稳态电路的分析方法，学会在相量模型上仿照电阻电路的各种方法进行分析计算。

（3）掌握正弦稳态网络函数、频率响应的概念，熟悉一阶和二阶电路网络函数的计算，以及幅频特性曲线和相频特性曲线的绘制。

（4）掌握谐振、谐振阻抗、特性阻抗、品质因数、选频、滤波、通频带等概念。

（5）掌握串联和并联谐振电路的组成、发生谐振的条件和工作特点，掌握谐振电路的分析方法，了解复杂并联谐振电路的组成及计算方法。

（6）理解并会计算电阻的平均功率；理解并会计算电容和电感的无功功率和平均储能；理解并会计算单口网络的平均功率、无功功率、视在功率、功率因数和复功率。

（7）理解提高功率因数的意义和方法，掌握正弦稳态最大功率传递定理。

6.2 要点·难点

（1）相量分析法。
（2）网络函数和频率响应的概念。
（3）谐振电路的工作特点及计算。
（4）正弦稳态电路的功率及计算。

6.3 基 本 内 容

6.3.1 正弦量

1. 正弦量的三要素

随时间按正弦规律变化的电量称为正弦量。正弦量的表达式为

$$\begin{cases} u(t) = U_{\mathrm{m}} \cos(\omega t + \phi_u) \\ i(t) = I_{\mathrm{m}} \cos(\omega t + \phi_i) \end{cases} \quad (6\text{-}1)$$

正弦量的三要素是指振幅、角频率和初相位，三者决定了正弦量的变化规律，其波形如图 6-1 所示。式中的 $U_{\mathrm{m}}(I_{\mathrm{m}})$ 为振幅，ω 为角频率，$\phi_u(\phi_i)$ 为初相位。

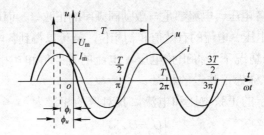

图 6-1　正弦电压与电流波形

2. 正弦量的相位差

设频率相同的正弦电压和电流如式（6-1）所示，则它们的相位差等于其初相之差，即

$$\phi = (\omega t + \phi_u) - (\omega t + \phi_i) = \phi_u - \phi_i \quad (6\text{-}2)$$

相位差反映了同频率正弦量间的相位关系。

（1）若 $\phi > 0$，则称 $u(t)$ 超前于 $i(t)$ 角 ϕ。

（2）若 $\phi < 0$，则称 $u(t)$ 滞后于 $i(t)$ 角 ϕ。

（3）若 $\phi = 0$，则称 $u(t)$、$i(t)$ 同相。

（4）若 $\phi = \pm\dfrac{\pi}{2}$，则称 $u(t)$、$i(t)$ 正交。

（5）若 $\phi = \pm\pi$，则称 $u(t)$、$i(t)$ 反相。

注意，相位差 ϕ 的值应取主值范围，即 $|\phi| \leqslant \pi$，若 $|\phi| > \pi$，则应以 $\phi \pm 2\pi$ 来判断两正弦量的相位关系。

3. 正弦量的有效值

周期电压（电流）的均方根值定义为有效值。周期电压（电流）的有效值表示在一周期内，与该周期电压（电流）热效应相同的直流电压（电流）。周期电压的有效值定义为

$$U = \sqrt{\dfrac{1}{T}\int_0^T u^2(t)\mathrm{d}t} \quad (6\text{-}3)$$

对正弦电压和电流

$$\begin{cases} u(t) = U_\mathrm{m}\cos(\omega t + \phi_u) \\ i(t) = I_\mathrm{m}\cos(\omega t + \phi_i) \end{cases}$$

其有效值为

$$\begin{cases} U = \dfrac{1}{\sqrt{2}}U_\mathrm{m} = 0.707U_\mathrm{m} \\ I = \dfrac{1}{\sqrt{2}}I_\mathrm{m} = 0.707I_\mathrm{m} \end{cases} \tag{6-4}$$

正弦电压和电流的有效值是其幅值的 $\dfrac{1}{\sqrt{2}}$。

6.3.2 相量法的基本概念

1. 正弦量的相量表示

正弦稳态电路中的各电压、电流都是与激励同频率的正弦量，而电源的频率往往是已知的，因此，只要求得各电压、电流的有效值和初相位，就可以得到各电压、电流的表达式。

在激励频率已知的情况下，将正弦电压、电流的有效值和初相位用一个复数的模和幅角表示，这个复数就称为正弦量的相量。

对式（6-1）所表示的正弦电压和电流，其对应的相量为

$$\begin{cases} \dot{U} = U \angle \phi_u \\ \dot{I} = I \angle \phi_i \end{cases} \tag{6-5}$$

其最大值相量为

$$\begin{cases} \dot{U}_\mathrm{m} = U_\mathrm{m} \angle \phi_u \\ \dot{I}_\mathrm{m} = I_\mathrm{m} \angle \phi_i \end{cases} \tag{6-6}$$

其中

$$\begin{cases} U_\mathrm{m} = \sqrt{2}U \\ I_\mathrm{m} = \sqrt{2}I \end{cases}$$

将相量在复数平面上用矢量表示的图，称为相量图，如图 6-2 所示。矢量的长度表示相量的模，矢量与横坐标的夹角为相量的幅角。

2. 正弦量的相量运算

在正弦稳态分析中，通常用相量表示正弦量，避免了三角函数运算，而后再转换为正弦量。常用的运算有：

（1）相等：若 $i_1(t) = i_2(t)$，则 $\dot{I}_1 = \dot{I}_2$。

（2）线性：若 $i(t) = Ai_1(t) \pm Bi_2(t)$，则 $\dot{I} = A\dot{I}_1 \pm B\dot{I}_2$。

（3）微分：若 $y(t) = \dfrac{\mathrm{d}i(t)}{\mathrm{d}t}$，则 $\dot{Y} = \mathrm{j}\omega\dot{I}$。

（4）积分：若 $y(t) = \displaystyle\int_{-\infty}^{t} i(t)\mathrm{d}t$，则 $\dot{Y} = \dfrac{1}{\mathrm{j}\omega}\dot{I}$。

特别注意，正弦量的相加，转换为对应相量相加，在相量图中，相量相加符合矢量

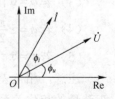

图 6-2　相量图

相加的平行四边形法则。

6.3.3　基尔霍夫定律的相量形式

KCL 的相量形式

$$\sum_{k=1}^{n} \dot{I}_k = 0 \tag{6-7}$$

式（6-7）表明，在正弦稳态电路中，流出（或流入）任一节点的各支路电流相量的代数和为零。

同理可得，KVL 的相量形式为

$$\sum_{k=1}^{n} \dot{U}_k = 0 \tag{6-8}$$

上式表明，在正弦稳态电路中，沿任一回路各支路电压相量的代数和为零。

由于最大值相量是有效值相量的 $\sqrt{2}$ 倍，所以有

$$\begin{cases} \sum_{k=1}^{n} \dot{I}_{mk} = 0 \\ \sum_{k=1}^{n} \dot{U}_{mk} = 0 \end{cases} \tag{6-9}$$

6.3.4　R、L 和 C 伏安关系的相量形式

三种基本元件伏安关系的相量形式，是正弦稳态电路相量分析的重要依据，现将各种关系列于表 6-1 中。

表 6-1　R、L、C 元件的伏安关系

元件		R	L	C
元件模型	时域	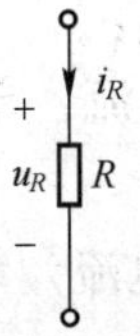	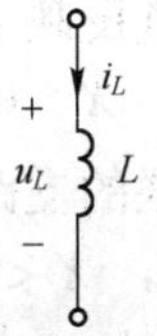	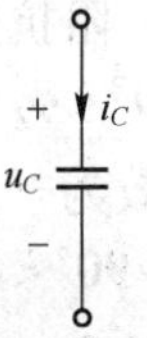
	相量	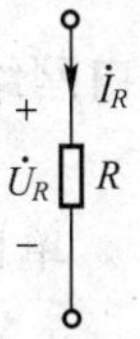	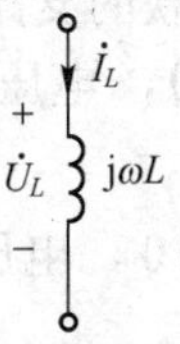	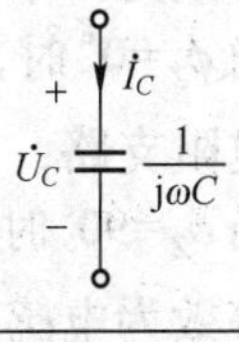
伏安关系	时域	$u = Ri$	$u = L\dfrac{\mathrm{d}i}{\mathrm{d}t}$	$i = C\dfrac{\mathrm{d}u}{\mathrm{d}t}$
	相量	$\dot{U} = R\dot{I}$	$\dot{U} = \mathrm{j}\omega L\dot{I}$	$\dot{U} = \dfrac{1}{\mathrm{j}\omega C}\dot{I}$
有效值关系		$U = RI$	$U = \omega LI = X_L I$	$U = \dfrac{1}{\omega C}I = X_C I$

元件	R	L	C
相位关系	$\phi_u = \phi_i$	$\phi_u = \phi_i + 90°$	$\phi_i = \phi_u + 90°$
波形图	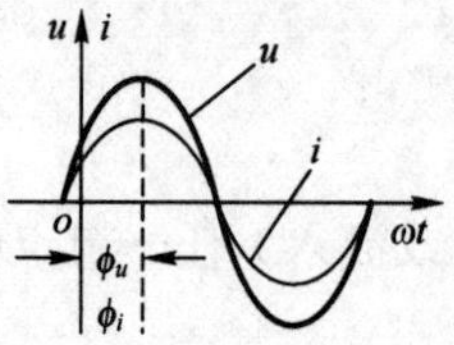	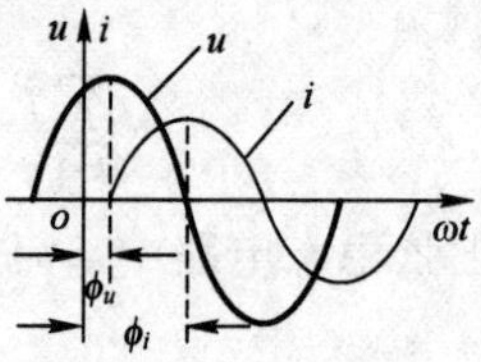	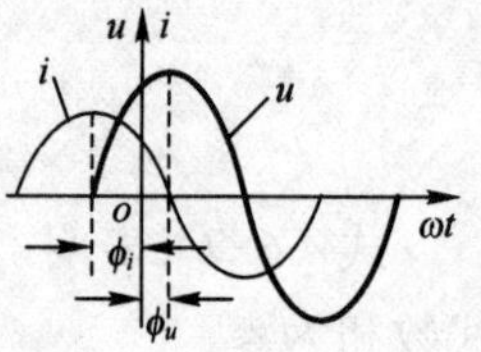
相量图	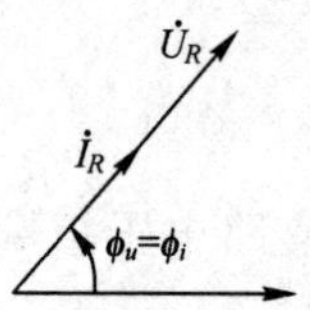	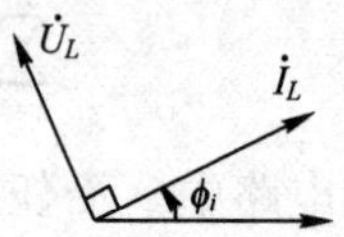	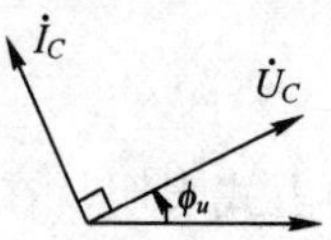

6.3.5 阻抗与导纳

1. 阻抗与导纳

阻抗与导纳的重要关系归纳于表 6-2 中。其中，$Z = \dfrac{\dot{U}}{\dot{I}} = |Z| \angle \phi_Z$。注意以下几点：

（1）阻抗和导纳满足倒数关系，即 $Y = \dfrac{1}{Z}$。阻抗的模和导纳的模也满足倒数关系，即 $|Y| = \dfrac{1}{|Z|}$。阻抗角和导纳角互为负数，即 $\phi_Y = -\phi_Z$。

（2）阻抗和导纳是两个相量的比值，是复数，但不代表正弦量，所以不是相量。

（3）若元件电压和电流取非关联参考方向，则表 6-2 中各阻抗和导纳应加负号。

（4）阻抗角或导纳角的数值反映了二端电路的性质：

当 $0° < \phi_Z < 90°$ 时，$R > 0$，$X > 0$，电压超前于电流，单口网络呈电感性，单口网络可等效为一条电阻与电感串联的支路；

当 $-90° < \phi_Z < 0°$ 时，$R > 0$，$X < 0$，电压滞后于电流，单口网络呈电容性，单口网络可等效为一条电阻与电容串联的支路；

当 $\phi_Z = 0°$ 时，$R \neq 0$，$X = 0$，电压与电流同相，单口网络呈电阻性，单口网络可等效为电阻支路；

当 $\phi_Z = 90°$ 时，$R = 0$，$X > 0$，电压超前于电流 $90°$，单口网络呈纯电感性，单口网络可等效为电感支路；

当 $\phi_Z = -90°$ 时，$R = 0$，$X < 0$，电压滞后于电流 $90°$，单口网络呈纯电容性，单口网络可等效为电容支路。

导纳角与阻抗角互为相反数，也可以根据导纳角判断电路的性质。

表 6-2 阻抗与导纳

元 件	阻抗 $Z = \dfrac{\dot{U}}{\dot{I}}$	导纳 $Y = \dfrac{\dot{I}}{\dot{U}}$	阻抗角 $\phi_Z = \phi_u - \phi_i$	导纳角 $\phi_Y = \phi_i - \phi_u$
电阻	$Z = R$	$Y = \dfrac{1}{R} = G$	$\phi_Z = 0$	$\phi_Y = 0$
电感	$Z = j\omega L$	$Y = \dfrac{1}{j\omega L}$	$\phi_Z = 90°$	$\phi_Y = -90°$
电容	$Z = \dfrac{1}{j\omega C}$	$Y = j\omega C$	$\phi_Z = -90°$	$\phi_Y = 90°$
二端电路	$Z = R + jX$	$Y = \dfrac{1}{Z} = G + jB$	$\phi_Z = \arctan\dfrac{X}{R}$	$\phi_Y = \arctan\dfrac{B}{G}$

2. 阻抗与导纳的等效变换

阻抗和导纳的等效变换有以下三种情况：

（1）串联阻抗的等效阻抗。

$$Z_{eq} = Z_1 + Z_2 + \cdots + Z_n \tag{6-10}$$

（2）并联导纳的等效导纳。

$$Y_{eq} = Y_1 + Y_2 + \cdots + Y_n \tag{6-11}$$

常见的两阻抗并联时，有

$$Z_{eq} = \frac{Z_1 Z_2}{Z_1 + Z_2} \tag{6-12}$$

（3）阻抗与导纳的等效变换。

如图 6-3 所示电路中元件之间参数关系见下面
两式。

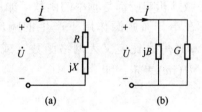

$$G = \frac{R}{R^2 + X^2} \qquad B = -\frac{X}{R^2 + X^2} \tag{6-13}$$

$$R = \frac{G}{G^2 + B^2} \qquad X = -\frac{B}{G^2 + B^2} \tag{6-14}$$

可见，不能简单地认为 $R = \dfrac{1}{G}$ 和 $X = \dfrac{1}{B}$ 。

图 6-3 阻抗与导纳的等效

6.3.6 正弦稳态电路的相量分析

1. 相量法

用相量表示正弦稳态电路中各电压、电流，并引入阻抗和导纳的概念后，基尔霍夫
定律和元件伏安关系的相量形式与电阻电路的相应关系形式完全相同，因此，电阻电路
的所有分析方法对正弦稳态电路都适用。在分析正弦稳态电路时，把电压、电流用相量
表示，R、L、C 元件用阻抗或导纳表示，这样得到的模型称为电路的相量模型。正弦稳
态电路分析就是在相量模型上仿照电阻电路的分析进行的，不同的是所得电路方程为相
量表示的代数方程以及相量描述的电路定律，而计算则是复数运算。

利用相量和相量模型来分析正弦稳态电路的方法称为相量法。相量法的分析步
骤为：

（1）画出电路的相量模型。

（2）选择一种适当的方法，列出电路的相量方程。

（3）解方程，求得电压和电流相量。

（4）根据需要将电压和电流相量转化为正弦量。

2. 相量图法

相量图法是通过作电压、电流的相量图求解未知相量的方法。相量图法是分析正弦稳态电路的一种辅助方法，特别适用于阻抗的串联、并联和混联的情况。相量图法的分析步骤为：

（1）画出电路的相量模型。

（2）选择参考相量（其初相位为零）。参考相量的选择很重要，选择合适的参考相量，可以使相量图直观、简化。对于串联电路，通常选择其电流作为参考相量，而对于并联电路，通常选择公共的电压作为参考相量。

（3）在相量图上画出参考相量，利用元件的 VCR 及电路的 KCL 和 KVL，确定其他电压和电流与参考相量的关系，并在相量图上画出各电压和电流。

（4）利用相量图上各电压和电流的几何关系，求得所需的未知电压和电流相量。

6.3.7 电路的频率特性

1. 网络函数

当正弦激励的频率变化时，电路的响应也将发生变化，激励和响应都是频率的函数，如图 6-4 所示。我们把电路在单一激励源作用下产生的响应相量 $\dot{Y}(j\omega)$ 与激励相量 $\dot{F}(j\omega)$ 之比定义为网络函数（或传输函数）。网络函数用 $H(j\omega)$ 表示，即

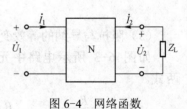

图 6-4 网络函数

$$H(j\omega) = \frac{\dot{Y}(j\omega)}{\dot{F}(j\omega)} \tag{6-15}$$

网络函数分为两类：策动点函数和转移函数。策动点函数还可分为策动点阻抗（即输入阻抗）和策动点导纳（即输入导纳）；转移函数又分为转移电压比、转移电流比、转移阻抗和转移导纳。网络函数分类和定义如表 6-3 所示。网络函数的求解，可以利用正弦稳态电路的相量分析法，也可以利用实验方法确定。

表 6-3 网络函数

策动点函数	输入阻抗	$Z_{\text{in}}(j\omega) = \dfrac{\dot{U}_1}{\dot{I}_1}$
	输入导纳	$Y_{\text{in}}(j\omega) = \dfrac{\dot{I}_1}{\dot{U}_1}$
转移函数	转移阻抗	$Z_{\text{T}}(j\omega) = \dfrac{\dot{U}_2}{\dot{I}_1}$

	转移电流比	$H_i(\mathrm{j}\omega) = \dfrac{\dot{I}_2}{\dot{I}_1}$
转移函数	转移电压比	$H_u(\mathrm{j}\omega) = \dfrac{\dot{U}_2}{\dot{U}_1}$
	转移导纳	$Y_{\mathrm{T}}(\mathrm{j}\omega) = \dfrac{\dot{I}_2}{\dot{U}_1}$

2. 频率特性

在正弦稳态电路中，响应随频率变化的特性，称为频率响应或频率特性。由于网络函数体现了响应与频率的关系，所以网络函数又称为频率响应。式（6-15）可以写作

$$H(\mathrm{j}\omega) = |H(\mathrm{j}\omega)| \angle \phi(\omega) = \frac{\dot{Y}(\mathrm{j}\omega)}{\dot{F}(\mathrm{j}\omega)} = \frac{Y \angle \phi_Y}{F \angle \phi_F} = \frac{Y}{F}(\angle \phi_Y - \angle \phi_F) \qquad （6\text{-}16）$$

因此可得

$$|H(\mathrm{j}\omega)| = \frac{Y}{F}, \quad \phi(\omega) = \phi_Y - \phi_F \qquad （6\text{-}17）$$

式中，$|H(\mathrm{j}\omega)|$ 是 $H(\mathrm{j}\omega)$ 的模，称为幅频响应（或幅频特性）；$\phi(\omega)$ 是 $H(\mathrm{j}\omega)$ 的幅角，称为相频响应（或相频特性）。

3. 常见电路的频率特性

常见 RC、RL 一阶电路和 RLC 二阶电路的频率响应如表 6-4 所示。

表 6-4　电路的频率响应

电路形式	网络函数	频率响应	
		幅频响应	相频响应
	$H(\mathrm{j}\omega) = \dfrac{\dot{U}_2}{\dot{U}_1}$ $= \dfrac{1}{1+\mathrm{j}\omega RC}$	$\|H(\mathrm{j}\omega)\| = \dfrac{1}{\sqrt{1+(\omega RC)^2}}$	$\phi(\omega) = -\arctan \omega RC$
	$H(\mathrm{j}\omega) = \dfrac{\dot{U}_2}{\dot{U}_1}$ $= \dfrac{1}{1+\mathrm{j}\dfrac{\omega L}{R}}$	$\|H(\mathrm{j}\omega)\| = \dfrac{1}{\sqrt{1+(\omega L/R)^2}}$	$\phi(\omega) = -\arctan \dfrac{\omega L}{R}$

电路形式	网络函数	频率响应	
		幅频响应	相频响应
(电路图：$\frac{1}{j\omega C}$ 串联，R 并联，$\dot{U}_1$，$\dot{U}_2$)	$H(j\omega) = \dfrac{\dot{U}_2}{\dot{U}_1}$ $= \dfrac{1}{1 - j\dfrac{1}{\omega RC}}$	(幅频曲线，高通) 1, 0.707, ω_c $\|H(j\omega)\| = \dfrac{1}{\sqrt{1 + \left(\dfrac{1}{\omega RC}\right)^2}}$	(相频曲线) 90°, 45°, ω_c $\phi(\omega) = \arctan\dfrac{1}{\omega RC}$
(电路图：R 串联，$j\omega L$ 并联，$\dot{U}_1$，$\dot{U}_2$)	$H(j\omega) = \dfrac{\dot{U}_2}{\dot{U}_1}$ $= \dfrac{1}{1 - j\dfrac{R}{\omega L}}$	(幅频曲线，高通) 1, 0.707, ω_c $\|H(j\omega)\| = \dfrac{1}{\sqrt{1 + \left(\dfrac{R}{\omega L}\right)^2}}$	(相频曲线) 90°, 45°, ω_c $\phi(\omega) = \arctan\dfrac{R}{\omega L}$
(电路图：$\frac{1}{j\omega C}$、$j\omega L$ 串联，R 并联，$\dot{U}_1$，$\dot{U}_2$)	$H(j\omega) = \dfrac{\dot{U}_2}{\dot{U}_1}$ $= \dfrac{R}{R + j\left(\omega L - \dfrac{1}{\omega C}\right)}$	(幅频曲线，带通) 1, 0.707, ω_{C1} ω_0 ω_{C2} $\|H(j\omega)\| = \dfrac{R}{\sqrt{R^2 + \left(\omega L - \dfrac{1}{\omega C}\right)^2}}$	(相频曲线) 90°, ω_0, $-90°$ $\phi(\omega) = -\arctan\left(\dfrac{\omega L}{R} - \dfrac{1}{\omega CR}\right)$

4. 谐振

正弦稳态二端电路，其端电压和电流的相位差 $\phi(\omega) > 0$ 时，电路呈电感性；$\phi(\omega) < 0$ 时，电路呈电容性。如果 $\phi(\omega) = 0$，电路呈纯电阻性，这种特殊状态称为谐振，主要分为串联谐振、并联谐振和实用并联谐振电路，它们的谐振参数和电路特点如表 6-5 所示。

表 6-5　谐振电路的参数和特点

	RLC 串联谐振电路	GCL 并联谐振电路	实用并联谐振电路
电路形式	(电路图：$\dot{U}$，$\frac{1}{j\omega C}$，$j\omega L$，R，$+\dot{U}_C-$，$+\dot{U}_L-$，$\dot{U}_R$，$\dot{I}$)	(电路图：$\dot{U}$，R，$j\omega L$，$\frac{1}{j\omega C}$，$\dot{I}$，$\dot{I}_R$，$\dot{I}_L$，$\dot{I}_C$)	(电路图：$\dot{U}$，$j\omega L$，r，$\frac{1}{j\omega C}$，$\dot{I}$，$\dot{I}_L$，$\dot{I}_C$)
等效元件参数			$G' = \dfrac{Cr}{L}$　$L' = \dfrac{L^2}{L - Cr^2}$

176

	RLC 串联谐振电路	GCL 并联谐振电路	实用并联谐振电路
谐振阻抗（导纳）	$Z = R$	$Y = G$	$Y = G' = \dfrac{Cr}{L}$
谐振频率	$\omega_0 = \dfrac{1}{\sqrt{LC}}$	$\omega_0 = \dfrac{1}{\sqrt{LC}}$	$\omega_0 = \dfrac{1}{\sqrt{LC}}\sqrt{1-\dfrac{Cr^2}{L}} \approx \dfrac{1}{\sqrt{LC}}$
品质因数	$Q = \dfrac{\omega_0 L}{R} = \dfrac{1}{\omega_0 CR}$	$Q = \dfrac{\omega_0 C}{G} = \dfrac{1}{\omega_0 LG}$	$Q = \dfrac{\omega_0 C}{G'} = \dfrac{\omega_0 L}{r}$
通频带	$\mathrm{BW} = \omega_{C2} - \omega_{C1} = \dfrac{\omega_0}{Q} = \dfrac{R}{L}$	$\mathrm{BW} = \omega_{C2} - \omega_{C1} = \dfrac{\omega_0}{Q} = \dfrac{G}{C}$	$\mathrm{BW} = \omega_{C2} - \omega_{C1} = \dfrac{\omega_0}{Q} = \dfrac{G'}{C} = \dfrac{r}{L}$
谐振特点	（1）阻抗为纯电阻，电抗分量为零，其值最小 $Z = R$。 （2）电路中电流值最大，并与激励电压同相。$\dot I = \dfrac{\dot U}{Z} = \dfrac{\dot U}{R}$ （3）电压谐振，电感电压与电容电压大小相等，相位相反，且为激励电压的 Q 倍。 $\dot U_L = \mathrm{j}\omega_0 L\dot I = \mathrm{j}\dfrac{\omega_0 L}{R}\dot U = \mathrm{j}Q\dot U$ $\dot U_C = \dfrac{\dot I}{\mathrm{j}\omega_0 C} = -\mathrm{j}\dfrac{1}{\omega_0 CR}\dot U = -\mathrm{j}Q\dot U$	（1）导纳为纯电导，电纳分量为零，其值最小 $Y = G$。 （2）电路中电压最大，并与激励电流同相。$\dot U = \dfrac{\dot I}{Y} = \dfrac{\dot I}{G}$ （3）电流谐振，电感电流与电容电流大小相等，相位相反，且为激励电流的 Q 倍。 $\dot I_C = \dfrac{\mathrm{j}\omega_0 C}{Y}\dot I = \mathrm{j}\dfrac{\omega_0 C}{G}\dot I = \mathrm{j}Q\dot I$ $\dot I_L = \dfrac{\dfrac{1}{\mathrm{j}\omega_0 L}}{Y}\dot I = -\mathrm{j}\dfrac{1}{\omega_0 LG}\dot I = -\mathrm{j}Q\dot I$	（1）导纳为纯电导，电纳分量为零，其值最小 $Y = G' = \dfrac{Cr}{L}$。 （2）电路中电压值最大，并与激励电流同相。$\dot U = \dfrac{\dot I}{Y} = \dfrac{\dot I}{G'}$ （3）电流谐振，电容电流超前激励电流 $90°$，大小为激励电流的 Q 倍，电感电流近似超前激励电流 $90°$，大小近似为激励电流的 Q 倍。 $\dot I_C = \dfrac{\mathrm{j}\omega_0 C}{Y}\dot I = \mathrm{j}\dfrac{\omega_0 C}{G}\dot I = \mathrm{j}Q\dot I$ $\dot I_L = (1-\mathrm{j}Q)\dot I \approx -\mathrm{j}Q\dot I$
相量图			

6.3.8 正弦稳态电路的功率和能量

设单口网络的端口电压和电流为关联参考方向，且分别为 $\dot U = U\angle\phi_u$，$\dot I = I\angle\phi_i$，$\phi = \phi_u - \phi_i$，则其有功功率、无功功率、表观功率等关系如表 6-6 所示。

表 6-6　单口网络的功率

	有功功率（W）	无功功率（var）	功率因数	表观功率（V·A）	复功率（V·A）
电阻	$P = UI$	$Q = 0$	$\lambda = 1$		
电感	$P = 0$	$Q = UI$	$\lambda = 0$		
电容	$P = 0$	$Q = -UI$	$\lambda = 0$	$S = UI$	$\tilde S = \dot U\dot I^{*}$
二端电路	$P = UI\cos\phi$	$Q = UI\sin\phi$	$\lambda = \cos\phi$		
功率守恒	$\sum P = 0$	$\sum Q = 0$			$\sum \tilde S = 0$

6.3.9 最大功率传输定理

含源单口网络可等效为电压源 $\dot{U}_{S}$ 和阻抗 Z_{S} 的串联，Z_{L} 为负载，如图 6-5 所示，假设 $\dot{U}_{S}=U_{S}\angle 0°$，$Z_{S}=R_{S}+jX_{S}$，$Z_{L}=R_{L}+jX_{L}$。电压源 $\dot{U}_{S}$ 和阻抗 Z_{S} 不变，负载 Z_{L} 可变，讨论 Z_{L} 获取最大功率的条件。

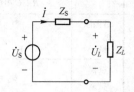

图 6-5　最大功率传输

（1）若负载阻抗的电阻和电抗均可以独立变化，则当 Z_{L} 满足 $Z_{L}=Z_{S}^{*}$ 时，Z_{L} 获得最大功率

$$P_{L\max}=\frac{U_{S}^{2}}{4R_{S}} \tag{6-18}$$

（2）若阻抗的模变化，而其幅角保持不变，则当 Z_{L} 满足 $|Z_{L}|=|Z_{S}|$ 时，Z_{L} 获得最大功率为

$$P'_{L\max}=\frac{U_{S}^{2}\cos\phi_{L}}{2|Z_{S}|\,[1+\cos(\phi_{S}-\phi_{L})]} \tag{6-19}$$

特别是当负载为纯电阻时，即 $Z_{L}=R_{L}$ 时，则当满足 $R_{L}=|Z_{S}|=\sqrt{R_{S}^{2}+X_{S}^{2}}$ 时，R_{L} 获得最大功率为

$$P'_{L\max}=\frac{U_{S}^{2}}{2\,(R_{S}+|Z_{S}|\,)} \tag{6-20}$$

6.4　例题详解

例 6-1　正弦稳态电路如图 6-6 所示,已知电流表 A 读数为零，电流表 A_1 读数为 1A，试求电源电压 u_S。

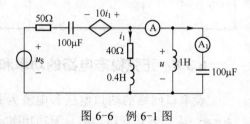

图 6-6　例 6-1 图

分析：本例给定元件参数和两个电流值，求电源电压，包括电源电压的频率与大小。因 A 中电流为零，故 1H 电感和 100μF 电容发生并联谐振，可求出电源角频率。由电流表 A_1 读数为 1A可求出电流 i_1，而后根据基尔霍夫定律可进一步求出电源电压。

解：

据此得电源角频率

$$\omega=\frac{1}{\sqrt{LC}}=\frac{1}{\sqrt{1\times100\times10^{-6}}}=100\text{rad/s}$$

设 A_1 中电流 $\dot{I}_{C}=1\angle 0°$，则

$$\dot{U}=\dot{I}_{C}\frac{1}{j\omega C}=\frac{1\angle 0°}{j100\times100\times10^{-6}}=100\angle -90°\text{V}$$

$$\dot{I}_1 = \frac{\dot{U}}{40 + \text{j}40} = \frac{100\angle -90^\circ}{40\sqrt{2}\angle 45^\circ} = 1.25\sqrt{2}\angle -135^\circ \text{A}$$

所以

$$\dot{U}_S = (50 + 40 - 10)\dot{I}_1 + \text{j}(40 - 100)\dot{I}_1$$

$$= (80 - \text{j}60)\dot{I}_1 = 125\sqrt{2}\angle -172^\circ \text{V}$$

$$u_S = 250\cos(100t - 172^\circ)\text{V}$$

评注：本例关键是根据电流表 A 读数为零这一条件来确定电源角频率，其他问题便可迎刃而解。

例 6-2　图 6-7（a）所示电路中，已知 $u_S = 100\sqrt{2}\cos 200t\text{(V)}$，试求 i_C。

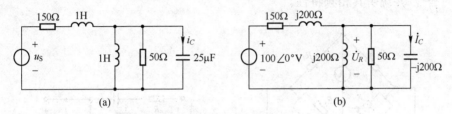

图 6-7　例 6-2 图

分析：按照相量分析法的步骤，先画出相量模型，再利用电阻电路的分析方法分析求解 i_C。

解：将 u_S 用相量表示，元件用其阻抗表示，得相量模型如图 6-7（b）所示，由相量模型知，并联部分的等效阻抗为纯电阻 50Ω，所以

$$\dot{U}_R = \frac{50 \times 100\angle 0^\circ}{150 + \text{j}200 + 50} = 12.5\sqrt{2}\angle -45^\circ \text{V}$$

$$\dot{I}_C = \frac{\dot{U}_C}{Z_C} = \frac{\dot{U}_R}{-\text{j}200} = \frac{12.5\sqrt{2}\angle -45^\circ}{-\text{j}200} = 0.0625\sqrt{2}\angle 45^\circ \text{A}$$

$$i_C = 0.125\cos(200t + 45^\circ)\text{(A)}$$

评注：对于相量模型，可以采用前面电阻电路的任何一种分析方法，包括串并联等效、支路电流法、网孔分析法、节点法、叠加定理、戴维南定理等。

例 6-3　图 6-8 所示电路为一交流电桥，用以测量电容器的电容量 C_x 和损耗电阻 R_x。设电桥已处于平衡状态，电流表 A 中无电流。已知 $R_1 = 500\Omega$，$R_2 = 1000\Omega$，$R_0 = 750\Omega$，$C_0 = 50\mu\text{F}$，试确定 R_x 和 C_x 之值。

分析：依据交流电桥的平衡条件，就可确定 R_x 和 C_x 的值。

解：当电桥平衡时，有 $\dfrac{R_1}{R_2} = \dfrac{Z_0}{Z_x} = \dfrac{Y_x}{Y_0}$

式中 $Y_0 = \dfrac{1}{R_0} + \text{j}\omega C_0$，　$Y_x = \dfrac{1}{R_x} + \text{j}\omega C_x$

代入数据，有

$$\frac{500}{1000} = \frac{Y_x}{Y_0} = \frac{\frac{1}{R_x} + j\omega C_x}{\frac{1}{R_0} + j\omega C_0} = \frac{\frac{1}{R_x} + j\omega C_x}{\frac{1}{750} + j\omega \times 50 \times 10^{-6}} = \frac{1}{2}$$

$$\frac{2}{R_x} + j2\omega C_x = \frac{1}{750} + j\omega \times 50 \times 10^{-6}$$

令等式两端实部和虚部分别相等，解得

$$R_x = 1500\Omega, \quad C_x = 25\mu F$$

例 6-4 图 6-9 所示双 RC 电路，若 $\dot{U}_1$ 为激励，$\dot{U}_2$ 为响应，试求转移电压比函数 $H(j\omega) = \dfrac{\dot{U}_2}{\dot{U}_1}$，并说明其相频特性。

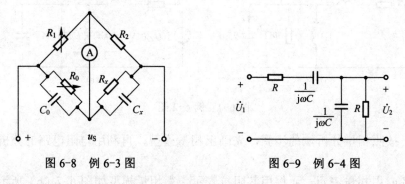

图 6-8 例 6-3 图   图 6-9 例 6-4 图

分析： $H(j\omega) = \dfrac{\dot{U}_2}{\dot{U}_1}$ 可直接利用阻抗串联分压公式，涉及复数运算，最后得到一个复数。由此可得出相位，是随频率变化的函数。

解： 由于

$$H(j\omega) = \frac{\dot{U}_2}{\dot{U}_1} = \frac{Z_2}{Z_1 + Z_2}$$

式中

$$Z_1 = R + \frac{1}{j\omega C} \qquad Z_2 = \frac{R\dfrac{1}{j\omega C}}{R + \dfrac{1}{j\omega C}}$$

将 Z_1、Z_2 代入 $H(j\omega)$，并令 $\omega_0 = \dfrac{1}{RC}$，可得

$$H(j\omega) = \frac{j\dfrac{\omega}{\omega_0}}{j^2\left(\dfrac{\omega}{\omega_0}\right)^2 + j3\dfrac{\omega}{\omega_0} + 1}$$

设 $k = \dfrac{\omega}{\omega_0}$，则

180

$$H(\mathrm{j}\omega) = \frac{\mathrm{j}k}{1-k^2+\mathrm{j}3k} = \frac{\mathrm{j}k(1-k^2-\mathrm{j}3k)}{(1-k^2+\mathrm{j}3k)(1-k^2-\mathrm{j}3k)} = \frac{3k^2+\mathrm{j}k(1-k^2)}{(1-k^2)^2+9k^2}$$

一般常利用这一电路的相频特性。由上式可知

$$\theta = \arctan\frac{1-k^2}{3k}$$

据此式可知，频率 ω 不同，则 k 值不同，θ 角可为正、为负或为零，即 $\dot{U}_2$ 可超前、滞后 $\dot{U}_1$，或与 $\dot{U}_1$ 同相。当 $\omega = \omega_0$，即 $k=1$ 时 $\dot{U}_2$ 与 $\dot{U}_1$ 同相，此时 $H(\mathrm{j}\omega) = \dfrac{\dot{U}_2}{\dot{U}_1} = \dfrac{1}{3}$。

例 6-5　求图 6-10 所示电路的策动点阻抗函数 $H(\mathrm{j}\omega) = \dfrac{\dot{U}}{\dot{I}}$。

分析：由电路图知 $\dot{U}$ 与 $\dot{I}$ 之间的关系不明显，因此对电路列方程，对方程进行整理消元，最后得到 $H(\mathrm{j}\omega) = \dfrac{\dot{U}}{\dot{I}}$。

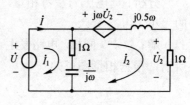

图 6-10　例 6-5 图

解：应用网孔电流法有

$$\begin{cases} \left(1+\dfrac{1}{\mathrm{j}\omega}\right)\dot{I}_1 - \left(1+\dfrac{1}{\mathrm{j}\omega}\right)\dot{I}_2 = \dot{U} \\[2mm] -\left(1+\dfrac{1}{\mathrm{j}\omega}\right)\dot{I}_1 + \left(2+\mathrm{j}0.5\omega+\dfrac{1}{\mathrm{j}\omega}\right)\dot{I}_2 = -\mathrm{j}\omega\dot{U}_2 \\[2mm] \dot{U}_2 = \dot{I}_2 \end{cases}$$

整理得

$$\begin{cases} \left(1+\dfrac{1}{\mathrm{j}\omega}\right)\dot{I}_1 - \left(1+\dfrac{1}{\mathrm{j}\omega}\right)\dot{I}_2 = \dot{U} \\[2mm] -\left(1+\dfrac{1}{\mathrm{j}\omega}\right)\dot{I}_1 + \left(2+\mathrm{j}1.5\omega+\dfrac{1}{\mathrm{j}\omega}\right)\dot{I}_2 = 0 \end{cases}$$

由上式得

$$\dot{I}_2 = \frac{\left(1+\dfrac{1}{\mathrm{j}\omega}\right)\dot{I}_1}{2+\mathrm{j}1.5\omega+\dfrac{1}{\mathrm{j}\omega}}$$

消去得 $\dot{I}_2$ 可得

$$\frac{(1+\dfrac{1}{\mathrm{j}\omega})(1+\mathrm{j}1.5\omega)\dot{I}_1}{2+\mathrm{j}1.5\omega+\dfrac{1}{\mathrm{j}\omega}} = \dot{U}$$

据此解得策动点阻抗函数

$$H(\mathrm{j}\omega) = \frac{\dot{U}}{\dot{I}} = \frac{\dot{U}}{\dot{I}_1} = \frac{(\mathrm{j}\omega+1)(\mathrm{j}1.5\omega+1)}{1.5(\mathrm{j}\omega)^2+\mathrm{j}2\omega+1}$$

评注：求网络函数时，利用相量法，可以选择支路电流法、网孔电流法、节点分析法等任一种方法。

例 6-6 图 6-11（a）所示电路中，已知 $\dot{U}$、$\dot{I}$ 同相，电流表 A_1、A_2 的读数分别为 15A 和 12A，求电流表 A 的读数。

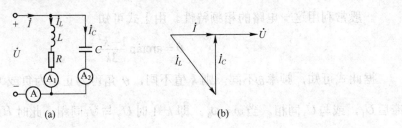

图 6-11　例 6-6 图

分析：选电压为参考相量，可以画出电流相量图，由几何关系可以很快地确定电流 I 的大小。

解：$\dot{U}$、$\dot{I}$ 同相，电路发生了并联谐振，根据给定的数据可绘出相量图，如图 6-14（b）所示，根据相量图可知

$$I = \sqrt{I_L^2 - I_C^2} = \sqrt{15^2 - 12^2} = 9\text{A}$$

即电流表 A 的读数为 9A。

评注：对于类似本例的题目，用相量图做比较方便。画相量图时，对于并联支路，一般选电压为参考相量。

例 6-7　电阻 R 与感性负载 Z 串联电路如图 6-12（a）所示。已知 $R = 20\Omega$，$U = 20\text{V}$，$U_1 = 15\text{V}$，$U_2 = 12\text{V}$，试求功率因数与有功功率。

分析：首先由欧姆定律可得出电流 $I = \dfrac{U_2}{R} = \dfrac{12}{20} = 0.6\text{A}$，再画相量图，而后根据几何关系求 $\lambda = \cos\theta$，根据定义式求 λ 和 P。

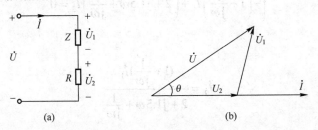

图 6-12　例 6-7 图

解：令　$\dot{I} = \dfrac{\dot{U}_2}{R} = \dfrac{12\angle 0°}{20} = 0.6\angle 0°\text{A}$

画出相量图如图 6-12（b）所示。

根据余弦定理，有

$$\lambda = \cos\theta = \frac{20^2 + 12^2 - 15^2}{2 \times 20 \times 12} = \frac{319}{480} = 0.67$$

$$P = UI\cos\theta = 20 \times 0.6 \times 0.67 = 8\text{W}$$

评注： 画相量图时，对于串联支路一般选电流为参考相量。

例 6-8 电路如图 6-13 所示，外施工频电源 $\dot{U}$，其有效值为 50V，电流 $\dot{I}$ 的有效值为 2A，电路消耗总功率为 100W，Z_1 的无功功率为 -40var，Z_2 的有功功率为 20W，求阻抗 Z_1 和 U_2。

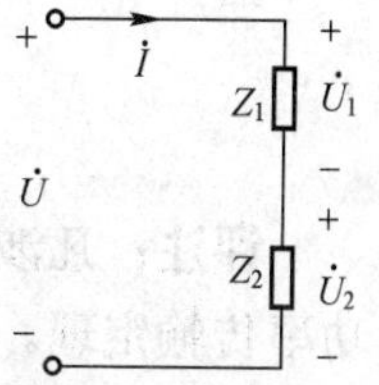

分析： 求阻抗有很多方法，根据已知条件，可以根据功率求，只要知道 Z_1 的有功功率和无功功率，就可求出 Z_1 的实部和虚部。同理可求出 Z_2，利用 $U_2=|Z_2|I$ 求出 U_2。本例关键是根据已知条件分别求出 Z_1 的有功功率和 Z_2 的无功功率。

图 6-13 例 6-8 图

解： 因表观功率

$$S = UI = 50 \times 2 = 100 \text{V} \cdot \text{A}$$

而有功功率 $P=100\text{W}$，故电路总的无功功率 $Q=0\text{var}$。

已知 Z_2 的有功功率 $P_2 = 20\text{W}$，故 Z_1 的有功功率为

$$P_1 = P - P_2 = 80\text{W}$$

Z_1 的无功功率 $Q_1 = -40\text{var}$，故

$$Z_1 = \frac{P_1}{I^2} + \text{j}\frac{Q_1}{I^2} = 20 - \text{j}10\Omega$$

Z_2 的无功功率

$$Q_2 = Q - Q_1 = 40\text{var}$$

所以

$$Z_2 = \frac{P_2}{I^2} + \text{j}\frac{Q_2}{I^2} = 5 + \text{j}10\Omega$$

$$U_2 = |Z_2|I = \sqrt{5^2 + 10^2} \times 2 = 22.4\text{V}$$

评注： 电路中总的有功功率 $P = P_1 + P_2$，总的无功功率 $Q = Q_1 + Q_2$，视在功率 $S = \sqrt{P^2 + Q^2}$，Z_1 的有功功率 $P_1 = I^2 \text{Re}[Z_1]$，Z_1 的无功功率 $Q_1 = I^2 \text{Im}[Z_1]$。

例 6-9 求图 6-14 所示电路中，负载 Z 为何值时可获得最大功率？并求此最大功率。

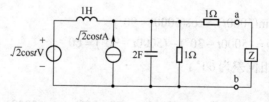

图 6-14 例 6-9 图

分析： 先利用戴维南定理将电路等效化简，然后再利用最大功率传输定理。

解： 独立源置零后，可求得含源单口网络的戴维南等效阻抗为

$$Z_{\text{eq}} = 1 + \frac{1}{1 + j2 - j} = 1.5 - \text{j}0.5\Omega$$

应用叠加定理求开路电压

$$\dot{U}_{oc} = \frac{1}{-j+j2+1} + \frac{-j}{-j+j2+1} = \frac{1-j}{1+j} = 1\angle -90^\circ \, \text{V}$$

当 $Z = 1.5 + j0.5\Omega$ 时可获得最大功率

$$P_{max} = \frac{U_{oc}^2}{4R_{eq}} = \frac{1}{4 \times 1.5} = \frac{1}{6} = 0.167\text{W}$$

评注：凡涉及最大功率问题，先利用戴维南定理将电路等效化简，然后再利用最大功率传输定理。

6.5 习题 6 答案

6-1 已知正弦量 $f(t) = 15\cos(5000t - 30^\circ)$。

（1）绘出该正弦量的波形图；

（2）该正弦量的最大值、有效值、角频率、频率、周期各为多少？

（3）该函数与下列各函数的相位关系如何？（谁超前？相位差多少？）

$\cos(5000t)$；$\sin(5000t)$；$\sin(5000t + 60^\circ)$；$\sin(5000t - 60^\circ)$。

解：（1）该正弦量的波形图如习题 6-1 图所示。

（2）该正弦量的最大值为：$U_m = 15$

有效值为：$U = \frac{1}{\sqrt{2}}U_m = \frac{15\sqrt{2}}{2} = 10.6$

角频率为：$\omega = 5000\text{rad/s}$

频率为：$f = \frac{\omega}{2\pi} = \frac{2500}{\pi}\text{Hz}$

周期为：$T = \frac{2\pi}{\omega} = \frac{\pi}{2500}$

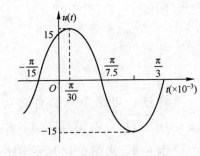

习题 6-1 图

（3）① 由于

$$\phi = (5000t - 30^\circ) - (5000t) = -30^\circ$$

所以 $\cos(5000t)$ 超前，相位差为 -30°。

② 由于

$$\sin(5000t) = \cos(5000t - 90^\circ)$$
$$\phi = (5000t - 30^\circ) - (5000t - 90^\circ) = 60^\circ$$

所以 $f(t)$ 超前，相位差为 60°。

③ 由于

$$\sin(5000t + 60^\circ) = \cos(5000t + 60^\circ - 90^\circ) = \cos(5000t - 30^\circ)$$
$$(5000t - 30^\circ) - (5000t - 30^\circ) = 0$$

所以 $f(t)$ 与 $\sin(5000t + 60^\circ)$ 同相，相位差为 0°。

④ 由于

$$\sin(5000t - 60^\circ) = \cos(5000t - 60^\circ - 90^\circ) = \cos(5000t - 150^\circ)$$
$$(5000t - 30^\circ) - (5000t - 150^\circ) = 120^\circ$$

所以 $\sin(5000t - 60^\circ)$ 超前，相位差为 120°。

6-2 已知一正弦电流的波形如习题 6-2 图所示。

（1）试求此电流的幅值、有效值、角频率、频率、周期、初相。

（2）写出其函数表达式。

解：（1） 幅值为：$I_m = 12\text{mA}$

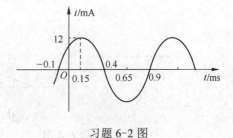

习题 6-2 图

有效值为：$I = \dfrac{1}{\sqrt{2}}I_m = 6\sqrt{2}\text{mA} = 8.48\text{mA}$

角频率为：$\omega = \dfrac{2\pi}{T} = \dfrac{2\pi}{1\text{ms}} = 2000\pi\,\text{rad/s}$

频率为：$f = \dfrac{\omega}{2\pi} = 1000\text{Hz}$

周期为：$T = 1\text{ms}$

初相为：$\phi_0 = -0.3\pi$

（2）函数表达式为：

$$i(t) = 12\cos(2000\pi t - 0.3\pi)\text{mA}$$

6-3 已知 $i_1(t) = 10\cos(4t)\text{A}$，$i_2(t) = 20(\cos 4t + \sqrt{3}\sin 4t)\text{A}$。试比较 $i_1(t)$ 与 $i_2(t)$ 的相位关系。

解：$i_2(t) = 20(\cos 4t + \sqrt{3}\sin 4t) = 40\cos(4t - 60°)$

所以 $i_1(t)$ 与 $i_2(t)$ 的相位差 $\phi_{12} = 0 - (-60°) = 60°$。

6-4 （1）求下列相量所对应的正弦量（其频率为 ω）。

① 6-j8 　　② -8+j6 　　③ -j10 　　④ $\dfrac{1+j2}{2-j}$

解： ① $6 - j8 = 10\angle -53.1°$，所以正弦量为：$10\cos(\omega t - 53.1°)$

② $-8 + j6 = 10\angle 143.1°$，所以正弦量为：$10\cos(\omega t + 143.1°)$

③ $-j10 = 10\angle -90°$，所以正弦量为：$10\cos(\omega t - 90°)$

④ $\dfrac{1+j2}{2-j} = j = 1\angle 90°$，所以正弦量为：$\cos(\omega t + 90°)$

（2）求对应于下列正弦量的相量，并画出其相量图。

① $4\sin(2t) + 3\cos(2t)$ 　　② $-6\sin(2t - 75°)$

解： ① $4\sin(2t) + 3\cos(2t) = 5\cos(2t - 53.1°)$，对应的相量为 $5\angle -53.1°$，相量图如习题 6-4 图（a）所示。

② $-6\sin(2t - 75°) = 6\cos(2t + 15°)$，对应的相量为 $6\angle 15°$ 相量图如习题 6-4 图（b）所示。

6-5 （1）若 $\dfrac{a+jb}{2+j3} = \dfrac{5-j2}{3-j4}$，试求 a，b。

（2）若 $100\angle 0° + A\angle 60° = 173\angle\theta$，试求 A，θ。

解：（1）由 $\dfrac{a+jb}{2+j3} = \dfrac{5-j2}{3-j4}$ 得

$$a + jb = \frac{(5-j2)(2+j3)}{3-j4} = \frac{4}{25} + j\frac{97}{25}$$

185

故得 $a=\dfrac{4}{25}$，$b=\dfrac{97}{25}$。

（2） 由 $100\angle 0^\circ + A\angle 60^\circ = 173\angle\theta$，作出相量图如习题 6-5 图所示。

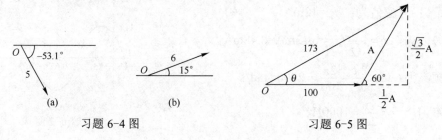

习题 6-4 图 　　　　　　　　　　习题 6-5 图

由相量之间的几何关系可得

$$\left(\frac{\sqrt{3}}{2}A\right)^2 + \left(100+\frac{A}{2}\right)^2 = 173^2$$

解得：$A=100$

则 $100+\dfrac{A}{2}=150$，$\dfrac{\sqrt{3}}{2}A=50\sqrt{3}$

所以 $\arctan\theta=\dfrac{50\sqrt{3}}{150}=\dfrac{\sqrt{3}}{3}$

故 $\theta=30^\circ$。

6-6　分别求习题 6-6 图所示各电路中 A_1 或 V_1 电表的读数。（各电流表内阻为零，电压表内阻为无穷大）

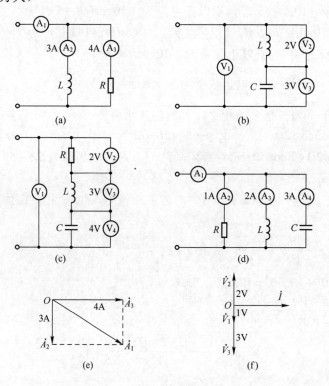

186

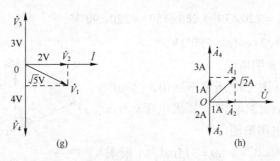

习题 6-6 图

解:（a）作相量图如习题 6-6 图（e）所示，由图可知 A_1=5A。

（b）以 L 和 C 电流为参考点，作相量图如习题 6-6 图（f）所示，由图可知 $V_1 = 3-2 = 1$V。

（c）以 R、L 和 C 电流为参考点，作相量图如习题 6-6 图（g）所示，由图可知 $V_1 = \sqrt{5}$V。

（d）以端口电压为参考点，作相量图如习题 6-6 图（h）所示，由图可知 $A_1 = \sqrt{2}$A。

6-7 已知元件 A 的正弦电流 $i(t) = 3\sqrt{2}\cos(1000t+30°)$mA，求元件 A 两端的电压 $u(t)$，若 A 为

（1）$R = 4\text{k}\Omega$ 的电阻；

（2）$L = 10\text{H}$ 的电感；

（3）$C = 1\mu\text{F}$ 的电容。

解: 已知 $i(t) = 3\sqrt{2}\cos(1000t+30°)$mA，其对应的相量 $\dot{I} = 3\angle30°$mA

（1）当元件 A 为 $R = 4\text{k}\Omega$ 的电阻，则 $\dot{U} = R\dot{I} = 4\times3\angle30° = 12\angle30°$V

即 $u(t) = 12\sqrt{2}\cos(1000t+30°)$V 或者 $u(t) = Ri(t) = 12\sqrt{2}\cos(1000t+30°)$V。

（2）当元件 A 为 $L = 10\text{H}$ 的电感，则 $\dot{U} = \text{j}\omega L\dot{I} = \text{j}1000\times10\times3\angle30°\times10^{-3} = 30\angle120°$V

即 $u(t) = 30\sqrt{2}\cos(1000t+120°)$V 或者

$$u(t) = L\frac{\text{d}i}{\text{d}t} = -10\times3\sqrt{2}\times1000\times10^{-3}\sin(1000t+30°)$$
$$= 30\sqrt{2}\cos(1000t+120°)\text{V}$$

（3）当元件 A 为 $C = 1\mu\text{F}$ 的电容，则

$$\dot{U} = \frac{1}{\text{j}\omega C}\dot{I} = \frac{1}{\text{j}1000\times10^{-6}}\times3\angle30°\times10^{-3} = 3\angle-60°\text{V}$$

即 $u(t) = 3\sqrt{2}\cos(1000t-60°)$V

6-8 已知正弦电压 $u_1(t) = 220\sqrt{2}\cos(\omega t+30°)$V，$u_2(t) = 220\sqrt{2}\cos(\omega t+150°)$V，试求（1）$u_1 - u_2$；（2）$u_1 + u_2$。并绘出各相量图。

解: $u_1(t)$、$u_2(t)$ 对应的相量分别为

$$\dot{U}_1 = 220\angle30°\text{V} \qquad\qquad \dot{U}_2 = 220\angle150°\text{V}$$

（1）由于 $\dot{U}_1 - \dot{U}_2 = 220\angle30° - 220\angle150° = 220\sqrt{3}\angle0° = 381\angle0°$V

所以 $u_1 - u_2 = 381\sqrt{2}\cos\omega t$V

（2）由于 $\dot U_1 + \dot U_2 = 220\angle 30° + 220\angle 150° = 220\angle 90°V$

所以 $u_1 + u_2 = 220\sqrt2 \cos(\omega t + 90°)V$

相量图如习题 6-8 图所示。

6-9　如习题 6-9 图（a）所示电路中，已知电阻电压 $u_R(t) = 100\sqrt2 \cos(314t)V$，试求电压 $u_L(t)$，$u_C(t)$ 和 $u_S(t)$，并绘出相量图。

解： 已知 $\dot U_R = 100\angle 0°V$，$\omega = 314\text{rad}/\text{s}$，计算各元件阻抗 $Z_R = R = 100\Omega$，$Z_L = j\omega L = j31.4\Omega$，

$Z_C = \dfrac{1}{j\omega C} = -j318\Omega$，作出电路的相量模型，如图习题 6-9 图（b）所示。

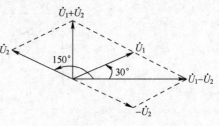

习题 6-8 图

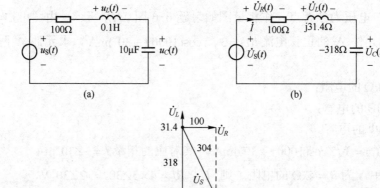

(a)　　　　　　　　(b)

(c)

习题 6-9 图

由于 $\dot I = \dfrac{\dot U_R}{R} = \dfrac{100\angle 0°}{100} = 1\angle 0°A$

于是

$$\dot U_L = j\omega L \dot I = 31.4\angle 90°V$$

$$\dot U_C = \frac{1}{j\omega C}\dot I = 318\angle -90°V$$

$$\begin{aligned}\dot U_S &= \dot U_R + \dot U_L + \dot U_C \\ &= 100\angle 0° + 31.4\angle 90° + 318\angle -90° \\ &= 304\angle -70.8°V\end{aligned}$$

所以

$$u_L(t) = 31.4\sqrt2 \cos(314t + 90°)V$$

$$u_C(t) = 318\sqrt2 \cos(314t - 90°)V$$

$$u_S(t) = 304\sqrt2 \cos(314t - 70.8°)V$$

相量图如习题 6-9 图（c）所示。

6-10 如图习题 6-10 图（a）所示电路中，已知 $i_C(t) = 0.1\sqrt{2}\cos(1000\,t + 60°)\text{A}$，$R = 10\text{k}\Omega$，$C = 0.2\mu\text{F}$，试求 $i(t)$，并画出相量图。

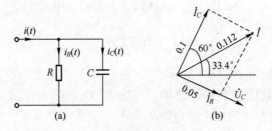

习题 6-10 图

解： 已知 $\dot{I}_C = 0.1\angle 60°\text{A}$，得到

$$\dot{U}_C = \frac{1}{j\omega C}\dot{I}_C = -j\frac{1}{1000 \times 0.2 \times 10^{-6}} \times 0.1\angle 60° = 500\angle -30°\text{V}$$

$$\dot{I}_R = \frac{\dot{U}_R}{R} = \frac{\dot{U}_C}{R} = \frac{500\angle -30°}{10000} = 0.05\angle -30°\text{A}$$

由 KCL 得到

$$\dot{I} = \dot{I}_R + \dot{I}_C = 0.1\angle 60° + 0.05\angle -30°$$
$$= 0.05 + j0.0866 + 0.0433 - j0.025$$
$$= 0.112\angle 33.4°\text{A}$$

所以

$$i(t) = 0.112\sqrt{2}\cos(1000t + 33.4°)\text{A}$$

相量图如习题 6-10 图（b）所示。

6-11 如图习题 6-11 图（a）所示电路中，已知 $\dot{U}_C = 20\angle 0°\text{V}$，试求 $\dot{U}$ 和 $\dot{I}$，并画出相量图。

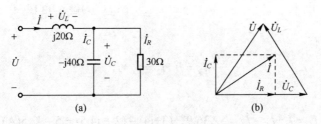

习题 6-11 图

解： 由于 $\dot{U}_C = 20\angle 0°\text{V}$，则

$$\dot{I}_C = \frac{20\angle 0°}{-j40} = 0.5\angle 90°\text{A}$$

$$\dot{I}_R = \frac{20\angle 0°}{30} = \frac{2}{3}\angle 0°\text{A}$$

由 KCL 和 KVL 得到

$$\dot{I} = \dot{I}_C + \dot{I}_R = \frac{1}{2}\angle 90° + \frac{2}{3}\angle 0°\mathrm{A} = \frac{5}{6}\angle 36.9° = 0.833\angle 36.9°\mathrm{A}$$

$$\dot{U} = \dot{U}_L + \dot{U}_C = \mathrm{j}20 \times \frac{5}{6}\angle 36.9° + 20\angle 0°$$

$$= \frac{50}{3}\angle 53.1° = 16.7\angle 53.1°\mathrm{V}$$

相量图如图习题 6-11 图（b）所示。

6-12　如图习题 6-12 图所示电路中，已知 $I_1=3\mathrm{A}$，$I_2=4\mathrm{A}$。

（1）当 Z_1 和 Z_2 均为电阻时，求电流 I。

（2）当 Z_1 为电阻，Z_2 为电感时，求电流 I。

解：设 $\dot{U} = U\angle 0°\mathrm{V}$

（1）当 Z_1 和 Z_2 均为电阻时，由 KCL 得到

$$\dot{I} = \dot{I}_1 + \dot{I}_2 = 3\angle 0° + 4\angle 0° = 7\angle 0°\mathrm{A}$$

所以 $I = 7\mathrm{A}$。

（2）当 Z_1 为电阻，Z_2 为电感时，$\dot{I}_1 = 3\angle 0°\mathrm{A}$，$\dot{I}_2 = 4\angle -90°\mathrm{A}$，于是

$$\dot{I} = \dot{I}_1 + \dot{I}_2 = 3\angle 0° + 4\angle -90° = 5\angle -53.1°\mathrm{A}$$

所以 $I = 5\mathrm{A}$。

6-13　如图习题 6-13 图所示为某个网络的一部分，试求电感电压相量 $\dot{U}_L$。

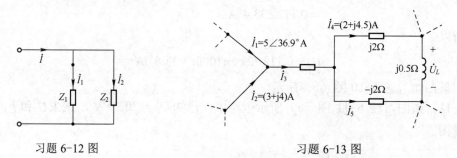

习题 6-12 图　　　　　　　　习题 6-13 图

解：由 KCL 有

$$\dot{I}_3 = \dot{I}_1 + \dot{I}_2 = \dot{I}_4 + \dot{I}_5$$

可得

$$\dot{I}_5 = \dot{I}_1 + \dot{I}_2 - \dot{I}_4 = 5\angle 36.9° + (3+\mathrm{j}4) - (2+\mathrm{j}4.5) = 5 + \mathrm{j}2.5\ (\mathrm{A})$$

由 KVL 有

$$\dot{U}_R + \dot{U}_L - \dot{U}_C = 0$$

可得

$$\dot{U}_L = \dot{U}_C - \dot{U}_R = -\mathrm{j}2(5 + \mathrm{j}2.5) - 2 \times (2 + \mathrm{j}4.5) = 1 - \mathrm{j}19 = 19.026\angle -87°\mathrm{V}$$

6-14　求习题 6-14 图（a）所示电路中的 $\dot{U}$ 和 $\dot{I}$，并画出相量图。

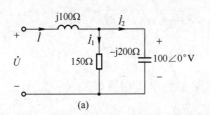 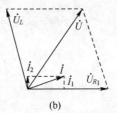

(a)　　　　　　　　(b)

习题 6-14 图

解： 由题得：

$$\dot{I}_1 = \frac{100\angle 0°}{150} = \frac{2}{3}\angle 0° \text{A}$$

$$\dot{I}_2 = \frac{100\angle 0°}{-\text{j}200} = \text{j}\frac{1}{2}\text{A}$$

由基尔霍夫定律得：

$$\dot{I} = \dot{I}_1 + \dot{I}_2 = \frac{2}{3} + \text{j}\frac{1}{2} = 0.834\angle 36.9° \text{A}$$

$$\dot{U} = \text{j}100\dot{I} + 100\angle 0° = 83.4\angle 53.1° \text{V}$$

即 $\dot{U} = 83.4\angle 53.1° \text{V}$，$\dot{I} = 0.834\angle 36.9° \text{A}$

相量图如习题 6-14 图（b）所示。

6-15　如习题 6-15 图所示电路中，已知 $R_1 = 10\Omega$，$X_C = 17.32\Omega$，$I_1 = 5\text{A}$，$U = 120\text{V}$，$U_L = 50\text{V}$，并且 $\dot{U}$ 与 $\dot{I}$ 同相，求 R、R_2 和 X_L。

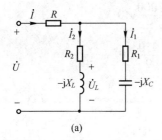 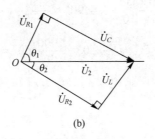 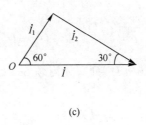

(a)　　　　　　　　(b)　　　　　　　　(c)

习题 6-15 图

解： 设 R_2 和 X_L 电压为 U_2，则 $\dot{U}_2 = \dot{U}_{R_1} + \dot{U}_C = \dot{U}_{R_2} + \dot{U}_L$，其相量如习题 6-15 图（b）所示。

由题可知：$U_{R_1} = I_1 R_1 = 50\text{V}$，$U_C = X_C I_1 = 17.32 \times 5 = 86.6\text{V}$，则

$$\theta_1 = \arctan\frac{86.6}{50} = 60°$$

$$U_2 = \sqrt{U_{R_1}^2 + U_C^2} = 100\text{V} = \sqrt{U_{R_2}^2 + U_L^2} = \sqrt{U_{R_2}^2 + 50^2}$$

得 $U_{R_2} = 86.6\text{V}$，$\theta_2 = \arctan\frac{50}{100} = 30°$。

$\dot{I}$ 与 $\dot{U}$ 和 $\dot{U}_2$ 均同相，$\dot{I} = \dot{I}_1 + \dot{I}_2$ 相量如习题 6-15 图（c）所示。由图可得

$$I_2 = \sqrt{3}I_1 = 50\sqrt{3} \approx 8.66\text{A}, \quad I = 2I_1 = 10\text{A}$$

所以 $\quad X_L = \dfrac{U_L}{I_2} = 5.774\Omega$, $R_2 = \dfrac{U_{R_2}}{I_2} = 10\Omega$, $R = \dfrac{U - U_2}{I} = 2\Omega$。

6-16 求习题 6-16 图（a）所示电路中的电压相量 $\dot{U}_{ab}$。

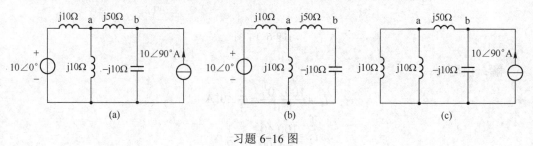

习题 6-16 图

解：利用叠加定理，只考虑电压源时，如习题 6-16 图（b）所示：

$$\frac{(j50 - j10) \times j10}{j50 - j10 + j10} = j8\Omega$$

$$\dot{U}'_{ab} = 10\angle 0° \times \frac{j8}{j10 + j8} \times \frac{j50}{j50 - j10} = \frac{50}{9}\angle 0°\text{V}$$

只考虑电流源时，如习题 6-16 图（c）所示。

$$\frac{j10 \times j10}{j10 + j10} + j50 = j55\Omega$$

$$\dot{U}'_{ab} = -\frac{-j10 \times j55}{j55 - j10} \times 10\angle 90° \times \frac{j50}{j5 + j50} = -\frac{1000}{9}\angle 0°\text{V}$$

$$\dot{U}_{ab} = \dot{U}'_{ab} + \dot{U}''_{ab} = \frac{50}{9}\angle 0° - \frac{1000}{9}\angle 0° = -\frac{950}{9}\angle 0°\text{V}$$

6-17 列写如习题 6-17 图所示电路的节点方程和网孔方程。

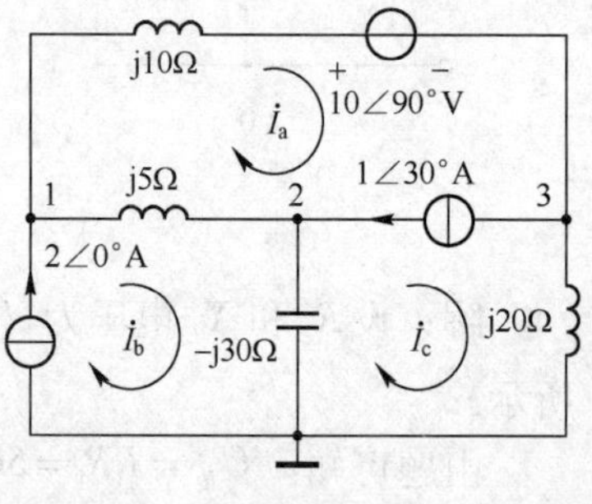

解：节点方程：

$$\begin{cases} \left(\dfrac{1}{j5} + \dfrac{1}{j10}\right)\dot{U}_1 - \dfrac{\dot{U}_2}{j5} - \dfrac{\dot{U}_3}{j10} = 2\angle 0° + 1\angle 0° = 3\angle 0° \\[2mm] \left(\dfrac{1}{j5} - \dfrac{1}{j30}\right)\dot{U}_2 - \dfrac{\dot{U}_1}{j5} = 1\angle 30° \\[2mm] \left(\dfrac{1}{j10} + \dfrac{1}{j20}\right)\dot{U}_3 - \dfrac{1}{j10}\dot{U}_1 = -1\angle 30° - 1\angle 0° \end{cases}$$

习题 6-17 图

网孔方程：

$$\begin{cases} (j10 + j5)\dot{I}_a - j5\dot{I}_b = -10\angle 90° + \dot{U}_x \\ \dot{I}_b = 2\angle 0° \\ (j20 - j30)\dot{I}_c + j30\dot{I}_b = -\dot{U}_x \\ \dot{I}_a - \dot{I}_b = 1\angle 30° \end{cases}$$

192

6-18 电路如习题 6-18 图所示，已知 $\dot{U}_S = 100\angle 0°\text{V}$，$R_1 = 4\Omega$，$R_2 = 7.07\Omega$，$X_L = 3\Omega$，$X_C = 7.07\Omega$，试求电流 $\dot{I}_1$、$\dot{I}_2$ 和 $\dot{I}$。

解： 由习题 6-18 图得到

$$\dot{I}_1 = \frac{\dot{U}_S}{R_1 + jX_L} = \frac{100\angle 0°}{4 + j3} = 20\angle -36.9°\text{A}$$

$$\dot{I}_2 = \frac{\dot{U}_S}{R_2 - jX_C} = \frac{100\angle 0°}{7.07 - j7.07} = 10\angle 45°\text{A}$$

$$\dot{I} = \dot{I}_1 + \dot{I}_2 = 20\angle -36.9° + 10\angle 45° = 23.6\angle -12.1°\text{A}$$

6-19 电路如习题 6-19 图所示，已知 $\dot{U}_S = 20\angle 0°\text{V}$，$R_1 = 0.5\text{k}\Omega$，$R_2 = 1\text{k}\Omega$，$X_L = 1\text{k}\Omega$，$\omega = 10^7 \text{rad/s}$。

（1）求电容 C 为何值时，电流 $\dot{I}$ 和电压 $\dot{U}_S$ 同相；

（2）求此时 I 和 U_{ab} 的值。

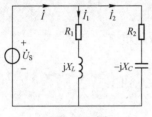
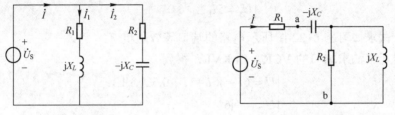

习题 6-18 图　　　　　　　　习题 6-19 图

解：（1）电路阻抗为

$$Z = R_1 - jX_C + \frac{R_2 \cdot jX_L}{R_2 + jX_L} = 500 - jX_C + \frac{1000 \cdot j1000}{1000 + j1000} = 1000 + j(500 - X_C)$$

若使电流 $\dot{I}$ 和电压 $\dot{U}_S$ 同相，则 Z 为纯电阻，于是 $X_C = 500\Omega$，因此

$$C = \frac{1}{\omega X_C} = \frac{1}{10^7 \times 500} = 0.2 \times 10^{-9}\text{F} = 200\text{pF}$$

（2）此时，电流 $\dot{I}$ 和电压 $\dot{U}_{ab}$ 为

$$\dot{I} = \frac{\dot{U}_S}{Z} = \frac{20\angle 0°}{1000} = 20\angle 0°\text{mA}$$

$$\dot{U}_{ab} = \left(-jX_C + \frac{R_2 \cdot jX_L}{R_2 + jX_L}\right)\dot{I} = 500 \times 20\angle 0° \times 10^{-3} = 10\angle 0°\text{V}$$

因此 $I = 20\text{mA}$，$U_{ab} = 10\text{V}$。

6-20 列写如习题 6-20 图所示电路的节点方程。

解： 节点方程：

$$\begin{cases} (\dfrac{1}{Z_2} + Y_3)\dot{U}_{n1} - Y_3\dot{U}_{n2} = \dot{I}_{s1} + \dot{I}_{s4} \\[2mm] -Y_3\dot{U}_{n1} + (Y_3 + Y_5 + \dfrac{1}{Z_8})\dot{U}_{n2} - \dfrac{1}{Z_8}\dot{U}_{n4} = -\dot{I}_{s6} \\[2mm] (\dfrac{1}{Z_7} + Y_9)\dot{U}_{n3} - Y_9\dot{U}_{n4} = \dot{I}_{s6} - \dot{I}_{s4} \\[2mm] -\dfrac{1}{Z_8}\dot{U}_{n2} - Y_9\dot{U}_{n3} + (Y_9 + \dfrac{1}{Z_8} + \dfrac{1}{Z_{10}} + \dfrac{1}{Z_{11}})\dot{U}_{n4} = 0 \end{cases}$$

6-21 列写如习题 6-21 图所示电路的网孔方程。

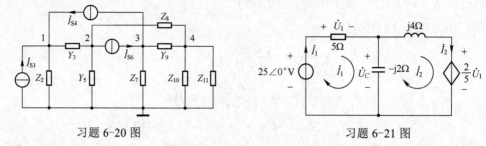

习题 6-20 图　　　　　　　　习题 6-21 图

解： 网孔方程：

$$\begin{cases} (5-j2)\dot{I}_1 + j2\dot{I}_2 = 25 \\ j2\dot{I}_1 + j2\dot{I}_2 = -\dfrac{2}{5}\dot{U}_1 \\ \dot{U}_1 = 5\dot{I}_1 \end{cases}$$

6-22 试求如习题 6-22 图所示电路的端口等效阻抗 Z。

解： 用观察法求端口的 VCR。由 KVL，得到

$$\begin{cases} \dot{U} = 6\dot{I} - j6\dot{I} + (\dot{I} + 0.5\dot{U}_C)j12 \\ \dot{U}_C = -j6\dot{I} \end{cases}$$

则

$$\dot{U} = (42 + j6)\dot{I}$$

电路的端口等效阻抗为

$$Z = \frac{\dot{U}}{\dot{I}} = 42 + j6(\Omega) = 42.4\angle 8.13°\,\Omega$$

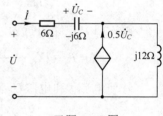

习题 6-22 图

6-23 试求如习题 6-23 图（a）所示电路 ab 端的戴维南等效电路。

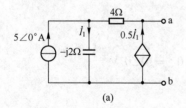

(a)　　　　　　(b)

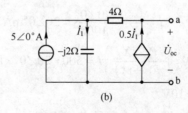

(c)

习题 6-23 图

解：

如习题 6-23 图（b）所示，先求开路电压 U_{oc}，则

$$\begin{cases} \dot{U}_{oc} = 0.5\dot{I}_1 \times 4 + (-j2\dot{I}_1) \\ \dot{I}_1 = 5 + 0.5\dot{I}_1 \end{cases}$$

得到

$$\begin{cases} \dot{U}_{oc} = 20 - \text{j}20\text{V} \\ \dot{I}_1 = 10\text{A} \end{cases}$$

用外加电源法求等效阻抗 Z_{eq}。将电路中 $5\angle 0°\text{A}$ 电流源置零，如习题 6-23 图（c）所示，则可得

$$\begin{cases} \dot{I} = \dot{I}_1 - 0.5\dot{I}_1 \\ \dot{U} = (4 - \text{j}2)\dot{I}_1 \end{cases}$$

$$Z_{eq} = \frac{\dot{U}}{\dot{I}} = (8 - \text{j}4)\Omega$$

所以 $\dot{U}_{oc} = 20 - \text{j}20\text{V}$，$Z_{eq} = (8 - \text{j}4)\Omega$。

6-24　利用戴维南定理求如习题 6-24 图所示电路中的电流 $\dot{I}$。

解：断开电容，开路电压为

$$\dot{U}_{oc} = \frac{\text{j}1}{1 + \text{j}1} \times 3\angle 45° = 1.5\sqrt{2}\angle 90°\text{V}$$

戴维南等效阻抗为

$$Z_{eq} = 1 + \frac{1 \times \text{j}1}{1 + \text{j}1} = 1.5 + \text{j}0.5(\Omega)$$

所以，电路中的电流 $\dot{I}$ 为

$$\dot{I} = \frac{1.5\sqrt{2}\angle 90°}{1.5 + \text{j}0.5 - \text{j}2} = 1\angle 135°\text{A}$$

6-25　利用戴维南定理求如习题 6-25 图所示电路中的电容电压 $\dot{U}$。

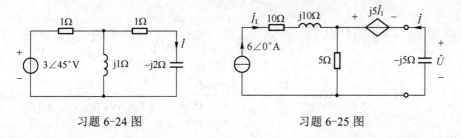

习题 6-24 图　　　　　　　　习题 6-25 图

解：断开电容，开路电压为

$$\dot{U}_{oc} = 5\dot{I}_1 - \text{j}5\dot{I}_1 = (5 - \text{j}5) \cdot 6\angle 0° = 30(1 - \text{j})\text{V}$$

求戴维南等效阻抗，将电流源去掉

$$Z_{eq} = 5\Omega$$

电容电压为：

$$\dot{U} = \frac{-\text{j}5}{5 - \text{j}5} \times 30(1 - \text{j}) = -\text{j}30 = 30\angle -90°\text{V}$$

6-26　求如习题 6-26 图所示各电路的网络函数 $H(\text{j}\omega) = \dfrac{\dot{U}_2}{\dot{U}_1}$，指出各电路是低通还

是高通，并绘出频率响应草图。

解：（1）图（a）中，$H(\mathrm{j}\omega) = \dfrac{\dot{U}_2}{\dot{U}_1} = \dfrac{R}{R - \mathrm{j}\dfrac{1}{\omega C}} = \dfrac{\omega RC}{\sqrt{1 + (\omega RC)^2}} \angle \arctan \dfrac{1}{\omega RC}$ 　高通

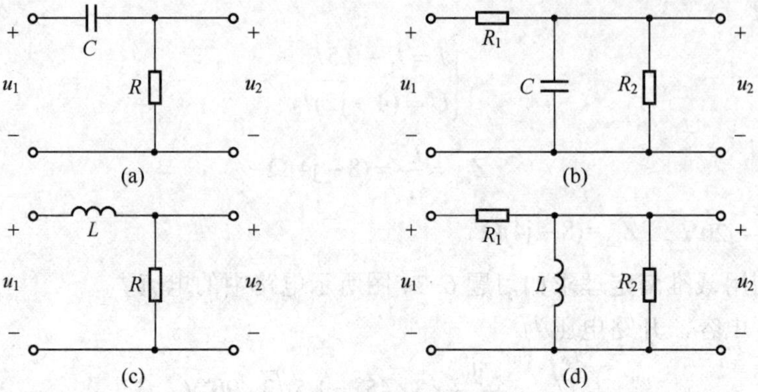

习题 6-26 图

（2）图（b）中，$H(\mathrm{j}\omega) = \dfrac{\dot{U}_2}{\dot{U}_1} = \dfrac{\dfrac{R_2(-\mathrm{j}\dfrac{1}{\omega C})}{R_2 - \mathrm{j}\dfrac{1}{\omega C}}}{R_1 + \dfrac{R_2(-\mathrm{j}\dfrac{1}{\omega C})}{R_2 - \mathrm{j}\dfrac{1}{\omega C}}} = \dfrac{R_2}{\sqrt{(R_1 + R_2)^2 + (\omega R_1 R_2 C)^2}} \angle -\arctan$

$\dfrac{\omega R_1 R_2 C}{R_1 + R_2}$ 低通

（3）图（c）中，$H(\mathrm{j}\omega) = \dfrac{\dot{U}_2}{\dot{U}_1} = \dfrac{R}{R + \mathrm{j}\omega L} = \dfrac{R}{\sqrt{R^2 + (\omega L)^2}} \angle -\arctan \dfrac{\omega L}{R}$ 　低通

（4）图（d）中，$H(\mathrm{j}\omega) = \dfrac{\dot{U}_2}{\dot{U}_1} = \dfrac{\dfrac{R_2 \times \mathrm{j}\omega L}{R_2 + \mathrm{j}\omega L}}{R_1 + \dfrac{R_2 \times \mathrm{j}\omega L}{R_2 + \mathrm{j}\omega L}} = \dfrac{\omega R_2 L}{\sqrt{(R_1 R_2)^2 + [\omega(R_1 + R_2)L]^2}} \angle \arctan$

$\dfrac{R_1 R_2}{\omega(R_1 + R_2)L}$ 高通

6-27　求如习题 6-27 图所示各电路的网络函数 $H(\mathrm{j}\omega) = \dfrac{\dot{U}_2}{\dot{U}_1}$。

解：（1）图（a）中，$H(\mathrm{j}\omega) = \dfrac{\dot{U}_2}{\dot{U}_1} = \dfrac{\dfrac{2 \times \left(\dfrac{-\mathrm{j}6}{\omega}\right)}{2 - \dfrac{\mathrm{j}6}{\omega}}}{\mathrm{j}3\omega + \dfrac{2 \times \left(\dfrac{-\mathrm{j}6}{\omega}\right)}{2 - \dfrac{\mathrm{j}6}{\omega}}} = \dfrac{2}{\sqrt{(2 - \omega^2)^2 + 9\omega^2}} \angle -\arctan \dfrac{3\omega}{2 - \omega^2}$

196

（2）图（b）中，$H(j\omega) = \dfrac{\dot{U}_2}{\dot{U}_1} = \dfrac{-\dfrac{j10^6}{\omega}}{-\dfrac{j10^6}{\omega} + \dfrac{10^6\left(-\dfrac{j10^6}{\omega}\right)}{10^6 - \dfrac{j10^6}{\omega}}} = \dfrac{\sqrt{4\omega^4 + 5\omega^2 + 1}}{1 + 4\omega^2} \angle -\arctan\dfrac{\omega}{1 + 2\omega^2}$

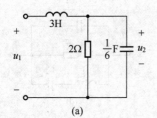
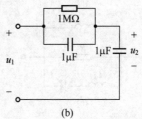

(a)　　　　　　　　　　　(b)

习题 6-27 图

6-28　电路如习题 6-28 图所示，计算下列问题：

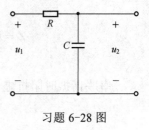

（1）若 $R = 10\text{k}\Omega$，$C = 0.01\mu\text{F}$，$f = 1.59\text{kHz}$，$U_1 = 10\text{V}$，那么 u_2 与 u_1 的相位差为多少？u_2 的振幅为多少？

（2）若 R，C，U_1 不变，欲使 u_2 的相位滞后 u_1 $60°$，这时工作频率为多少？u_2 的振幅为多少？

习题 6-28 图

解：（1）由于

$$\frac{\dot{U}_2}{\dot{U}_1} = \frac{-\dfrac{j1}{\omega C}}{R - \dfrac{j1}{\omega C}} = \frac{1}{\sqrt{1 + (\omega RC)^2}} \angle -\arctan \omega RC$$

当 $R = 10\text{k}\Omega$，$C = 0.01\mu\text{F}$，$f = 1.59\text{kHz}$，$U_1 = 10\text{V}$ 时，u_2 与 u_1 的相位差为

$$\phi = -\arctan \omega RC = -\arctan(2\pi \times 1.59 \times 10^3 \times 10^4 \times 0.01 \times 10^{-6})$$
$$= -\arctan(0.998) = -45°$$

即 u_2 滞后 u_1 $45°$，u_2 的振幅为

$$U_2 = \frac{1}{\sqrt{1 + (\omega RC)^2}} U_1 = \frac{1}{\sqrt{1 + (0.998)^2}} \times 10 \approx 7.07\text{V}$$

（2）令 $\theta = -\arctan \omega RC = -60°$，则

$$\omega RC = \tan 60° = \sqrt{3}$$

所以

$$f = \frac{\omega}{2\pi} = \frac{\sqrt{3}}{2\pi RC} = \frac{\sqrt{3}}{2\pi \times 10^4 \times 0.01 \times 10^{-6}} = 2.76\text{kHz}$$

这时，u_2 的振幅为

$$U_2 = \frac{1}{\sqrt{1 + (\omega RC)^2}} U_1 = \frac{1}{\sqrt{1 + 3}} \times 10 = 5\text{V}$$

6-29 试求如习题 6-29 图所示各电路的谐振角频率的表达式。

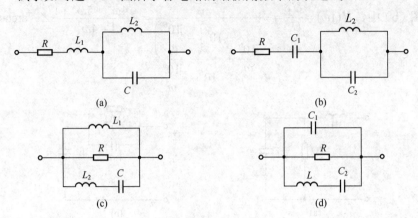

(a)

(b)

(c)

(d)

习题 6-29 图

解：（1）图（a）中，电路阻抗为

$$Z = R + j\omega L_1 + \frac{\dfrac{1}{j\omega C} \times j\omega L_2}{\dfrac{1}{j\omega C} + j\omega L_2} = R + j\left(\frac{\omega L_2}{1 - \omega^2 C L_2} + \omega L_1\right)$$

串联谐振时阻抗虚部为 0，得

$$\frac{\omega L_2}{1 - \omega^2 C L_2} + \omega L_1 = 0$$

可得谐振角频率为

$$\omega_0 = \sqrt{\frac{L_1 + L_2}{C L_1 L_2}}$$

（2）图（b）中，电路阻抗为

$$Z = R + \frac{1}{j\omega C_1} + \frac{j\omega L \times \dfrac{1}{j\omega C_2}}{j\omega L - j\dfrac{1}{\omega C_2}} = R + j\left(\frac{\omega L}{1 - \omega^2 L C_2} - \frac{1}{\omega C_1}\right)$$

串联谐振时阻抗虚部为 0，得

$$\frac{\omega L}{1 - \omega^2 L C_2} - \frac{1}{\omega C_1} = 0$$

可得谐振角频率为

$$\omega = \sqrt{\frac{1}{(C_2 + C_1) L}}$$

（3）图（c）中，电路导纳为

$$Y = \frac{1}{j\omega L_1} + \frac{1}{R} + \frac{1}{j\omega L_2 + \dfrac{1}{j\omega C}} = \frac{1}{R} - j\left(\frac{1}{\omega L_2 - \dfrac{1}{\omega C}} + \frac{1}{\omega L_1}\right)$$

并联谐振时导纳虚部为 0，得

$$\frac{1}{\omega L_2 - \dfrac{1}{\omega C}} + \frac{1}{\omega L_1} = 0$$

可得谐振角频率为

$$\omega = \sqrt{\frac{1}{C(L_1 + L_2)}}$$

（4）图（d）中，电路导纳为

$$Y = \frac{1}{j\omega C_1} + \frac{1}{R} + \frac{1}{\dfrac{1}{j\omega C_2} + j\omega L} = \frac{1}{R} - j\left(\frac{1}{\omega L - \dfrac{1}{\omega C_2}} + \frac{1}{\omega C_1}\right)$$

并联谐振时导纳虚部为 0，得

$$\frac{1}{\omega L - \dfrac{1}{\omega C_2}} + \frac{1}{\omega C_1} = 0$$

可得谐振角频率为

$$\omega = \sqrt{\frac{1}{C_2(C_1 + L)}}$$

6-30　求如习题 6-30 图所示各电路的谐振角频率。

解：（1）图（a）中，电路阻抗为

$$Z = j\omega L + \frac{R\left(-\dfrac{j1}{\omega C}\right)}{R - \dfrac{j1}{\omega C}} = \frac{R}{(\omega C)^2}{R^2 + \dfrac{1}{(\omega C)^2}} + j\left(\omega L - \frac{\dfrac{R^2}{\omega C}}{R^2 + \dfrac{1}{(\omega C)^2}}\right)$$

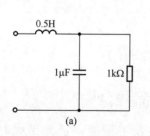 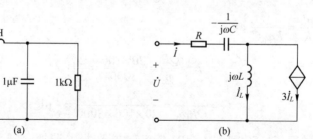

习题 6-30 图

令阻抗的虚部为零，即

$$I_m(Z) = \omega L - \frac{\dfrac{R^2}{\omega C}}{R^2 + \dfrac{1}{(\omega C)^2}} = 0$$

得到谐振角频率

$$\omega = \frac{1}{\sqrt{LC}}\sqrt{1 - \frac{L}{CR^2}} = \frac{1}{\sqrt{0.5 \times 10^{-6}}}\sqrt{1 - \frac{0.5}{10^{-6} \times 10^6}} = 10^3 \, \text{rad/s}$$

（2）图（b）中，由 KCL 得到

$$\dot{I} = \dot{I}_L + 3\dot{I}_L = 4\dot{I}_L$$

由 KVL 得到

$$\dot{U} = \left(R - j\frac{1}{\omega C}\right)\dot{I} + j\omega L\dot{I}_L = \left(R - j\frac{1}{\omega C}\right)\dot{I} + j\frac{\omega L}{4}\dot{I} = \left(R + j\frac{\omega L}{4} - j\frac{1}{\omega C}\right)\dot{I}$$

电路阻抗为

$$Z = \frac{\dot{U}}{\dot{I}} = R + j\frac{\omega L}{4} - j\frac{1}{\omega C} = R + j\left(\frac{\omega L}{4} - \frac{1}{\omega C}\right)$$

令阻抗的虚部为零，即

$$\frac{\omega L}{4} - \frac{1}{\omega C} = 0$$

得到谐振角频率

$$\omega = \frac{2}{\sqrt{LC}}$$

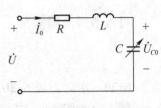

6-31 如图习题 6-31 图所示电路，电源电压 $U = 10\text{V}$，角频率 $\omega = 3000\text{rad/s}$，调节电容 C 使电路达到谐振，谐振电流 $I_0 = 100\text{mA}$，谐振电容电压 $U_{C0} = 200\text{V}$，试求 R、L、C 以及电路品质因数 Q。

习题 6-31 图

解： 电路谐振，则

$$R = \frac{U}{I_0} = \frac{10}{0.1} = 100\Omega$$

$$Q = \frac{U_{C0}}{U} = \frac{200}{10} = 20$$

又由 $Q = \dfrac{\omega L}{R} = \dfrac{1}{R\omega_0 C}$ 得

$$L = \frac{QR}{\omega} = \frac{20 \times 100}{3000} = \frac{2}{3}\text{H}$$

$$C = \frac{1}{QR\omega_0} = \frac{1}{20 \times 100 \times 3000} = \frac{1}{6}\mu\text{F}$$

6-32 当频率 $f = 500\text{Hz}$ 时，RLC 串联电路发生谐振，已知谐振时输入端阻抗 $Z = 10\Omega$，电路的品质因数 $Q = 20$，求各元件参数 R、L、C。

解： 串联谐振电阻虚部为 0，所以：

$$Z = R = 10\Omega$$

$$\omega_0 = 2\pi f = 2\pi \times 500 = 1000\pi\text{rad}/\text{s}$$

$$L = \frac{QR}{\omega_0} = \frac{20 \times 10}{1000\pi} = \frac{1}{5\pi}\text{H} = 63.6\text{mH}$$

$$C = \frac{1}{QR\omega_0} = \frac{1}{20 \times 10 \times 1000\pi} = \frac{1}{200000\pi}\text{F} = 1.59\mu\text{F}$$

6-33 如图习题 6-33 图（a）所示 RLC 串联电路，端电压 $u_S = 10\sqrt{2}\cos(1000t)$V，当电容 $C = 10\mu F$ 时，电路中电流最大，$I_{max} = 2$A，（1）求电阻 R 和电感 L；（2）求各元件电压的瞬时表达式；（3）画出各电压相量图。

解：（1）由题意知，$C = 10\mu F$ 时电流最大，则此时电路发生谐振，电路呈纯阻性

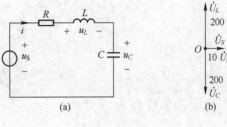

习题 6-33 图

$$R = \frac{U}{I} = \frac{10}{2} = 5\Omega$$

由 $\omega_0 = \dfrac{1}{\sqrt{LC}} = 1000$rad/s，得

$$L = \frac{1}{\omega_0^2 C} = \frac{1}{1000^2 \times 10 \times 10^{-6}} = 0.1\text{H}$$

即 $R = 5\Omega$，$L = 0.1$H。

（2）由题意得：

$$u_R = u_S = 10\sqrt{2}\cos(1000t)\text{V}$$

$$\dot{U}_L = j\omega_0 L\frac{\dot{U}}{R} = j1000 \times 0.1 \times \frac{10\angle 0°}{5} = j200\text{V}$$

$$u_L(t) = 200\sqrt{2}\cos(1000t + 90°)\text{V}$$

$$u_C = -u_L = 200\sqrt{2}\cos(1000t - 90°)\text{V}$$

（3）各电压相量图如习题 6-33 图（b）所示：

6-34 并联谐振电路如习题 6-34 图所示，已知 $L = 40\mu H$，$C = 40$pF，$Q = 60$，谐振时电流 $I_0 = 0.5$mA，试求电阻 R 及电压 U。

解： 在并联谐振电路中，由于

$$I_C = I_L = QI_0 = 60 \times 0.5 = 30\text{mA}$$

所以

$$U = U_C = U_L = \omega L I_L = \sqrt{\frac{L}{C}}I_L = \sqrt{\frac{40 \times 10^{-6}}{40 \times 10^{-12}}} \times 30 \times 10^{-3} = 30\text{V}$$

电阻 R 为

$$R = \frac{U}{I_0} = \frac{30}{0.5 \times 10^{-3}} = 60\text{k}\Omega$$

6-35 如习题 6-35 图所示并联谐振电路，已知谐振时阻抗 $Z_0 = 10$kΩ，$L = 0.02$mH，$C = 200$pF，试求电阻 R 及品质因数 Q。

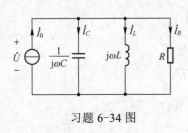

习题 6-34 图

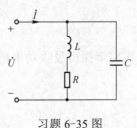

习题 6-35 图

解：由于谐振时阻抗

$$Z_0 = \frac{L}{CR}$$

所以

$$R = \frac{L}{CZ_0} = \frac{0.02 \times 10^{-3}}{200 \times 10^{-12} \times 10^4} = 10\Omega$$

$$\omega_0 = \frac{1}{\sqrt{LC}}\sqrt{1 - \frac{CR^2}{L}} \approx \frac{1}{\sqrt{LC}}$$

品质因数 Q 为

$$Q = \frac{\omega_0 L}{R} = \frac{\sqrt{\frac{L}{C}}}{R} = \frac{\sqrt{\frac{0.02 \times 10^{-3}}{200 \times 10^{-12}}}}{10} = 31.6$$

6-36　如习题 6-36 图（a）所示的并联谐振电路中，已知电流表 A1 和 A2 的读数分别为 3.6A 和 6A，试求电流表 A₃ 的读数。

解：作出电压和各电流的相量图，如习题 6-36 图（b）所示，所以

$$I_3 = \sqrt{I_2^2 - I_1^2} = \sqrt{6^2 - 3.6^2} = 4.8A$$

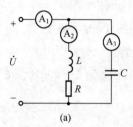 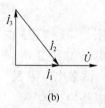

习题 6-36 图

6-37　如习题 6-37 图（a）所示 RLC 并联电路中，$i_S = \sqrt{2}\cos(5000t + 30°)\,\text{A}$，当电容 $C = 20\mu\text{F}$ 时，电路中吸收的功率最大，$P_{\max} = 50\text{W}$，求 R、L 及流过各元件电流的瞬时值表达式，并画出各元件电流相量图。

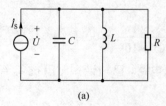

习题 6-37 图

解：电路谐振时吸收功率最大。谐振状态下有

$$P_{\max} = I^2 R = 50\text{W}$$

$$R = \frac{P_{\max}}{I^2} = \frac{50}{1} = 50\Omega$$

$$L = \frac{1}{\omega_0^2 C} = \frac{1}{5000^2 \times 20 \times 10^{-6}} = 2\text{mH}$$

$$\dot{I}_R = \dot{I}_S = 1\angle 30°\text{A}$$

由 $\dot{U} = \dot{I}_R R = \text{j}\omega L \dot{I}_L = -\text{j}\frac{1}{\omega C}\dot{I}_C$ ，可求出 $\dot{I}_L$ 和 $\dot{I}_C$ 的表达式，即

$$\begin{cases} \dot{I}_L = \dfrac{\dot{I}_R R}{\text{j}\omega L} = \dfrac{1\angle 30° \times 50}{\text{j}5000 \times 2 \times 10^{-3}} = 5\angle -60° \\[3mm] \dot{I}_C = \text{j}\omega C \dot{I}_R R = \text{j}5000 \times 20 \times 10^{-6} \times 1\angle 30° \times 50 = 5\angle 120° \end{cases}$$

由相量写出时域表达式如下：

$$\dot{I}_R = \sqrt{2}\cos(5000t + 30°)\text{A}$$

$$\dot{I}_L = 5\sqrt{2}\cos(5000t - 60°)\text{A}$$

$$\dot{I}_C = 5\sqrt{2}\cos(5000t + 120°)\text{A}$$

各元件相量图如习题 6-37 图（b）所示。

6-38　习题 6-38 图所示并联谐振电路中，已知 $R = 10\Omega$，$L = 250\mu\text{H}$，调节电容 C 使电路在频率 $f = 10^4\text{Hz}$ 时谐振，求谐振时的电容 C 及入端阻抗 Z_{in}。

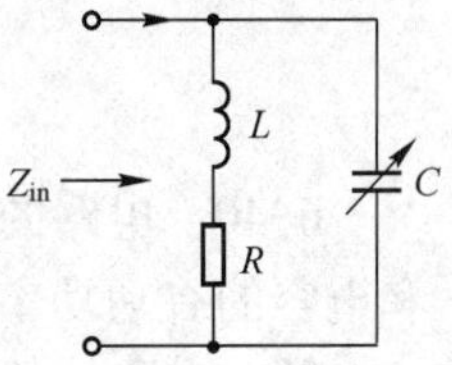

解：

$$Z = \frac{(\text{j}\omega L + R)\dfrac{1}{\text{j}\omega C}}{\text{j}\omega L + R + \dfrac{1}{\text{j}\omega C}} = \frac{\dfrac{RL}{C} + \left(\dfrac{1}{\omega C} - \omega L\right)\dfrac{R}{\omega C}}{R^2 + \left(\omega L - \dfrac{1}{\omega C}\right)^2} - \text{j}\frac{\dfrac{R^2}{\omega C} - \dfrac{L}{C}\left(\dfrac{1}{\omega C} - \omega L\right)}{R^2 + \left(\omega L - \dfrac{1}{\omega C}\right)^2}$$

习题 6-38 图

谐振时电路呈纯阻性，阻抗虚部为 0，可得

$$\frac{R^2}{\omega C} - \frac{L}{C}\left(\frac{1}{\omega C} - \omega L\right) = 0$$

则 $R^2 - \dfrac{L}{C} + \omega^2 L^2 = 0$

将 R、L、f 的值代入可得

$$C = \frac{L}{R^2 + \omega^2 L^2} = \frac{250 \times 10^{-6}}{10^2 + (2\pi \times 10^4)^2 (250 \times 10^{-6})^2} = 0.722\mu\text{F}$$

此时

$$Z_{\text{in}} = \frac{\dfrac{RL}{C} + \left(\dfrac{1}{\omega C} - \omega L\right)\dfrac{R}{\omega C}}{R^2 + \left(\omega L - \dfrac{1}{\omega C}\right)^2} = 34.6\Omega$$

6-39　如习题 6-39 图（a）所示，电路吸收有功功率 180W，$U = 36\text{V}$，$I = 5\text{A}$，$R = 20\Omega$，求 X_C、X_L。

解： 设电路的阻抗角为 θ，则

$$\cos\theta = \frac{P}{S} = \frac{P}{UI} = \frac{180}{36 \times 5} = 1$$

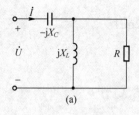 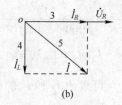 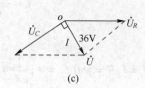

习题 6-39 图

可知输入电压和输入电流同相。

$$I_R = \sqrt{\frac{P_R}{R}} = \sqrt{\frac{180}{20}} = 3\text{A}$$

各电流之间的相量关系如习题 6-39 图（b）所示，则

$$I_L = \sqrt{I^2 - I_R^2} = \sqrt{5^2 - 3^2} = 4\text{A}$$

$$X_L = \frac{U_R}{I_L} = \frac{3 \times 20}{4} = 15\Omega$$

各电压之间的相量关系如习题 6-39 图（c）所示。由相量关系可知

$$U_C = \sqrt{U_R^2 - U^2} = \sqrt{60^2 - 36^2} = 48\text{V}$$

$$X_C = \frac{U_C}{I} = \frac{48}{5} = 9.6\Omega$$

6-40　电路的相量模型如习题 6-40 图所示，求电阻、电感和电容的有功功率和无功功率。

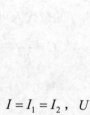

习题 6-40 图

解：首先计算各支路电流，$\dot{I}_1$ 和 $\dot{I}_L$ 分别为

$$\dot{I}_1 = \frac{100\angle 0°}{-\text{j}5} = 20\angle 90°\text{A}$$

$$\dot{I}_L = \frac{100\angle 0°}{3 + \text{j}4} = 20\angle -53.1°\text{A}$$

电阻的无功功率为零，其有功功率为

$$P_R = I_L^2 R = 20^2 \times 3 = 1200\text{W}$$

电感和电容的有功功率为零，其无功功率分别为

$$Q_L = I_L^2 X_L = 20^2 \times 4 = 1600\text{var}$$

$$Q_C = -I_1^2 X_C = -20^2 \times 5 = -2000\text{var}$$

6-41　如习题 6-41 图所示，电路吸收有功功率 1500W，$I = I_1 = I_2$，$U = 150\text{V}$，求 R、X_C、X_L。

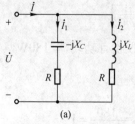 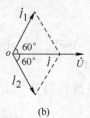

习题 6-41 图

解：各电流之间的相量关系如习题 6-41 图（b）所示。由 $I=I_1=I_2$ 可知，$\dot I_1$、$\dot I_2$ 与 $\dot U$ 之间的相位差分别是 $60°$ 和 $-60°$，且 $\dot I$ 与 $\dot U$ 同相，则有

$$I=I_1=I_2=\frac{P}{U}=\frac{1500}{150}=10\text{A}$$

$$R=\frac{P}{2\times I^2}=\frac{1500}{2\times 10^2}=7.5\Omega$$

对于电容和电感来说有

$$\frac{U}{|R-\mathrm{j}X_C|}=\frac{U}{|R+\mathrm{j}X_L|}=I$$

将 U、R、I 的值代入得到

$$\frac{150}{|7.5-\mathrm{j}X_C|}=\frac{150}{|7.5+\mathrm{j}X_L|}=10$$

可得到
$$X_C=X_L=\frac{15}{2}\sqrt{3}\,\Omega$$

因此

$$R=7.5\Omega,\quad X_C=\frac{15}{2}\sqrt{3}\,\Omega,\quad X_L=\frac{15}{2}\sqrt{3}\,\Omega$$

6-42　如习题 6-42 图所示单口网络 N，计算下列各种情况下 N 的有功功率、无功功率、视在功率及功率因数。

（1）已知 $u(t)=100\sqrt{2}\cos(\,t-30°)\text{V}$，N 的阻抗为 $Z=20\angle 60°\Omega$；

（2）已知 $i(t)=10\cos t\text{A}$，N 的导纳为 $Y=1-\mathrm{j}\,(\text{S})$；

（3）已知 $u(t)=10\cos(\,400\,t)\text{V}$，N 为 6Ω 电阻和 20mH 电感的串联电路；

（4）已知 $u(t)=10\sqrt{2}\cos(\,10^3\,t-75°)\text{V}$，$i(t)=\cos(10^3\,t-30°)\text{A}$。

解：（1）已知 $\dot U=100\angle -30°\text{V}$，$Z=20\angle 60°\Omega$，则

$$\dot I=\frac{\dot U}{Z}=\frac{100\angle -30°}{20\angle 60°}=5\angle -90°\text{A}$$

因此，有功功率为

$$P=UI\cos 60°=100\times 5\times 0.5=250\text{W}$$

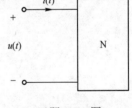

习题 6-42 图

无功功率为

$$Q=UI\sin 60°=100\times 5\times 0.866=433\text{var}$$

表观功率为

$$S=UI=100\times 5=500\text{V}\cdot\text{A}$$

功率因数为

$$\lambda=\cos 60°=0.5$$

（2）已知 $\dot I_{\mathrm m}=10\angle 0°\text{A}$，$Y=1-\mathrm{j}=\sqrt{2}\angle -45°\text{S}$，则

$$\dot U_{\mathrm m}=\frac{\dot I_{\mathrm m}}{Y}=\frac{10\angle 0°}{\sqrt{2}\angle -45°}=5\sqrt{2}\angle 45°\text{V}$$

因此，有功功率、无功功率、表观功率和功率因数分别为

$$P = \frac{1}{2} U_{\mathrm{m}} I_{\mathrm{m}} \cos 45^\circ = \frac{1}{2} \times 5\sqrt{2} \times 10 \times \frac{\sqrt{2}}{2} = 25\mathrm{W}$$

$$Q = \frac{1}{2} U_{\mathrm{m}} I_{\mathrm{m}} \sin 45^\circ = \frac{1}{2} \times 5\sqrt{2} \times 10 \times \frac{\sqrt{2}}{2} = 25\mathrm{var}$$

$$S = \frac{1}{2} U_{\mathrm{m}} I_{\mathrm{m}} = \frac{1}{2} \times 5\sqrt{2} \times 10 = 35.4\mathrm{V \cdot A}$$

$$\lambda = \cos 45^\circ = 0.707$$

（3）已知 $\dot{U}_{\mathrm{m}} = 10\angle 0^\circ \mathrm{V}$，$Z = 6 + \mathrm{j}400 \times 20 \times 10^{-3} = 6 + \mathrm{j}8 = 10\angle 53.1^\circ \Omega$，则

$$\dot{I}_{\mathrm{m}} = \frac{\dot{U}_{\mathrm{m}}}{Z} = \frac{10\angle 0^\circ}{10\angle 53.1^\circ} = 1\angle -53.1^\circ \mathrm{A}$$

因此，有功功率、无功功率、表观功率和功率因数分别为

$$P = \frac{1}{2} U_{\mathrm{m}} I_{\mathrm{m}} \cos 53.1^\circ = \frac{1}{2} \times 10 \times 1 \times 0.6 = 3\mathrm{W}$$

$$Q = \frac{1}{2} U_{\mathrm{m}} I_{\mathrm{m}} \sin 53.1^\circ = \frac{1}{2} \times 10 \times 1 \times 0.8 = 4\mathrm{var}$$

$$S = \frac{1}{2} U_{\mathrm{m}} I_{\mathrm{m}} = \frac{1}{2} \times 10 \times 1 = 5\mathrm{V \cdot A}$$

$$\lambda = \cos 53.1^\circ = 0.6$$

（4）已知 $\dot{U} = 10\angle -75^\circ \mathrm{V}$，$\dot{I} = \frac{1}{\sqrt{2}}\angle -30^\circ \mathrm{A}$，因此，有功功率、无功功率、表观功率和功率因数分别为

$$P = UI\cos(-45^\circ) = 10 \times \frac{1}{\sqrt{2}} \times \frac{\sqrt{2}}{2} = 5\mathrm{W}$$

$$Q = UI\sin(-45^\circ) = -10 \times \frac{1}{\sqrt{2}} \times \frac{\sqrt{2}}{2} = -5\mathrm{var}$$

$$S = UI = 10 \times \frac{1}{\sqrt{2}} = 7.07\mathrm{V \cdot A}$$

$$\lambda = \cos(-45^\circ) = 0.707$$

6-43 习题 6-43 图所示为电阻 R 与感性负载 Z 的串联电路，已知 $R = 120\Omega$，$U = 20\mathrm{V}$，$U_1 = 15\mathrm{V}$，$U_2 = 12\mathrm{V}$，计算电路的有功功率。

解：假设 $\dot{U}_2 = 12\angle 0^\circ \mathrm{V}$，$Z = R_1 + \mathrm{j}X_L$，则电流

$$\dot{I} = \frac{\dot{U}_2}{R} = \frac{12\angle 0^\circ}{120} = 0.1\angle 0^\circ \mathrm{A}$$

电路总阻抗的模为

$$|Z'| = \frac{U}{I} = \sqrt{(R + R_1)^2 + X_L^2} = \frac{20}{0.1} = 200\Omega$$

阻抗 Z 的模为

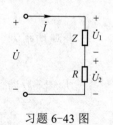

习题 6-43 图

206

$$|Z| = \frac{U_1}{I} = \sqrt{R_1^2 + X_L^2} = \frac{15}{0.1} = 150\Omega$$

联立以上两式，得到 $R_1 = 12.9\Omega$， $X_L = 149.4\Omega$

因此，电路的有功功率为

$$P = I^2R + I^2R_1 = 0.1^2 \times (120 + 12.9) = 1.33\text{W}$$

6-44　电路如习题 6-44 图所示，已知 $u(t) = 100\cos(200\,t)\text{V}$， $L = 54\text{mH}$， u_L 的峰值为 50V，试求 R 的值及电路的有功功率。

解： 电感的感抗 $X_L = 200 \times 54 \times 10^{-3} = 10.8\Omega$，电路的电流

$$I_\text{m} = \frac{U_{L\text{m}}}{X_L} = \frac{50}{10.8} = 4.63\text{A}$$

电路阻抗的模

$$|Z| = \sqrt{R^2 + X_L^2} = \frac{U_\text{m}}{I_\text{m}} = \frac{100}{4.63} = 21.6\Omega$$

由上式得到

$$R = \sqrt{|Z|^2 - X_L^2} = \sqrt{21.6^2 - 10.8^2} = 18.7\Omega$$

电路的有功功率为

$$P = I^2R = \frac{1}{2} \times 4.63^2 \times 18.7 = 200\text{W}$$

6-45　电路如习题 6-45 图所示，已知 $I = 10\text{A}$， $U = 250\text{V}$， $U_1 = 150\text{V}$，电路的有功功率为 2kW，求 R_1、 R_2 和 X_L 的值。

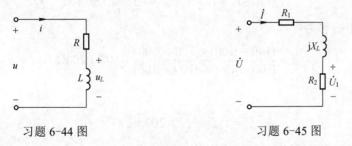

习题 6-44 图　　　　　　习题 6-45 图

解： 根据已知条件，得到

$$R_2 = \frac{U_1}{I} = \frac{150}{10} = 15\Omega$$

电阻 R_1 的功率为

$$P_{R_1} = P - P_{R_2} = 2000 - 10^2 \times 15 = 500\text{W}$$

所以电阻 R_1 为

$$R_1 = \frac{P_{R_1}}{I^2} = \frac{500}{10^2} = 5\Omega$$

电路阻抗

$$|Z| = \sqrt{(R_1 + R_2)^2 + X_1^2} = \frac{U}{I} = \frac{250}{10} = 25\Omega$$

因此

$$X_1 = \sqrt{|Z|^2 - (R_1 + R_2)^2} = \sqrt{25^2 - (5+15)^2} = 15\Omega$$

6-46 习题 6-46 图所示电路中，已知 $R_1 = R_2 = 100\Omega$，$X_L = 100\Omega$，$\dot{U}_{ab} = 141.4\angle 0°\mathrm{V}$，并联支路 Z_1 的有功功率 $P_1 = 100\mathrm{W}$，功率因数 $\cos\phi_1 = 0.707$（容性），计算电路的阻抗 Z、电压 U、有功功率 P、无功功率 Q 和功率因数 $\cos\phi$。

解： 假设 $\dot{U}_{ab} = 141.4\angle 0°\mathrm{V}$，$Z_1 = R_3 - jX_C$，首先计算电流 $\dot{I}_1$ 和阻抗 Z_1。

$$I_1 = \frac{P_1}{U_{ab}\cos\phi_1} = \frac{100}{141.4 \times 0.707} = 1\mathrm{A}$$

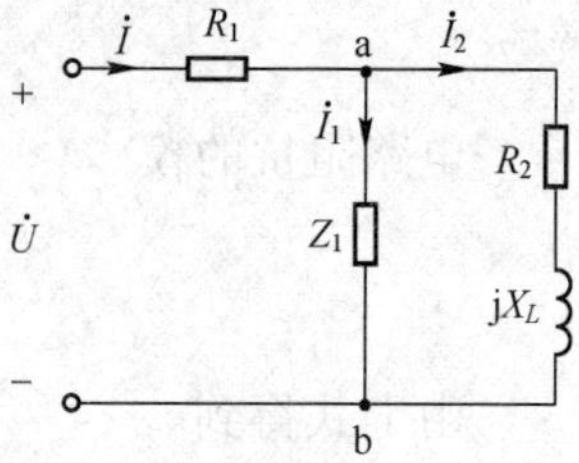

即 $\dot{I}_1 = 1\angle 45°\mathrm{A}$。因为

习题 6-46 图

$$R_1 = \frac{P_1}{I_1^2} = \frac{100}{1^2} = 100\Omega$$

所以

$$Z_1 = 100 - j100(\Omega)$$

计算电流 $\dot{I}_2$ 和 $\dot{I}$：

$$\dot{I}_2 = \frac{\dot{U}_{ab}}{R_2 + jX_L} = \frac{141.4\angle 0°}{100 + j100} = 1\angle -45°\mathrm{A}$$

所以

$$\dot{I} = \dot{I}_1 + \dot{I}_2 = 1\angle 45° + 1\angle -45° = \sqrt{2}\angle 0°\mathrm{A}$$

因此，总阻抗 Z 为

$$Z = \frac{(100 - j100) \times (100 + j100)}{(100 - j100) + (100 + j100)} + 100 = 200\Omega$$

电压 U 为

$$U = I|Z| = \sqrt{2} \times 200 = 283\mathrm{V}$$

有功功率 P、无功功率 Q 和功率因数 $\cos\phi$ 分别为

$$P = UI\cos\phi = 200\sqrt{2} \times \sqrt{2} = 400\mathrm{W}$$

$$Q = UI\sin\phi = 0, \quad \cos\phi = 1$$

6-47 已知正弦电源电压为 220V，频率为 50Hz，将一个额定功率为 1.1kW，功率因数为 0.5 的感性负载接在电源上，试计算

（1）若将功率因数提高到 0.8，需并联多大电容？

（2）若将功率因数提高到 1，需并联多大电容？

解： 由于感性负载的电流与并联电容的大小无关，因此它的无功功率也不随并联电容的大小而改变，此电感电流和无功功率分别为

$$I_L = \frac{P}{U\cos\phi} = \frac{1100}{220 \times 0.5} = 10\text{A}$$

$$Q_L = UI_L\sin\phi = 220 \times 10\sqrt{1-0.5^2} = 1905\,\text{var}$$

（1）当功率因数提高到 0.8 时，电路的电流为

$$I = \frac{P}{U\cos\phi_1} = \frac{1100}{220 \times 0.8} = 6.25\text{A}$$

电路总的无功功率为

$$Q = UI\sin\phi_1 = 220 \times 6.25\sqrt{1-0.8^2} = 825\,\text{var}$$

由于

$$Q = Q_L + Q_C$$

所以，电容的无功功率为

$$Q_C = Q - Q_L = 825 - 1905 = -1080\,\text{var}$$

因此

$$C = -\frac{Q_C}{\omega U^2} = \frac{1080}{2 \times 3.14 \times 50 \times 220^2} = 71\mu\text{F}$$

（2）当功率因数提高到 1 时，由于电路总的无功功率为零，即

$$Q = Q_L + Q_C = 0$$

所以

$$Q_C = -Q_L = -1905\,\text{var}$$

因此

$$C = -\frac{Q_C}{\omega U^2} = \frac{1905}{2 \times 3.14 \times 50 \times 220^2} = 125\mu\text{F}$$

6-48 电路如习题 6-48 图所示，试计算 Z 为何值时可获得最大功率？最大功率为多少？

解： 习题 6-48 图所示电路中，负载左端电路等效阻抗为

$$Z_{\text{eq}} = \frac{-j5 \times (3+j4)}{-j5 + (3+j4)} = 7.5 - j2.5(\Omega)$$

开路电压为

$$\dot{U}_{\text{oc}} = \frac{-j5}{3+j4-j5} \times 10\angle 0^\circ = 15.8\angle -71.6^\circ\text{V}$$

所以，当 $Z = Z_{\text{eq}}{}^* = 7.5 + j2.5(\Omega)$ 时，Z 获得最大功率，此最大功率为

$$P_{\max} = \frac{U_{\text{oc}}^2}{4R_{\text{eq}}} = \frac{15.8^2}{4 \times 7.5} = 8.32\text{W}$$

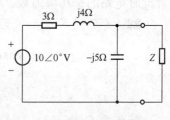

习题 6-48 图

6-49 习题 6-49 图所示电路中，求当 $u_S(t) = 3\cos\omega t\,\text{V}$、$\omega = 1\,\text{rad/s}$ 时，端口 ab 所能提供的最大功率。

解： 习题 6-49 图所示电路中，ab 端等效阻抗为

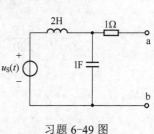

习题 6-49 图

$$Z_{eq} = R + \frac{j\omega L \times \left(\dfrac{-j1}{\omega C}\right)}{j\omega L - \dfrac{j1}{\omega C}} = 1 + \frac{j2 \times (-j1)}{j2 - j} = 1 - j2(\Omega)$$

ab 端开路电压为

$$\dot{U}_{ocm} = \frac{-j}{j2 - j} \times 3\angle 0° = 3\angle 180° \text{V}$$

所以，端口 ab 所能提供的最大功率为

$$P_{max} = \frac{\dfrac{1}{2} U_{ocm}^2}{4R_{eq}} = \frac{\dfrac{1}{2} \times 3^2}{4 \times 1} = 1.125 \text{W}$$

6-50 若将一电阻负载 R 接于习题 6-49 图电路中的 a、b 端，R 能获得的最大功率是多少？

解：若将一电阻负载 R 接于习题 6-49 图电路中的 a、b 端，当电阻 R 与等效阻抗 Z_{eq} 达到共模匹配，即当 $R = |Z_{eq}| = \sqrt{5} = 2.24\Omega$ 时，R 获得最大功率，此时

$$\dot{I}_m = \frac{3\angle 0°}{2.24 + 1 - j2} = 0.79\angle 31.7° \text{A}$$

R 获得的最大功率为

$$P_{max} = \frac{1}{2} I_m^2 R = \frac{1}{2} \times 0.79^2 \times 2.24 = 0.7 \text{W}$$

6-51 电压为 220V 的工频电源供给一组动力负载，负载电流 $I = 300\text{A}$，吸收有功功率 $P = 40\text{kW}$。现在要在此电源上再接一组功率为 20kW 的照明设备（白炽灯），并希望照明设备接入后电路总电流为 315A，为此需要并联电容。计算所需的电容值，并计算此时电路的总功率因数。

解：原负载下：

$$\cos\phi_1 = \frac{P}{UI} = \frac{40 \times 10^3}{220 \times 300} = 0.6$$

$$Y_1 = \frac{I}{U}(\cos\phi_1 - j\sin\phi_1) = \frac{300}{220}(0.6 - j0.8)\Omega$$

新负载下：

$$\cos\phi_2 = \frac{P}{UI} = \frac{(40 + 20) \times 10^3}{220 \times 315} = 0.866$$

$$Y_2 = \frac{I}{U}(\cos\phi_2 - j\sin\phi_2) = \frac{315}{220}(0.866 - j0.5)\Omega$$

$$Y_2 - Y_1 = \frac{315}{220} \times (0.866 - j0.5) - \frac{300}{220} \times (0.6 - j0.8) = 0.4217 + j0.375(\Omega)$$

$$j\omega C = j100\pi C = j0.376\Omega$$

$$C = 1.197\text{mF}$$

总功率因数 $\lambda = 0.866$

6-52 已知某单口网络的电压和电流分别为

$$u = 50 + 20\sqrt{2}\cos(\omega t + 20°) + 6\sqrt{2}\cos(2\omega t + 80°)(\text{V})$$

$$i = 20 + 10\sqrt{2}\cos(\omega t - 10°) + 5\sqrt{2}\cos(2\omega t + 20°)(\text{A})$$

试求电压和电流的有效值以及单口网络消耗的平均功率。

解： 电压和电流的有效值分别为

$$U = \sqrt{50^2 + 20^2 + 6^2} = 54.2\text{V}$$

$$I = \sqrt{20^2 + 10^2 + 5^2} = 22.9\text{A}$$

平均功率为

$$P = 50 \times 20 + 20 \times 10\cos(20° + 10°) + 5 \times 6\cos(80° - 20°)$$

$$= 1000 + 200\cos(30°) + 30\cos(60°)$$

$$= 1188.2\text{W}$$

第7章 耦合电感和理想变压器

本章介绍耦合电感和理想变压器两种耦合元件，主要介绍两者的伏安关系，以及含耦合电感和理想变压器的正弦稳态电路的分析方法。

耦合电感和理想变压器是耦合元件，耦合元件由两条或两条以上支路所组成，其中一条支路的电压和电流与其他支路的电压和电流有关。耦合电感和理想变压器是以磁耦合原理工作的耦合元件，是构成实际变压器电路模型的必备元件。两者性质是完全不同的，耦合电感是记忆元件、储能元件和动态元件（与电感元件相同），而理想变压器则是非记忆的、不储能的元件。

7.1 基 本 要 求

（1）了解耦合元件的概念，掌握耦合电感的电路模型、同名端、伏安关系以及反映阻抗的概念。

（2）掌握含耦合电感电路的分析方法。

（3）掌握理想变压器的伏安关系及阻抗变换性质，掌握理想变压器电路的分析方法。

（4）了解理想变压器的实现。

7.2 要点·难点

（1）耦合电感同名端概念的理解。

（2）耦合电感和理想变压器的伏安关系。

7.3 基 本 内 容

7.3.1 耦合电感电路

1. 耦合电感

当两个或两个以上电感线圈相互靠近，其中一个线圈的电流产生的磁通不仅与本线圈交链，同时还与其他线圈交链，这种现象称为磁耦合，有磁耦合现象的电感称为耦合电感。

如图 7-1（a）所示的耦合电感，两个线圈的自感磁通和互感磁通方向一致，彼此相互加强，两线圈的总磁链分别为

$$\begin{cases} \varPsi_1 = \varPsi_{11} + \varPsi_{12} = L_1 i_1 + M i_2 \\ \varPsi_2 = \varPsi_{21} + \varPsi_{22} = M i_1 + L_2 i_2 \end{cases} \tag{7-1}$$

而如图 7-1（b）所示的耦合电感，它们的自感磁通和互感磁通方向相反，彼此相互消弱，两线圈的总磁链分别为

$$\begin{cases} \Psi_1 = \Psi_{11} - \Psi_{12} = L_1 i_1 - M i_2 \\ \Psi_2 = -\Psi_{21} + \Psi_{22} = -M i_1 + L_2 i_2 \end{cases} \quad (7-2)$$

式中 Ψ_1、Ψ_2 分别为线圈 1、2 的磁链，分别取与电流 i_1、i_2 关联的参考方向，即 Ψ_1 与 i_1、Ψ_2 与 i_2 分别符合右手螺旋法则；Ψ_{11}、Ψ_{22} 分别为线圈 1、2 的自感磁链，Ψ_{12}、Ψ_{21} 分别为线圈 1、2 的互感磁链，L_1、L_2 为线圈 1、2 的自感系数，M 称为两线圈的互感系数，简称互感，单位为亨（H）。

耦合系数 k 定义为

$$k = \frac{M}{\sqrt{L_1 L_2}} \quad (7-3)$$

耦合系数 k 表示两线圈耦合紧密的程度，$0 \leqslant k \leqslant 1$。$k$ 越大，表明两线圈的耦合越紧密，当 $k=1$ 时，称为全耦合，这时，$M = \sqrt{L_1 L_2}$；当 $k=0$ 时，两线圈不存在耦合，即 $M=0$。

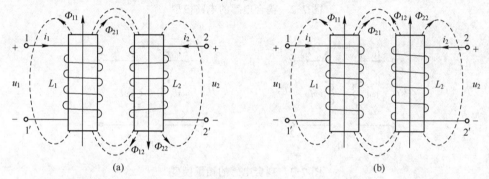

图 7-1 耦合电感

2. 耦合电感的伏安关系

如图 7-1（a）、（b）所示的耦合电感，取 u_1 和 i_1、u_2 和 i_2 分别为关联参考方向，其伏安关系由式（7-1）、式（7-2）得到

$$\begin{cases} u_1 = \dfrac{\mathrm{d}\Psi_1}{\mathrm{d}t} = L_1 \dfrac{\mathrm{d}i_1}{\mathrm{d}t} + M \dfrac{\mathrm{d}i_2}{\mathrm{d}t} \\ u_2 = \dfrac{\mathrm{d}\Psi_2}{\mathrm{d}t} = M \dfrac{\mathrm{d}i_1}{\mathrm{d}t} + L_2 \dfrac{\mathrm{d}i_2}{\mathrm{d}t} \end{cases} \quad (7-4)$$

以及

$$\begin{cases} u_1 = \dfrac{\mathrm{d}\Psi_1}{\mathrm{d}t} = L_1 \dfrac{\mathrm{d}i_1}{\mathrm{d}t} - M \dfrac{\mathrm{d}i_2}{\mathrm{d}t} \\ u_2 = \dfrac{\mathrm{d}\Psi_2}{\mathrm{d}t} = -M \dfrac{\mathrm{d}i_1}{\mathrm{d}t} + L_2 \dfrac{\mathrm{d}i_2}{\mathrm{d}t} \end{cases} \quad (7-5)$$

对应于式（7-4）和式（7-5），在正弦稳态下，耦合电感伏安关系的相量形式为

$$\begin{cases} \dot{U}_1 = \mathrm{j}\omega L_1 \dot{I}_1 + \mathrm{j}\omega M \dot{I}_2 \\ \dot{U}_2 = \mathrm{j}\omega M \dot{I}_1 + \mathrm{j}\omega L_2 \dot{I}_2 \end{cases} \quad (7-6)$$

以及

$$\begin{cases} \dot{U}_1 = j\omega L_1 \dot{I}_1 - j\omega M\dot{I}_2 \\ \dot{U}_2 = -j\omega M\dot{I}_1 + j\omega L_2 \dot{I}_2 \end{cases} \tag{7-7}$$

式中，$j\omega L_1$ 和 $j\omega L_2$ 分别为两线圈自阻抗，$j\omega M$ 为互阻抗，ωM 为互感抗。

如图 7-1（a）、（b）所示的耦合电感的电路模型如图 7-2（a）、（b）所示，图 7-3（a）、（b）分别为它们的相量模型。图中"·"表示同名端，同名端用来描述两个耦合线圈的相对位置和线圈的绕向关系。同名端的标注方法有两种：

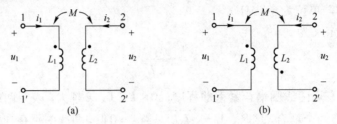

图 7-2　耦合电感的电路模型

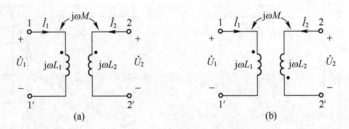

图 7-3　耦合电感的相量模型

（1）当电流同时从两个线圈的某端子流入（或流出）时，若线圈中的自感磁通和互感磁通方向一致，则称两线圈的电流流入（或流出）端为同名端。

（2）若在一线圈的某端流入随时间增大的电流，在另一线圈的某端产生随时间升高的互感电压，则该两端为耦合线圈的同名端。

以上两种标注同名端的方法，方法（1）适用于已知线圈绕向的情况，而方法（2）适用于线圈绕向未知的情况。

耦合电感的伏安关系与两线圈的端口电压、电流的参考方向及同名端的位置有关，正确写出耦合电感的伏安关系至关重要，一般按下述步骤写出：

（1）将耦合电感的电压看作自感电压和互感电压的代数和。

（2）分别判断自感电压和互感电压的参考方向：

确定自感电压的参考方向，由端口电压与电流的参考方向决定，当端口电压与电流为关联参考方向时，自感电压方向与端口电压方向一致；反之，自感电压与端口电压方向相反。

确定互感电压的参考方向，由同名端与电流的参考方向决定，若一线圈的电流参考方向为流入同名端，则此电流在另一线圈产生的互感电压在同名端处为正；反之，若电流流出同名端，则它所产生的互感电压在同名端处为负。

（3）写出自感电压和互感电压的代数和，凡是与端口电压方向一致的自感电压和互感电压，取为正；反之，取为负。得到耦合电感的伏安关系。

3. 耦合电感的去耦等效电路

耦合电感若在电路中呈串联、并联或 T 形连接，应首先进行去耦等效变换，以简化计算。去耦等效变换列于表 7-1 所示。

表 7-1　耦合电感的去耦等效变换

电路形式	等效电路	等效电感
串联		$L_{eq} = L_1 + L_2 + 2M$
		$L_{eq} = L_1 + L_2 - 2M$
并联		$L_{eq} = \dfrac{L_1 L_2 - M^2}{L_1 + L_2 - 2M}$
		$L_{eq} = \dfrac{L_1 L_2 - M^2}{L_1 + L_2 + 2M}$
T 形连接		$L_a = L_1 - M$ $L_b = L_2 - M$ $L_c = M$
		$L_a = L_1 + M$ $L_b = L_2 + M$ $L_c = -M$

4. 耦合电感电路的分析

含耦合电感的正弦稳态电路，一般采用相量分析法。下面分两种情况讨论。

（1）一般耦合电感电路的分析。耦合电感以串联、并联或 T 形连接，首先进行去耦等效变换，然后依照正弦稳态电路的分析进行。也可以直接采用网孔分析法或回路分析法，列写方程时，特别注意耦合电感的电压包括自感电压和互感电压两部分，应正确计入耦合电感的自阻抗和互阻抗。

（2）含空心变压器电路的分析。空心变压器（或线性变压器）是一种具有特殊结构的耦合电感，可以用耦合电感的去耦等效方法进行分析。同时还可以采用如下三种更加简便的分析方法。

方法一：采用网孔分析法。以初级回路和次级回路电流为变量，列出网孔电流方程，求解初级电流和次级电流。同样注意耦合电感的电压包括自感电压和互感电压两部分。例如，空芯变压器电路的相量模型如图 7-4 所示。

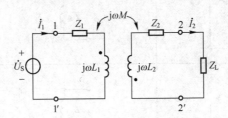

图 7-4　空芯变压器电路

列出网孔方程，得到

$$\begin{cases} (Z_1 + j\omega L_1)\dot{I}_1 + j\omega M\dot{I}_2 = \dot{U}_S \\ j\omega M\dot{I}_1 + (Z_2 + j\omega L_2 + Z_L)\dot{I}_2 = 0 \end{cases} \tag{7-8}$$

式（7-8）中，令 $Z_{11} = Z_1 + j\omega L_1$，称为初级回路自阻抗；$Z_{22} = Z_2 + j\omega L_2 + Z_L$，称为次级回路自阻抗；$Z_{12} = Z_{21} = j\omega M$，称为互阻抗。于是式（7-8）可写为

$$\begin{cases} Z_{11}\dot{I}_1 + Z_{12}\dot{I}_2 = \dot{U}_S \\ Z_{21}\dot{I}_1 + Z_{22}\dot{I}_2 = 0 \end{cases} \tag{7-9}$$

解方程得到 $\dot{I}_1$ 和 $\dot{I}_2$。

方法二：初级等效电路法。将空芯变压器的次级对初级的影响用反映阻抗 Z_{f1} 表示，画出初级等效电路，先计算初级电流 $\dot{I}_1$。如图 7-4 所示的空心变压器，其初级等效电路如图 7-5（a）所示，其中 Z_{f1} 称为反映阻抗，并且

$$Z_{f1} = \frac{(\omega M)^2}{Z_{22}} \tag{7-10}$$

方法三：次级等效电路法。将空芯变压器的初级对次级的影响用反映阻抗 Z_{f2} 表示，画出次级等效电路，先计算次级电流 $\dot{I}_2$。反映阻抗 Z_{f2} 为

$$Z_{f2} = \frac{(\omega M)^2}{Z_{11}} \tag{7-11}$$

如图 7-4 所示的空心变压器，次级等效电如图 7-5（b）所示，它也是从次级 2 和 2′端看进去的含源二端网络的戴维南等效电路。其中

216

$$\dot{U}_{oc} = j\omega M \dot{I}_1 = j\omega M \frac{\dot{U}_S}{Z_{11}} \qquad (7\text{-}12)$$

Z_{eq} 是从 2 和 2′ 端看进去的等效阻抗，即

$$Z_{eq} = Z_2 + j\omega M + Z_{f2} = Z_2 + j\omega M + \frac{(\omega M)^2}{Z_{11}} \qquad (7\text{-}13)$$

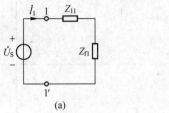 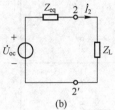

图 7-5　空芯变压器的等效电路

需要注意以下几个问题：

（1）反映阻抗的性质与原阻抗相反，即感性（容性）阻抗反映到初级（次级）变为容性（感性）阻抗。

（2）反映阻抗的计算与同名端无关，但是，次级等效电路中的开路电压的极性与同名端及电流的参考方向有关。

7.3.2　理想变压器

1. 理想变压器的伏安关系

理想变压器是实际变压器的理想化模型，其电路模型如图 7-6 所示，其中 N_1 和 N_2 分别为初级线圈和次级线圈的匝数，令 $n = \dfrac{N_1}{N_2}$，称为理想变压器的变比，它是理想变压器的唯一参数。

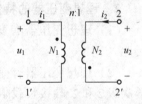

理想变压器的伏安关系与同名端位置、端口电压和电流的参考方向有关，伏安关系按下述规则写出：两端口电压对同名端一致，两端口电流对同名端相反。不同电路形式的伏安关系如表 7-2 所示。

图 7-6　理想变压器电路模型

表 7-2　理想变压器的伏安关系

电路形式	伏安关系	
	时域形式	相量形式
![电路图]	$\begin{cases} u_1 = nu_2 \\ i_1 = -\dfrac{1}{n}i_2 \end{cases}$	$\begin{cases} \dot{U}_1 = n\dot{U}_2 \\ \dot{I}_1 = -\dfrac{1}{n}\dot{I}_2 \end{cases}$

电路形式	伏安关系	
	时域形式	相量形式
	$\begin{cases} u_1 = -nu_2 \\ i_1 = \dfrac{1}{n}i_2 \end{cases}$	$\begin{cases} \dot{U}_1 = -n\dot{U}_2 \\ \dot{I}_1 = \dfrac{1}{n}\dot{I}_2 \end{cases}$
	$\begin{cases} u_1 = -nu_2 \\ i_1 = -\dfrac{1}{n}i_2 \end{cases}$	$\begin{cases} \dot{U}_1 = -n\dot{U}_2 \\ \dot{I}_1 = -\dfrac{1}{n}\dot{I}_2 \end{cases}$
	$\begin{cases} u_1 = nu_2 \\ i_1 = \dfrac{1}{n}i_2 \end{cases}$	$\begin{cases} \dot{U}_1 = n\dot{U}_2 \\ \dot{I}_1 = \dfrac{1}{n}\dot{I}_2 \end{cases}$

2. 理想变压器的特性

（1）理想变压器有变换电压、电流的作用，即电压与匝数成正比，电流与匝数成反比。

（2）理想变压器有变换阻抗的作用。如图 7-7 所示电路，在正弦稳态下，理想变压器次级 2 和 2′ 端接负载阻抗 Z_L，则从初级 1 和 1′ 端看进去的等效阻抗为

$$Z_{in} = \frac{\dot{U}_1}{\dot{I}_1} = \frac{n\dot{U}_2}{\frac{1}{n}\dot{I}_2} = n^2 \frac{\dot{U}_2}{\dot{I}_2} = n^2 Z_L \tag{7-14}$$

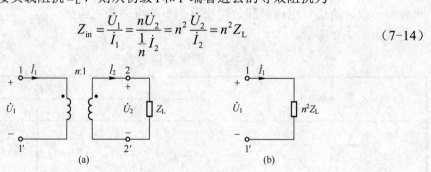

图 7-7 理想变压器的阻抗变换

Z_{in} 称作次级对初级的折合阻抗，折合阻抗的计算与同名端无关。利用阻抗变换性质，可以简化含理想变压器电路的分析计算。也可利用改变匝数比的方法来改变输入阻抗，

实现最大功率匹配。

（3）理想变压器的瞬时功率等于零，理想变压器是不耗能、不储能的无记忆元件，而耦合电感是储能的记忆元件。如图 7-7 所示理想变压器，其瞬时功率（吸收功率）为

$$p = u_1 i_1 - u_2 i_2 = u_1 i_1 - \frac{1}{n} u_1 \cdot n i_1 = 0$$

3. 理想变压器的实现

根据电磁感应原理，理想变压器可看作耦合电感的极限情况，耦合电感和理想变压器虽然是性质不同的元件，但当耦合电感满足以下三个极限条件时，就可以看作理想变压器，这三个条件是①无损耗；②全耦合，即耦合系数 $k = 1$；③L_1 和 L_2 为无限大，但仍满足

$$\frac{N_1}{N_2} = \sqrt{\frac{L_1}{L_2}} = n \tag{7-15}$$

4. 用理想变压器表示全耦合变压器

当实际变压器满足：无损耗、全耦合（$k = 1$）、但参数 L_1、L_2 和 M 均不为无限大，称之为全耦合变压器。全耦合变压器的电路模型可以采用耦合电感模型，如图 7-8（a）所示，其中 $k = 1$，$M = \sqrt{L_1 L_2}$。

其 VCR 为式（7-16），即

$$\begin{cases} \dot{U}_1 = n \dot{U}_2 \\ \dot{I}_1 = \dfrac{\dot{U}_1}{\mathrm{j}\omega L_1} - \dfrac{1}{n} \dot{I}_2 \end{cases} \tag{7-16}$$

全耦合变压器的电路模型可以由理想变压器和初级并联电感 L_1 组成，如图 7-8（b）所示，其中 $n = \sqrt{L_1 / L_2} = N_1 / N_2$。

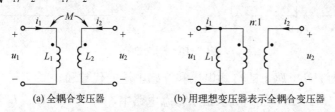

(a) 全耦合变压器   (b) 用理想变压器表示全耦合变压器

图 7-8   全耦合变压器的电路模型

7.4   例 题 详 解

例 7-1   图 7-9 所示电路中三个电感之间都有耦合，试写出 u_{ab}、u_{bc} 与 u_{bd} 的表达式。

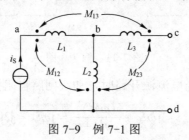

图 7-9   例 7-1 图

解： u_{ab}、u_{bc} 与 u_{bd} 的表达式分别为

$$u_{ab} = L_1 \frac{di_S}{dt} - M_{12} \frac{di_S}{dt} = (L_1 - M_{12}) \frac{di_S}{dt}$$

$$u_{bc} = M_{23} \frac{di_S}{dt} - M_{13} \frac{di_S}{dt} = (M_{23} - M_{13}) \frac{di_S}{dt}$$

$$u_{bd} = L_2 \frac{di_S}{dt} - M_{12} \frac{di_S}{dt} = (L_2 - M_{12}) \frac{di_S}{dt}$$

例 7-2　求图 7-10（a）所示电路中的电压 $\dot{U}_{ab}$。

解： 图 7-10（a）所示电路的去耦等效电路如图 7-10（b）所示，利用网孔分析法求解。

$$\begin{cases} (j3 + j2)\dot{I}_1 - j2\dot{I}_2 = 9\angle 0° \\ -j2\dot{I}_1 + (j2 + j1 - j1)\dot{I}_2 = 6\angle 90° \end{cases}$$

解得

$$\begin{cases} \dot{I}_1 = 2 - j3(A) \\ \dot{I}_2 = 5 - j3(A) \end{cases}$$

因此

$$\dot{U}_{ab} = j4\dot{I}_1 - j1(\dot{I}_1 - \dot{I}_2) = j3\dot{I}_1 + j1\dot{I}_2 = 12 + j11 = 16.28\angle 42.5°\text{V}$$

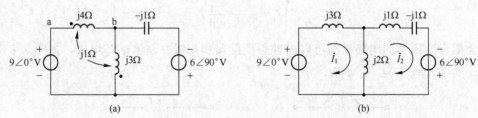

图 7-10　例 7-2 图

评注： $\dot{U}_{ab}$ 为 j4Ω 电感上的自感电压和互感电压的代数和。

例 7-3　图 7-11（a）、（b）所示正弦稳态电路中，$L_1 = M = 1\text{H}$，$L_2 = 2\text{H}$，$R_S = 1\Omega$，$i_S = 3\sqrt{2}\cos(t)\text{A}$，$u_S = 4\sqrt{2}\cos(t)\text{V}$，求输出阻抗 Z_{out}。

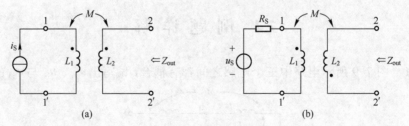

图 7-11　例 7-3 图

解： 图 7-11（a）中，当电流源开路时，初级回路自阻抗为无穷大，因此

$$Z_{out} = j\omega L_2 + \frac{(\omega M)^2}{j\omega L_1 + \infty} = j\omega L_2 = j2\Omega$$

图 7-11（b）中输出阻抗

$$Z_{\text{out}} = j\omega L_2 + \frac{(\omega M)^2}{R_S + j\omega L_1} = j2 + \frac{1}{1+j} = 0.5+j1.5(\Omega)$$

例 7-4 图 7-12 所示正弦稳态电路中，若要在任何频率下有 u、i 同相，试给出元件参数间的关系。

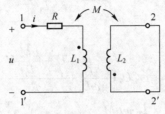

图 7-12　例 7-4 图

解： 若要在任何频率下有 u、i 同相，即要求输入阻抗为纯电阻性。输入阻抗

$$Z_{\text{in}} = R + j\omega L_1 + \frac{(\omega M)^2}{j\omega L_2}$$

$$= R + j\left[\omega L_1 - \frac{(\omega M)^2}{\omega L_2}\right]$$

令阻抗虚部为零，$\text{Im}(Z_{\text{in}}) = 0$，即

$$\omega L_1 - \frac{(\omega M)^2}{\omega L_2} = 0$$

得到

$$M = \sqrt{L_1 L_2}$$

即当 $M = \sqrt{L_1 L_2}$ 时，在任何频率下有 u、i 同相。

例 7-5 试求图 7-13 所示 ab 端电路的谐振角频率，品质因数及 3dB 带宽。

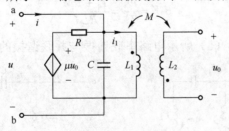

图 7-13　例 7-5 图

解： ab 端电路的谐振角频率需要通过端口阻抗或导纳来确定。由 KCL

$$\dot{I} = j\omega C \dot{U} + \frac{\dot{U}}{j\omega L_1} + \frac{\dot{U} - \mu \dot{U}_0}{R} \qquad ①$$

由于

$$\dot{U}_0 = -j\omega M \dot{I}_1 \qquad ②$$

而

$$\dot{I}_1 = \frac{\dot{U}}{\mathrm{j}\omega L_1} \qquad \text{③}$$

式③代入式②得

$$\dot{U}_0 = -\mathrm{j}\omega M \dot{I}_1 = -\frac{M}{L_1}\dot{U} \qquad \text{④}$$

式④代入式①得

$$\dot{I} = \mathrm{j}\omega C\dot{U} + \frac{\dot{U}}{\mathrm{j}\omega L_1} + \frac{\dot{U} + \dfrac{\mu M}{L_1}\dot{U}}{R}$$

$$= \left[\frac{L_1 + \mu M}{RL_1} + \mathrm{j}\left(\omega C - \frac{1}{\omega L_1}\right)\right]\dot{U}$$

ab 端等效导纳为

$$Y = \frac{\dot{I}}{\dot{U}} = \frac{L_1 + \mu M}{RL_1} + \mathrm{j}\left(\omega C - \frac{1}{\omega L_1}\right)$$

ab 端等效电路为电阻 r、电容 C、电感 L_1 的并联，其中 $r = \dfrac{RL_1}{L_1 + \mu M}$。

令导纳虚部为零，得谐振角频率

$$\omega_0 = \frac{1}{\sqrt{L_1 C}}$$

品质因数

$$Q = \omega_0 Cr = \frac{1}{\sqrt{L_1 C}} C \frac{RL_1}{L_1 + \mu M} = \frac{R\sqrt{L_1 C}}{L_1 + \mu M}$$

3dB 带宽

$$BW = \frac{\omega_0}{Q} = \frac{L_1 + \mu M}{RL_1 C}$$

例 7-6 试求图 7-14（a）所示电路串联谐振与并联谐振的角频率。

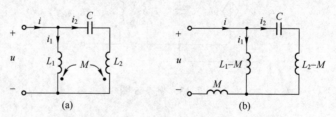

图 7-14　例 7-6 图

分析： 串联谐振角频率指电容 C 与电感 L_2 的串联谐振角频率，并联谐振角频率是指电容 C 与电感 L_2 的串联再与 L_1 并联的谐振角频率。

解：（1）求电容 C 与电感 L_2 的串联谐振角频率，如图 7-14（a）所示，先求电容 C

与电感 L_2 串联的等效阻抗。由 KVL

$$j\omega L_2 \dot{I}_2 + \frac{\dot{I}_2}{j\omega C} + j\omega M \dot{I}_1 = j\omega L_1 \dot{I}_1 + j\omega M \dot{I}_2$$

于是

$$\dot{I}_1 = \frac{\omega L_2 - \omega M - \dfrac{1}{\omega C}}{\omega(L_1 - M)} \dot{I}_2$$

由于

$$\dot{U} = j\omega L_1 \dot{I}_1 + j\omega M \dot{I}_2$$

$$= j\omega L_1 \frac{\omega L_2 - \omega M - \dfrac{1}{\omega C}}{\omega(L_1 - M)} \dot{I}_2 + j\omega M \dot{I}_2$$

$$= j\frac{\omega L_1 L_2 - \omega L_1 M - \dfrac{L_1}{\omega C} + \omega L_1 M - \omega M^2}{L_1 - M} \dot{I}_2$$

$$= j\frac{\omega L_1 L_2 - \omega M^2 - \dfrac{L_1}{\omega C}}{L_1 - M} \dot{I}_2$$

于是电容 C 与电感 L_2 串联的等效阻抗为

$$Z_2 = \frac{\dot{U}}{\dot{I}_2} = j\frac{\omega L_1 L_2 - \omega M^2 - \dfrac{L_1}{\omega C}}{L_1 - M}$$

令以上阻抗虚部为零,即

$$\omega L_1 L_2 - \omega M^2 - \frac{L_1}{\omega C} = 0$$

得到串联谐振角频率

$$\omega_1 = \sqrt{\frac{L_1}{C(L_1 L_2 - M^2)}}$$

(2)求并联谐振角频率,如图 7-14(a)所示电路的等效电路如图 7-14(b)所示,输入阻抗为

$$Z_{in} = j\omega M + \frac{j\omega(L_1 - M)\left[j\omega(L_2 - M) - j\dfrac{1}{\omega C}\right]}{j\omega(L_1 - M) + j\omega(L_2 - M) - j\dfrac{1}{\omega C}}$$

$$= j\frac{\omega L_1 L_2 - \omega M^2 - \dfrac{L_1}{\omega C}}{L_1 + L_2 - 2M - \dfrac{1}{\omega^2 C}}$$

输入导纳为

$$Y_{in} = \frac{1}{Z_{in}} = -j\frac{L_1 + L_2 - 2M - \dfrac{1}{\omega^2 C}}{\omega L_1 L_2 - \omega M^2 - \dfrac{L_1}{\omega C}}$$

令导纳虚部为零，即

$$L_1 + L_2 - 2M - \frac{1}{\omega^2 C} = 0$$

得到并联谐振角频率

$$\omega_2 = \sqrt{\frac{1}{C(L_1 + L_2 - 2M)}}$$

例 7-7　含有自耦变压器的正弦稳态电路如图 7-15（a）所示，设初级绕组匝数为 N_1，负载电阻 $R_L = 10\Omega$，$u_S = 100\sqrt{2}\cos(\omega t)\text{V}$，$u_2 = 20\sqrt{2}\cos(\omega t)\text{V}$（$u_2$ 从 N_1 中在匝数 N_2 处获得），自耦变压器以理想变压器模拟，试计算 i_1，i_2 与 i_L。

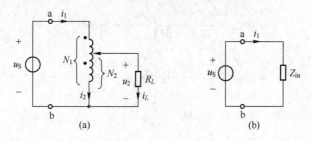

图 7-15　例 7-7 图

分析：自耦变压器仅有一个初级绕组构成，初级电压为整个绕组上的电压，次级电压通过滑动触头从初级绕组中获得。自耦变压器可以看作理想变压器，其初级绕组匝数为 N_1，次级绕组匝数为 N_2。

解：由理想变压器的伏安关系

$$\frac{N_1}{N_2} = \frac{u_S}{u_2} = 5$$

ab 端的等效阻抗为

$$Z_{\text{in}} = \left(\frac{N_1}{N_2}\right)^2 R_L = 5^2 \times 10 = 250\Omega$$

初级等效电路如图 7-15（b）所示，所以

$$i_1 = \frac{u_S}{Z_{\text{in}}} = \frac{100\sqrt{2}\cos(\omega t)}{250} = 0.4\sqrt{2}\cos(\omega t)\text{A}$$

又因为

$$i_L = \frac{u_2}{R_L} = \frac{20\sqrt{2}\cos(\omega t)}{10} = 2\sqrt{2}\cos(\omega t)\text{A}$$

由 KCL，得到

$$i_2 = i_1 - i_L = 0.4\sqrt{2}\cos(\omega t) - 2\sqrt{2}\cos(\omega t) = -1.6\sqrt{2}\cos(\omega t)\text{A}$$

例 7-8　正弦稳态电路如图 7-16（a）所示，图中 $u_1(t) = \cos(2t)\text{V}$，负载 R_2、C_2 值可变。试问当 R_2、C_2 为何值时，电阻 R_2 上可获得最大功率？此最大功率是多少？

224

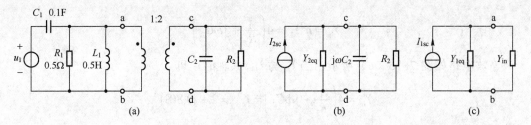

图 7-16　例 7-8 图

分析：负载 R_2、C_2 值可变，即负载导纳 $Y_L = \dfrac{1}{R_2} + j\omega C_2$ 的实部和虚部均可变化，根据本例具体情况，易采用诺顿定理和最大功率传输定理解决，当负载导纳 Y_L 与 cd 端诺顿等效电路的等效导纳共轭时，负载获取最大功率。注意，此最大功率的计算公式为

$$P_{\max} = \frac{I_{\mathrm{sc}}^2}{4G_{\mathrm{o}}} = \frac{1}{2}\frac{I_{\mathrm{scm}}^2}{4G_{\mathrm{o}}}$$

解：方法一：求 cd 端诺顿等效电路。当 cd 端短路时，由于

$$u_{\mathrm{ab}} = \frac{1}{2}u_{\mathrm{cd}} = 0$$

即 ab 端也短路，则 cd 端短路电流

$$\dot{I}_{2\mathrm{sc}} = \frac{1}{2}\dot{I}_{1\mathrm{sc}} = \frac{1}{2}j\omega C_1 \dot{U}_1 = \frac{1}{2}\times j2 \times 0.1 \times \frac{1}{\sqrt{2}} \angle 0^\circ = 0.05\sqrt{2}\angle 90^\circ \mathrm{A}$$

cd 端等效导纳

$$Y_{2\mathrm{eq}} = \frac{1}{n^2}Y_{\mathrm{ab}} = \frac{1}{4}\left(j\omega C_1 + \frac{1}{R_1} - j\frac{1}{\omega L_1}\right)$$

$$= \frac{1}{4}\left(j0.2 + \frac{1}{0.5} - j1\right) = 0.5 - j0.2(\mathrm{S})$$

等效电路如图 7-16（b）所示。当 Y_L 与 $Y_{2\mathrm{eq}}$ 共轭时，即

$$Y_L = \frac{1}{R_2} + j\omega C_2 = Y_{2\mathrm{eq}}^* = 0.5 + j0.2$$

得到 $R_2 = 2\Omega$，$C_2 = 0.1\mathrm{F}$。

负载获取的最大功率为

$$P_{\max} = \frac{I_{2\mathrm{sc}}^2}{4G_{\mathrm{o}}} = \frac{\left(0.05\sqrt{2}\right)^2}{4\times 0.5} = 0.0025\mathrm{W}$$

方法二：从 ab 端分别向左和向右等效。左边的诺顿等效电路为

$$\dot{I}_{1\mathrm{sc}} = j\omega C_1 \dot{U}_1 = j2 \times 0.1 \times \frac{\sqrt{2}}{2}\angle 0^\circ = 0.1\sqrt{2}\angle 90^\circ \mathrm{A}$$

等效导纳

$$Y_{1\mathrm{eq}} = j\omega C_1 + \frac{1}{R_1} - j\frac{1}{\omega L_1} = j0.2 + \frac{1}{0.5} - j1 = 2 - j0.8(\mathrm{S})$$

ab 端右边的等效导纳

$$Y_{in} = n^2 Y_L = 4\left(\frac{1}{R_2} + j\omega C_2\right)$$

等效电路如图 7-16（c）所示。当 Y_{in} 与 Y_{1eq} 共轭时，即

$$Y_{in} = 4\left(\frac{1}{R_2} + j\omega C_2\right) = Y_{1eq}^* = 2 + j0.8(S)$$

得到 $R_2 = 2\Omega$，$C_2 = 0.1F$。
负载获取的最大功率为

$$P_{max} = \frac{I_{1sc}^2}{4G_o} = \frac{\left(0.1\sqrt{2}\right)^2}{4 \times 2} = 0.0025W$$

7.5 习题 7 答案

7-1 分别写出习题 7-1 图所示各电路的伏安关系。

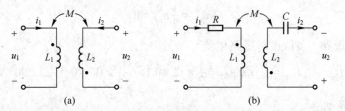

习题 7-1 图

解：（1）图（a）中，伏安关系为

$$\begin{cases} u_1 = L_1 \dfrac{di_1}{dt} - M \dfrac{di_2}{dt} \\ u_2 = -M \dfrac{di_1}{dt} + L_2 \dfrac{di_2}{dt} \end{cases} \quad 或者 \quad \begin{cases} \dot{U}_1 = j\omega L_1 \dot{I}_1 - j\omega M \dot{I}_2 \\ \dot{U}_2 = -j\omega M \dot{I}_1 + j\omega L_2 \dot{I}_2 \end{cases}$$

（2）图（b）中，伏安关系为

$$\begin{cases} u_1 = R_1 i_1 + L_1 \dfrac{di_1}{dt} + M \dfrac{di_2}{dt} \\ u_2 = M \dfrac{di_1}{dt} + L_2 \dfrac{di_2}{dt} + \dfrac{1}{C}\displaystyle\int_{-\infty}^{t} i_2(\xi)d\xi \end{cases} \quad 或者 \quad \begin{cases} \dot{U}_1 = R_1 \dot{I}_1 + j\omega L_1 \dot{I}_1 + j\omega M \dot{I}_2 \\ \dot{U}_2 = j\omega M \dot{I}_1 + j\omega L_2 \dot{I}_2 - j\dfrac{1}{\omega C} \dot{I}_2 \end{cases}$$

7-2 习题 7-2 图（a）所示电路中，已知 $R_1 = 2\Omega$，$R_2 = 3\Omega$，$L_1 = 0.5H$，$L_2 = 0.5H$，$M = 0.3H$，i_1 的波形如习题 7-2 图（b）所示，求电源电压 u_S 和线圈 L_2 的开路电压 u_2。

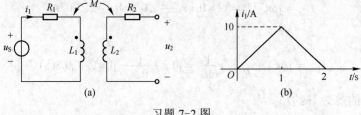

习题 7-2 图

解： 由习题 7-2 图（a）可知，i_1 表达式为

$$i_1 = \begin{cases} 10t(\text{A}) & 0 \leqslant t < 1\text{s} \\ 20 - 10t(\text{A}) & 1\text{s} \leqslant t < 2\text{s} \\ 0 & t \geqslant 2\text{s}, t < 0 \end{cases}$$

电源电压 u_S 为

$$u_S = R_1 i_1 + L_1 \frac{\mathrm{d}i_1}{\mathrm{d}t} = \begin{cases} 2 + 20t(\text{V}) & 0 \leqslant t < 1\text{s} \\ 38 - 20t(\text{V}) & 1\text{s} \leqslant t < 2\text{s} \\ 0 & t \geqslant 2\text{s}, t < 0 \end{cases}$$

线圈 L_2 的开路电压 u_2 为

$$u_2 = M \frac{\mathrm{d}i_1}{\mathrm{d}t} = \begin{cases} 3\text{V} & 0 \leqslant t < 1\text{s} \\ -3\text{V} & 1\text{s} \leqslant t < 2\text{s} \\ 0 & t \geqslant 2\text{s}, t < 0 \end{cases}$$

7-3 习题 7-3 图所示电路中，已知 $L_1 = 0.3\text{H}$，$L_2 = 0.7\text{H}$，$M = 0.4\text{H}$，$R_1 = R_2 = 1\Omega$，$C = 20\mu\text{F}$，求谐振角频率 ω_0 和电路的品质因数 Q。

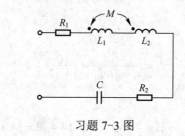

习题 7-3 图

解： 耦合电感串联的等效电感为

$$L = L_1 + L_2 + 2M = 0.3 + 0.7 + 2 \times 0.4 = 1.8\text{H}$$

谐振角频率为

$$\omega_0 = \frac{1}{\sqrt{LC}} = \frac{1}{\sqrt{1.8 \times 20 \times 10^{-6}}} = \frac{1}{6} \times 10^3 = 167\text{rad/s}$$

电路的品质因数为

$$Q = \frac{\omega_0 L}{R_1 + R_2} = \frac{\frac{1}{6} \times 10^3 \times 1.8}{2} = 150$$

7-4 习题 7-4 图所示电路的谐振角频率为 $\omega_0 = 10^4 \text{rad/s}$，试求电容为多少？

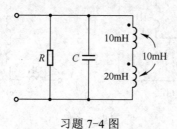

习题 7-4 图

解：耦合电感串联的等效电感为

$$L = L_1 + L_2 + 2M = 10 + 20 + 2 \times 10 = 50 \text{mH}$$

电容为

$$C = \frac{1}{\omega_0^2 L} = \frac{1}{10^8 \times 50 \times 10^{-3}} = 0.2 \mu\text{F}$$

7-5 习题 7-5 图所示自耦变压器电路中，已知 $\dot{U}_1 = 10\text{V}$ ，$r_1 = 1\Omega$ ，$r_2 = 4\Omega$ ，$\omega L_1 = \omega L_2 = 2\Omega$ ，$\omega M = 1\Omega$ ，求开路电压 $\dot{U}_2$ 。

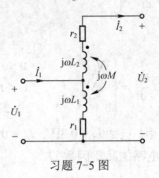

习题 7-5 图

解：由于 $\dot{I}_2 = 0$ ，所以

$$\dot{I}_1 = \frac{\dot{U}_1}{r_1 + j\omega L_1} = \frac{10}{1 + j2}$$

开路电压 $\dot{U}_2$ 为

$$\dot{U}_2 = j\omega M \dot{I}_1 + \dot{U}_1 = j1 \times \frac{10}{1 + j2} + 10 = 14 + j2 = 14.14 \angle 8.13° \text{V}$$

7-6 求习题 7-6 图（a）、（b）和（c）所示各电路的等效电感。

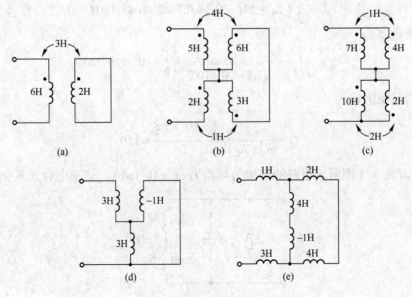

习题 7-6 图

解：（1）图（a）的等效电路如图（d）所示，等效电感为

$$L_{eq} = \frac{3 \times (-1)}{3 + (-1)} + 3 = 1.5H$$

（2）图（b）的等效电路如图（e）所示，等效电感为

$$L_{eq} = 1 + 3 + \frac{(4-1) \times (2+4)}{(4-1) + (2+4)} = 6H$$

（3）图（c）所示的电路为两对并联耦合电感再串联，等效电感为

$$L_{eq} = \frac{7 \times 4 - 1}{7 + 4 - 2} + \frac{10 \times 2 - 4}{10 + 2 + 4} = 4H$$

7-7　求习题 7-7 图（a）、（b）所示各电路的输入阻抗。

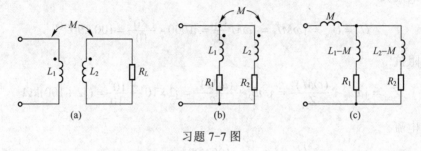

习题 7-7 图

解：（1）图（a）所示电路的输入阻抗为

$$Z_{in} = j\omega L_1 + \frac{(\omega M)^2}{R_L + j\omega L_2}$$

（2）图（b）所示电路的去耦等效电路如图（c）所示，输入阻抗为

$$\begin{aligned}Z_{in} &= j\omega M + \frac{[j\omega(L_1 - M) + R_1][j\omega(L_2 - M) + R_2]}{[j\omega(L_1 - M) + R_1] + [j\omega(L_2 - M) + R_2]} \\ &= j\omega M + \frac{[R_1 + j\omega(L_1 - M)][R_2 + j\omega(L_2 - M)]}{R_1 + R_2 + j\omega(L_1 + L_2 - 2M)}\end{aligned}$$

7-8　习题 7-8 图所示空芯变压器电路中，已知信号源电压 $u_S = \sqrt{2}\cos(1000t)V$，$L_1 = L_2 = 2H$，$M = 1H$，$R = 10\Omega$，试求

（1）当次级开路，并且初级谐振时的电容值，此时次级电压 u_2 等于多少？

（2）满足（1）时，若次级接一个 200Ω 的负载电阻 R_L，次级电流 i_2 等于多少？

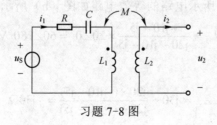

习题 7-8 图

解：（1）当次级开路，初级谐振时，有

$$Z_{11} = R + j\omega L_1 - j\frac{1}{\omega C} = R = 10\Omega$$

所以

$$C = \frac{1}{\omega^2 L_1} = \frac{1}{10^6 \times 2} = 0.5\mu\text{F}$$

此时次级电压 u_2 即为次级开路电压，即

$$\dot{U}_2 = \dot{U}_{\text{oc}} = \text{j}\omega M \dot{I}_1 = \text{j}\omega M \frac{\dot{U}_1}{R} = \text{j}1000 \times \frac{1\angle 0^\circ}{10} = 100\angle 90^\circ\text{V}$$

即

$$u_2 = 100\sqrt{2}\cos(1000t + 90^\circ)\text{V}$$

（2）先求 R_L 两端的戴维南等效电路。

开路电压为

$$\dot{U}_2 = \dot{U}_{\text{oc}} = \text{j}\omega M \dot{I}_1 = \text{j}\omega M \frac{\dot{U}_1}{R} = \text{j}1000 \times \frac{1\angle 0^\circ}{10} = 100\angle 90^\circ\text{V}$$

等效阻抗

$$Z_{\text{eq}} = \text{j}\omega L_2 + \frac{(\omega M)^2}{Z_{11}} = \text{j}\omega L_2 + \frac{(\omega M)^2}{R} = \text{j}2 \times 10^3 + \frac{10^6}{10} = (\text{j}2 + 100)\text{k}\Omega$$

次级电流

$$\dot{I}_2 = \frac{\dot{U}_{\text{oc}}}{Z_{\text{eq}} + R_L} = \frac{100\angle 90^\circ}{\text{j}2 \times 10^3 + 10^5 + 200} \approx 10^{-3}\angle 90^\circ\text{A}$$

即

$$i_2 = \sqrt{2}\cos(1000t + 90^\circ)\text{mA}$$

7-9　用戴维南定理求习题 7-9 图（a）所示电路中的电流 i，已知 $\dot{U}_1 = 20\angle 0^\circ\text{V}$。

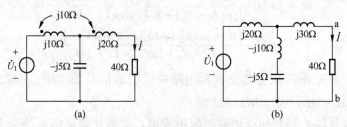

(a)　　　　　　　　　(b)

习题 7-9 图

解：习题 7-9 图（a）所示电路的等效电路如图（b）所示，ab 端开路电压为

$$\dot{U}_{\text{oc}} = \frac{-\text{j}10 - \text{j}5}{\text{j}20 - \text{j}10 - \text{j}5} \times 20\angle 0^\circ = 60\angle 180^\circ\text{V}$$

等效阻抗为

$$Z_{\text{eq}} = \text{j}30 + \frac{\text{j}20 \times (-\text{j}10 - \text{j}5)}{\text{j}20 + (-\text{j}10 - \text{j}5)} = -\text{j}30\Omega$$

电路中的电流 i 为

$$\dot{I} = \frac{\dot{U}_{\text{oc}}}{Z_{\text{eq}} + R_L} = \frac{60\angle 180^\circ}{-\text{j}30 + 40} = 1.2\angle -143.1^\circ\text{A}$$

7-10 习题 7-10 图（a）所示电路中，已知 $\dot{U}_S = 100\angle 0°V$，$R_1 = 40\Omega$，$R_2 = 1\Omega$，$\omega L_1 = 30\Omega$，$\omega L_2 = 5.2\Omega$，耦合系数 $k = 0.8$。

（1）如果 $Z_L = 1.4\Omega$，求 $\dot{I}_2$ 及负载 Z_L 吸收的功率。

（2）如果 Z_L 为纯电阻，求 Z_L 为何值时吸收的功率最大，最大功率为多少？

（3）如果 Z_L 由电阻和电抗组成，求 Z_L 为何值时吸收的功率最大，最大功率为多少？

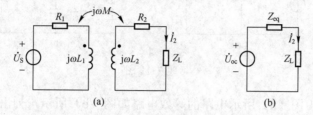

习题 7-10 图

解： 先求负载 Z_L 两端的戴维南等效电路，开路电压为

$$\dot{U}_{oc} = j\omega M\dot{I}_1 = j\omega M\frac{\dot{U}_S}{R_1 + j\omega L_1} = j10 \times \frac{100\angle 0°}{40 + j30} = 20\angle 53.1°V$$

其中

$$\omega M = k\sqrt{\omega L_1 \cdot \omega L_2} = 0.8\sqrt{30 \times 5.2} \approx 10\Omega$$

等效阻抗为

$$Z_{eq} = R_2 + j\omega L_2 + \frac{(\omega M)^2}{R_1 + j\omega L_1} = 1 + j5.2 + \frac{100}{40 + j30} = 2.6 + j4(\Omega)$$

习题 7-10 图（a）所示电路的戴维南等效电路如图（b）所示。

（1）当 $Z_L = R_L = 1.4\Omega$，电流 $\dot{I}_2$ 为

$$\dot{I}_2 = \frac{\dot{U}_{oc}}{Z_{eq} + Z_L} = \frac{20\angle 53.1°}{2.6 + j4 + 1.4} = 3.54\angle 8.1°A$$

负载 Z_L 吸收的功率为

$$P = I_2^2 R_L = 3.54^2 \times 1.4 = 17.5W$$

（2）如果 Z_L 为纯电阻，则当 $Z_L = R_L = |Z_{eq}| = 4.77\Omega$ 时，获取最大功率，此时

$$\dot{I}_2 = \frac{\dot{U}_{oc}}{Z_{eq} + R_L} = \frac{20\angle 53.1°}{2.6 + j4 + 4.77} = 2.39\angle 24.6°A$$

负载 Z_L 吸收的功率为

$$P = I_2^2 R_L = 2.39^2 \times 4.77 = 27.2W$$

（3）如果 Z_L 由电阻和电抗组成时，则当 $Z_L = Z_{eq}^* = 2.6 - j4(\Omega)$ 时，获取最大功率，最大功率为

$$P_{max} = \frac{U_{oc}^2}{4R_L} = \frac{20^2}{4 \times 2.6} = 38.5W$$

7-11　习题 7-11 图（a）所示电路中参数 L_1、L_2、M 及 C 都已给定，当电源频率改变时，有无可能分别使 $\dot{I}_1 = 0$ 及 $\dot{I}_2 = 0$，这时的电源频率分别为多少？

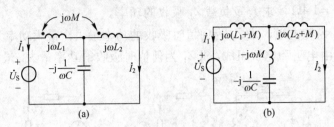

习题 7-11 图

解：习题 7-11 图（a）所示电路的等效电路如图（b）所示，列出网孔电流方程

$$\begin{cases} \mathrm{j}(\omega L_1 + \omega M - \omega M - 1/\omega C)\dot{I}_1 - \mathrm{j}(\omega M + 1/\omega C)\dot{I}_2 = -\dot{U}_\mathrm{S} \\ -\mathrm{j}(\omega M + 1/\omega C)\dot{I}_1 + \mathrm{j}(\omega L_2 + \omega M - \omega M - 1/\omega C)\dot{I}_2 = 0 \end{cases}$$

整理得

$$\begin{cases} \mathrm{j}(\omega L_1 - 1/\omega C)\dot{I}_1 - \mathrm{j}(\omega M + 1/\omega C)\dot{I}_2 = -\dot{U}_\mathrm{S} \\ -\mathrm{j}(\omega M + 1/\omega C)\dot{I}_1 + \mathrm{j}(\omega L_2 - 1/\omega C)\dot{I}_2 = 0 \end{cases}$$

解得

$$\dot{I}_1 = \frac{\begin{vmatrix} -\dot{U}_\mathrm{S} & -\mathrm{j}(\omega M + 1/\omega C) \\ 0 & \mathrm{j}(\omega L_2 - 1/\omega C) \end{vmatrix}}{\begin{vmatrix} \mathrm{j}(\omega L_1 - 1/\omega C) & -\mathrm{j}(\omega M + 1/\omega C) \\ -\mathrm{j}(\omega M + 1/\omega C) & \mathrm{j}(\omega L_2 - 1/\omega C) \end{vmatrix}}$$

$$\dot{I}_2 = \frac{\begin{vmatrix} \mathrm{j}(\omega L_1 - 1/\omega C) & -\dot{U}_\mathrm{S} \\ -\mathrm{j}(\omega M + 1/\omega C) & 0 \end{vmatrix}}{\begin{vmatrix} \mathrm{j}(\omega L_1 - 1/\omega C) & -\mathrm{j}(\omega M + 1/\omega C) \\ -\mathrm{j}(\omega M + 1/\omega C) & \mathrm{j}(\omega L_2 - 1/\omega C) \end{vmatrix}}$$

显然，当 $\omega L_2 - \dfrac{1}{\omega C} = 0$，即 $\omega = \dfrac{1}{\sqrt{L_2 C}}$ 时，$\dot{I}_1 = 0$，此时 $\dot{I}_2 \neq 0$。

由于 $\omega M + \dfrac{1}{\omega C} \neq 0$，即 $\dot{I}_2 \neq 0$。

7-12　求习题 7-12 图（a）所示电路的的电压 $\dot{U}$。

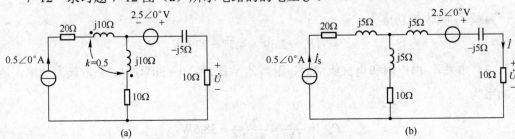

习题 7-12 图

解：习题 7-12 图（a）所示电路的去耦等效电路如图（b）所示，其中

$$\omega M = k\sqrt{\omega L_1 \cdot \omega L_2} = 0.5\sqrt{10 \times 10} = 5\Omega$$

列出右边网孔电流方程

$$(10 + j5 + j5 - j5 + 10)\dot{I} - (10 + j5) \times 0.5\angle0° = 2.5\angle0°$$

整理得

$$(20 + j5)\dot{I} - (10 + j5) \times 0.5\angle0° = 2.5\angle0°$$

解得

$$\dot{I} = \frac{2.5\angle0° + (10 + j5) \times 0.5\angle0°}{20 + j5} = 0.383\angle4.43°\text{A}$$

于是

$$\dot{U} = 10\dot{I} = 3.83\angle4.43°\text{V}$$

7-13 习题 7-13（a）图所示电路中，Z_L 为多少时可获得最大功率，并求此最大功率。

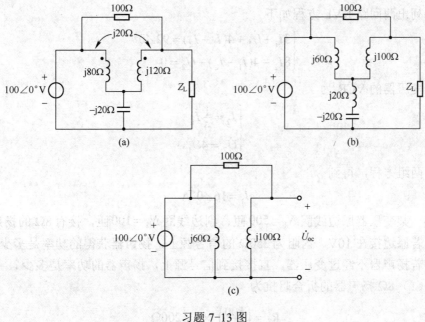

(a)　　　　　(b)

(c)

习题 7-13 图

解：习题 7-13 图（a）所示电路的去耦等效电路如图（b）所示，进一步化简为图（c）所示。开路电压为

$$\dot{U}_{oc} = \frac{j100}{100 + j100} \times 100\angle0° = 50\sqrt{2}\angle45°\text{V}$$

等效阻抗为

$$Z_{eq} = 100 // j100 = \frac{100 \times j100}{100 + j100} = 50\sqrt{2}\angle45°\Omega$$

则当 $Z_L = Z_{eq}^* = 50\sqrt{2}\angle{-45°} = 50 - j50(\Omega)$ 时，获取最大功率，最大功率为

$$P_{max} = \frac{U_{oc}^2}{4R_L} = \frac{(50\sqrt{2})^2}{4\times50} = 25W$$

7-14 求习题 7-14 图所示电路的输入阻抗。

解： 输入阻抗为

$$Z_{in} = 2 + \frac{1}{5^2}(25 + 5^2 \times 5) = 8\Omega$$

7-15 求习题 7-15 图所示电路中的电流 $\dot{I}_1$。

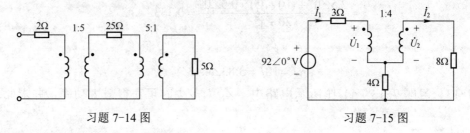

习题 7-14 图　　　　　　　　习题 7-15 图

解： 列出两回路 KVL 方程如下

$$\begin{cases} 3\dot{I}_1 + \dot{U}_1 + 4(\dot{I}_1 - \dot{I}_2) = 92\angle0° \\ 8\dot{I}_2 - 4(\dot{I}_1 - \dot{I}_2) - \dot{U}_2 = 0 \end{cases}$$

理想变压器的 VCR 为

$$\begin{cases} \dot{I}_2 = \frac{1}{4}\dot{I}_1 \\ \dot{U}_2 = 4\dot{U}_1 \end{cases}$$

联立两组方程，得到

$$\dot{I}_1 = 16\angle0°A$$

7-16 某变压器原边线圈 $N_1 = 500$ 匝，副边线圈 $N_2 = 100$ 匝，接有 8Ω 的扬声器。
（1）若原边接在 10V、内阻为 250Ω 的信号源上，扬声器获得的功率是多少？
（2）若扬声器不经过变压器，直接接到信号源上，扬声器的功率是多少？

解：（1）8Ω 扬声器的折合阻抗为

$$R_{in} = \left(\frac{500}{100}\right)^2 \times 8 = 200\Omega$$

扬声器电流

$$I = \frac{10}{250 + 200} = 0.022A$$

扬声器获得的功率为

$$P = I^2 R_{in} = 0.022^2 \times 200 = 0.099W = 99mW$$

（2）扬声器电流

$$I = \frac{10}{250 + 8} = 0.0388A$$

扬声器获得的功率为

$$P = I^2R = 0.0388^2 \times 8 = 0.012\text{W} = 12\text{mW}$$

7-17 电路如习题 7-17 图（a）所示，为使 10Ω 负载电阻能获得最大功率，试确定理想变压器的变比 n。

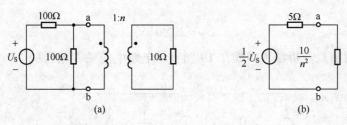

习题 7-17 图

解：习题 7-17 图（a）所示电路，其等效电路如图（b）所示，由最大功率匹配条件

$$50 = \frac{10}{n^2}$$

得到

$$n = \sqrt{\frac{10}{50}} = 0.45$$

7-18 求如习题 7-18 图（a）所示电路中的 $\dot{U}_2$。

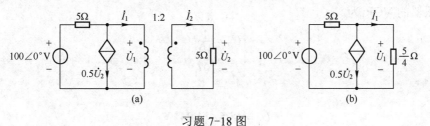

习题 7-18 图

解：本题用两种方法解答。

（1）如习题 7-18 图（a）所示电路，列回路方程

$$\begin{cases} 5(\dot{I}_1 + 0.5\dot{U}_2) + \dot{U}_1 = 100\angle 0^\circ \\ \dot{U}_2 = 5\dot{I}_2 \end{cases}$$

理想变压器的 VCR 为

$$\begin{cases} \dot{U}_2 = 2\dot{U}_1 \\ \dot{I}_2 = \frac{1}{2}\dot{I}_1 \end{cases}$$

联立两组方程，解得

$$\dot{U}_2 = 20\angle 0^\circ \text{V}$$

（2）习题 7-18 图（a）所示电路的初级等效电路如图（b）所示，其中 5Ω 电阻的折合阻抗为 $n^2 \times 5 = \frac{5}{4}\Omega$。以 $\dot{U}_1$ 为节点电位列节点方程

$$\left(\frac{1}{5}+\frac{4}{5}\right)\dot{U}_1 = \frac{100\angle 0^\circ}{5} - 0.5\dot{U}_2$$

理想变压器的电压关系为

$$\dot{U}_2 = 2\dot{U}_1$$

解得

$$\dot{U}_2 = 20\angle 0^\circ \text{ V}$$

7-19 试用节点分析法求习题 7-19 图所示电路中的输入电压 $\dot{U}_1$。

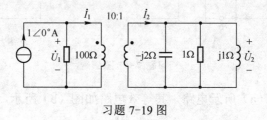

习题 7-19 图

解：以 $\dot{U}_1$、$\dot{U}_2$ 为节点电位列节点方程

$$\begin{cases} \dfrac{1}{100}\dot{U}_1 + \dot{I}_1 = 1\angle 0^\circ \\ \left(\dfrac{1}{1}+\dfrac{1}{\mathrm{j}1}+\dfrac{1}{-\mathrm{j}2}\right)\dot{U}_2 - \dot{I}_2 = 0 \end{cases}$$

理想变压器的 VCR 为

$$\begin{cases} \dot{U}_2 = \dfrac{1}{10}\dot{U}_1 \\ \dot{I}_2 = 10\dot{I}_1 \end{cases}$$

解得

$$\dot{U}_1 = 48.5\angle 14.04^\circ \text{ V}$$

7-20 如习题 7-20 图（a）所示电路中，已知 $u_S(t) = 100\cos(1000t)\text{V}$，求 Z_L 为多少时，可获得最大功率？并求此功率。

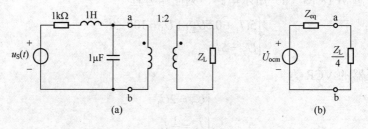

习题 7-20 图

解：习题 7-20 图（a）所示电路的等效电路如图（b）所示，a、b 端的开路电压为

$$\dot{U}_{\mathrm{ocm}} = \frac{-\mathrm{j}1000}{1000 + \mathrm{j}1000 - \mathrm{j}1000} \times 100\angle 0^\circ = 100\angle -90^\circ \text{ V}$$

等效阻抗为

$$Z_{eq} = \frac{(1000 + j1000)(-j1000)}{(1000 + j1000) + (-j1000)} = (1 - j)\,k\Omega$$

根据最大功率匹配条件，当

$$\frac{1}{4}Z_L = Z_{eq}^* = (1 + j)k\Omega$$

即 $Z_L = (4 + 4j)\,k\Omega$ 时，负载获取最大功率，此最大功率为

$$P_{max} = \frac{\frac{1}{2}U_{ocm}^2}{4R_S} = \frac{\frac{1}{2} \times 100^2}{4 \times 10^3} = 1.25W$$

7-21 全耦合变压器如习题 7-21 图所示。

（1）求 ab 端的戴维南等效电路；

（2）若 ab 端短路，求短路电流。

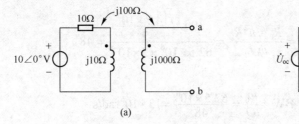

(a)   (b)

习题 7-21 图

解：（1）习题 7-21 图（a）所示电路 a、b 端的开路电压为

$$\dot{U}_{ocm} = j\omega M \dot{I}_1 = j100 \times \frac{10\angle 0^\circ}{10 + j10} = 50\sqrt{2}\angle 45^\circ\,V$$

等效阻抗为

$$Z_{eq} = j1000 + \frac{(100)^2}{10 + j10} = (500 + j500) = 500\sqrt{2}\angle 45^\circ \Omega$$

（2）等效电路如习题 7-21 图（b）所示，短路电流为

$$\dot{I}_{scm} = \frac{\dot{U}_{ocm}}{Z_{eq}} = \frac{50\sqrt{2}\angle 45^\circ}{500\sqrt{2}\angle 45^\circ} = 0.1\angle 0^\circ\,A$$

7-22 如习题 7-22 图（a）所示电路中，电压源 u_S 为正弦电压，$R_1 = 300\Omega$，$L_1 = 5 \times 10^{-5}\,mH$，$L_2 = 2.45 \times 10^{-3}\,mH$，$k = 1$，$C = 104.5pF$，$R_L = 14.7k\Omega$。求谐振频率、带宽和最大电压增益。

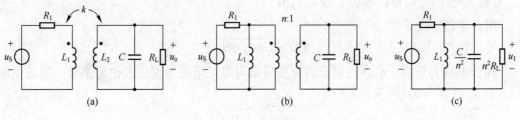

(a)   (b)   (c)

习题 7-22 图

解：对全耦合变压器可以采用理想变压器作为模型，等效电路如习题 7-22 图（b）所示，其中

$$n = \sqrt{\frac{L_1}{L_2}} = \sqrt{\frac{5 \times 10^{-8}}{2.45 \times 10^{-6}}} = \frac{1}{7}$$

次级导纳折合到初级为

$$Y_{\text{in}} = \frac{1}{n^2}\left(j\omega C + \frac{1}{R_L}\right) = j\omega\frac{C}{n^2} + \frac{1}{n^2 R_L}$$

等效电路如习题 7-22 图（c）所示，电路发生并联谐振，谐振频率为

$$\omega_0 = \frac{1}{\sqrt{L_1\dfrac{C}{n^2}}} = \frac{n}{\sqrt{L_1 C}} = \frac{1/7}{\sqrt{5 \times 10^{-8} \times 104.5 \times 10^{-12}}} = 62.5 \times 10^6 \text{ rad/s}$$

品质因数

$$Q = \frac{R_1 // n^2 R_L}{\omega_0 L_1} = \frac{300 // \dfrac{14.7 \times 10^3}{7^2}}{62.5 \times 10^6 \times 5 \times 10^{-8}} = 48$$

带宽为

$$\text{BW} = \frac{\omega_0}{Q} = \frac{62.5 \times 10^6}{48} = 13 \times 10^5 \text{ rad/s}$$

由于并联谐振时，导纳为最小，即

$$Y_1 = \frac{1}{j\omega L} + j\omega\frac{C}{n^2} + \frac{1}{n^2 R_L} = j\left(\omega\frac{C}{n^2} - \frac{1}{\omega L}\right) + \frac{1}{n^2 R_L} = \frac{1}{n^2 R_L}$$

阻抗为最大，初级电压最大，即

$$Z_1 = \frac{1}{Y_1} = n^2 R_L$$

$$\dot{U}_1 = \frac{n^2 R_L}{R_1 + n^2 R_L}\dot{U}_S = \frac{\dfrac{14.7 \times 10^3}{7^2}}{300 + \dfrac{14.7 \times 10^3}{7^2}}\dot{U}_S = \frac{300}{300 + 300}\dot{U}_S = \frac{1}{2}\dot{U}_S$$

而

$$\dot{U}_0 = \frac{1}{n}\dot{U}_1 = \frac{7}{2}\dot{U}_S = 3.5\dot{U}_S$$

即最大电压增益为 3.5。

7-23 如习题 7-23 图所示电路中，已知 $\dot{U}_S = 10\angle 0°\text{V}$，$\omega = 10\text{rad/s}$，要使输出电压 $\dot{U}_2$ 与输入电压 $\dot{U}_S$ 同相，电容 C 应取何值？

解：本题中由于

$$\omega M = \sqrt{\omega L_1 \cdot \omega L_2}$$

耦合电感为全耦合电感，对全耦合变压器可以采用理想变压器作为模型，等效电路如习题 7-23 图（b）所示，其中

$$n = \sqrt{\frac{\omega L_1}{\omega L_2}} = \sqrt{\frac{10}{1.6}} = 2.5$$

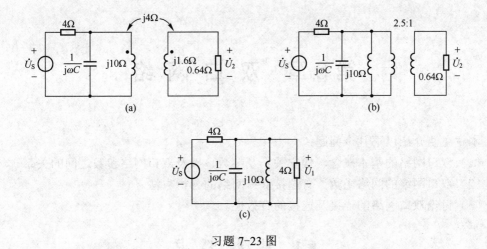

习题 7-23 图

次级阻抗折合到初级为

$$Z_{in} = n^2 R_L = 2.5^2 \times 0.64 = 4\Omega$$

等效电路如习题 7-23 图（c）所示，使输出电压 $\dot{U}_2$ 与输入电压 $\dot{U}_S$ 同相，也即 $\dot{U}_1$ 与输入电压 $\dot{U}_S$ 同相，电路发生并联谐振，即

$$\omega_0 L = \frac{1}{\omega_0 C}$$

得到

$$C = \frac{1}{\omega_0^2 L} = \frac{1}{100 \times 10} = 10^{-3} F$$

此时

$$\dot{U}_1 = \frac{4}{4+4}\dot{U}_S = \frac{1}{2}\dot{U}_S$$

而

$$\dot{U}_2 = \frac{1}{n}\dot{U}_1 = \frac{1}{2.5} \times \frac{1}{2}\dot{U}_S = \frac{1}{5}\dot{U}_S = 2\angle 0° V$$

第8章 双口网络

本章主要介绍以下几个问题:
(1) 双口网络的基本概念、伏安关系及参数,以及双口网络参数之间的关系。
(2) 双口网络的网络函数,有端接双口网络的分析方法。
(3) 讨论双口网络的连接及连接的有效性。

8.1 基 本 要 求

(1) 掌握双口网络的概念,理解双口网络的六种伏安关系及其对应的参数,重点掌握双口网络 Z、Y、H、A 四种参数的计算方法,了解各组参数间的转换关系。
(2) 掌握双口网络的网络函数的概念,掌握具有端接的双口网络的分析方法。
(3) 了解双口网络的连接及连接的有效性。

8.2 要点·难点

(1) 含受控源双口网络参数的计算。
(2) 有端接双口网络的分析方法。

8.3 基 本 内 容

8.3.1 双口网络的概念

端口是指网络的一对端钮,且任一时刻从一个端钮流入的电流等于从另一端钮流出的电流。把流入端钮的电流与流出另一端钮的电流相等,称为端口条件,满足端口条件的一对端钮称为一个端口。具有两个端口的网络称为二端口网络,或称为双口网络,如图 8-1 所示。本章重点讨论无源、线性、时不变双口网络的正弦稳态分析。

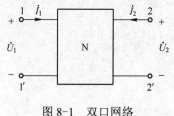

图 8-1 双口网络

8.3.2 双口网络的参数

1. 双口网络参数

如图 8-1 所示的双口网络，其端口电压（$\dot{U}_1$、$\dot{U}_2$）和电流（$\dot{I}_1$、$\dot{I}_2$）之间可以有六种形式的 VCR，六种 VCR 方程分别对应的六种参数，分别为开路阻抗参数（Z 参数）、短路导纳参数（Y 参数）、混合参数（H 参数）、逆混合参数（H' 参数）、传输参数（A 参数）和反向传输参数（A' 参数），以及等效电路，列为表 8-1 所示。

表 8-1　双口网络的参数

	伏安关系	参数定义	参数矩阵	等效电路
Z 参数	$\dot{U}_1 = z_{11}\dot{I}_1 + z_{12}\dot{I}_2$ $\dot{U}_2 = z_{21}\dot{I}_1 + z_{22}\dot{I}_2$	$z_{11} = \dfrac{\dot{U}_1}{\dot{I}_1}\Big\|_{\dot{I}_2=0}$　$z_{12} = \dfrac{\dot{U}_1}{\dot{I}_2}\Big\|_{\dot{I}_1=0}$ $z_{21} = \dfrac{\dot{U}_2}{\dot{I}_1}\Big\|_{\dot{I}_2=0}$　$z_{22} = \dfrac{\dot{U}_2}{\dot{I}_2}\Big\|_{\dot{I}_1=0}$	$\boldsymbol{Z} = \begin{bmatrix} z_{11} & z_{12} \\ z_{21} & z_{22} \end{bmatrix}$	
Y 参数	$\dot{I}_1 = y_{11}\dot{U}_1 + y_{12}\dot{U}_2$ $\dot{I}_2 = y_{21}\dot{U}_1 + y_{22}\dot{U}_2$	$y_{11} = \dfrac{\dot{I}_1}{\dot{U}_1}\Big\|_{\dot{U}_2=0}$　$y_{12} = \dfrac{\dot{I}_1}{\dot{U}_2}\Big\|_{\dot{U}_1=0}$ $y_{21} = \dfrac{\dot{I}_2}{\dot{U}_1}\Big\|_{\dot{U}_2=0}$　$y_{22} = \dfrac{\dot{I}_2}{\dot{U}_2}\Big\|_{\dot{U}_1=0}$	$\boldsymbol{Y} = \begin{bmatrix} y_{11} & y_{12} \\ y_{21} & y_{22} \end{bmatrix}$	
H 参数	$\dot{U}_1 = h_{11}\dot{I}_1 + h_{12}\dot{U}_2$ $\dot{I}_2 = h_{21}\dot{I}_1 + h_{22}\dot{U}_2$	$h_{11} = \dfrac{\dot{U}_1}{\dot{I}_1}\Big\|_{\dot{U}_2=0}$　$h_{12} = \dfrac{\dot{U}_1}{\dot{U}_2}\Big\|_{\dot{I}_1=0}$ $h_{21} = \dfrac{\dot{I}_2}{\dot{I}_1}\Big\|_{\dot{U}_2=0}$　$h_{22} = \dfrac{\dot{I}_2}{\dot{U}_2}\Big\|_{\dot{I}_1=0}$	$\boldsymbol{H} = \begin{bmatrix} h_{11} & h_{12} \\ h_{21} & h_{22} \end{bmatrix}$	
H' 参数	$\dot{I}_1 = h'_{11}\dot{U}_1 + h'_{12}\dot{I}_2$ $\dot{U}_2 = h'_{21}\dot{U}_1 + h'_{22}\dot{I}_2$	$h'_{11} = \dfrac{\dot{I}_1}{\dot{U}_1}\Big\|_{\dot{I}_2=0}$　$h'_{12} = \dfrac{\dot{I}_1}{\dot{I}_2}\Big\|_{\dot{U}_1=0}$ $h'_{21} = \dfrac{\dot{U}_2}{\dot{U}_1}\Big\|_{\dot{I}_2=0}$　$h'_{22} = \dfrac{\dot{U}_2}{\dot{I}_2}\Big\|_{\dot{U}_1=0}$	$\boldsymbol{H'} = \begin{bmatrix} h'_{11} & h'_{12} \\ h'_{21} & h'_{22} \end{bmatrix}$	
A 参数	$\dot{U}_1 = A_{11}\dot{U}_2 + A_{12}(-\dot{I}_2)$ $\dot{I}_1 = A_{21}\dot{U}_2 + A_{22}(-\dot{I}_2)$	$A_{11} = \dfrac{\dot{U}_1}{\dot{U}_2}\Big\|_{\dot{I}_2=0}$　$A_{12} = \dfrac{\dot{U}_1}{-\dot{I}_2}\Big\|_{\dot{U}_2=0}$ $A_{21} = \dfrac{\dot{I}_1}{\dot{U}_2}\Big\|_{\dot{I}_2=0}$　$A_{22} = \dfrac{\dot{I}_1}{-\dot{I}_2}\Big\|_{\dot{U}_2=0}$	$\boldsymbol{A} = \begin{bmatrix} A_{11} & A_{12} \\ A_{21} & A_{22} \end{bmatrix}$	
A' 参数	$\dot{U}_2 = A'_{11}\dot{U}_1 + A'_{12}(-\dot{I}_1)$ $\dot{I}_2 = A'_{21}\dot{U}_1 + A'_{22}(-\dot{I}_1)$	$A'_{11} = \dfrac{\dot{U}_2}{\dot{U}_1}\Big\|_{\dot{I}_1=0}$　$A'_{12} = \dfrac{\dot{U}_2}{-\dot{I}_1}\Big\|_{\dot{U}_1=0}$ $A'_{21} = \dfrac{\dot{I}_2}{\dot{U}_1}\Big\|_{\dot{I}_1=0}$　$A'_{22} = \dfrac{\dot{I}_2}{-\dot{I}_1}\Big\|_{\dot{U}_1=0}$	$\boldsymbol{A'} = \begin{bmatrix} A'_{11} & A'_{12} \\ A'_{21} & A'_{22} \end{bmatrix}$	

2. 双口网络参数的转换

双口网络有六种不同的参数，它们从不同的角度描述了双口网络的外部特性，不同的参数间有着一定的转换关系，表 8-2 列出了四种主要参数间的关系。

表 8-2　双口网络参数转换表

	Z	Y	H	A
Z	z_{11}　z_{12} z_{21}　z_{22}	$\dfrac{y_{22}}{\Delta_Y}$　$-\dfrac{y_{12}}{\Delta_Y}$ $-\dfrac{y_{21}}{\Delta_Y}$　$\dfrac{y_{11}}{\Delta_Y}$	$\dfrac{\Delta_H}{h_{22}}$　$\dfrac{h_{12}}{h_{22}}$ $-\dfrac{h_{21}}{h_{22}}$　$\dfrac{1}{h_{22}}$	$\dfrac{A_{11}}{A_{21}}$　$\dfrac{\Delta_A}{A_{21}}$ $\dfrac{1}{A_{21}}$　$\dfrac{A_{22}}{A_{21}}$
Y	$\dfrac{z_{22}}{\Delta_Z}$　$-\dfrac{z_{12}}{\Delta_Z}$ $-\dfrac{z_{21}}{\Delta_Z}$　$\dfrac{z_{11}}{\Delta_Z}$	y_{11}　y_{12} y_{21}　y_{22}	$\dfrac{1}{h_{11}}$　$-\dfrac{h_{12}}{h_{11}}$ $\dfrac{h_{21}}{h_{11}}$　$\dfrac{\Delta_H}{h_{11}}$	$\dfrac{A_{22}}{A_{12}}$　$-\dfrac{\Delta_A}{A_{12}}$ $-\dfrac{1}{A_{12}}$　$\dfrac{A_{11}}{A_{12}}$
H	$\dfrac{\Delta_Z}{z_{22}}$　$\dfrac{z_{12}}{z_{22}}$ $-\dfrac{z_{21}}{z_{22}}$　$\dfrac{1}{z_{22}}$	$\dfrac{1}{y_{11}}$　$-\dfrac{y_{12}}{y_{11}}$ $\dfrac{y_{21}}{y_{11}}$　$\dfrac{\Delta_Y}{y_{11}}$	h_{11}　h_{12} h_{21}　h_{22}	$\dfrac{A_{12}}{A_{22}}$　$\dfrac{\Delta_A}{A_{22}}$ $-\dfrac{1}{A_{22}}$　$\dfrac{A_{21}}{A_{22}}$
A	$\dfrac{z_{11}}{z_{21}}$　$\dfrac{\Delta_Z}{z_{21}}$ $\dfrac{1}{z_{21}}$　$\dfrac{z_{22}}{z_{21}}$	$-\dfrac{y_{22}}{y_{21}}$　$-\dfrac{1}{y_{21}}$ $-\dfrac{\Delta_Y}{y_{21}}$　$-\dfrac{y_{11}}{y_{21}}$	$-\dfrac{\Delta_H}{h_{21}}$　$-\dfrac{h_{11}}{h_{21}}$ $-\dfrac{h_{22}}{h_{21}}$　$-\dfrac{1}{h_{21}}$	A_{11}　A_{12} A_{21}　A_{22}
矩阵行列式	$\Delta_Z = z_{11}z_{22}$ $- z_{12}z_{21}$	$\Delta_Y = y_{11}y_{22}$ $- y_{12}y_{21}$	$\Delta_H = h_{11}h_{22}$ $- h_{12}h_{21}$	$\Delta_A = A_{11}A_{22} - A_{12}A_{21}$
互易条件	$z_{12} = z_{21}$	$y_{12} = y_{21}$	$h_{12} = -h_{21}$	$\Delta_A = 1$
对称条件	$z_{12} = z_{21}$ $z_{11} = z_{22}$	$y_{12} = y_{21}$ $y_{11} = y_{22}$	$h_{12} = -h_{21}$ $\Delta_H = 1$	$\Delta_A = 1$ $A_{11} = A_{22}$

8.3.3　双口网络的连接

　　双口网络有多种不同的连接方式，主要有串联、并联、串并联、并串联和级联等。将两个子双口网络连接成一个双口网络时，必须保证各子双口网络同时满足端口条件，否则子电路不能看作双口。以下讨论中，均假定连接后各子双口网络满足端口条件。

1. 双口网络的串联（图 8-2）

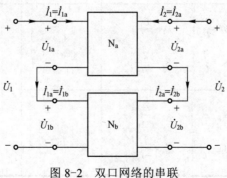

图 8-2　双口网络的串联

　　即当两个子双口网络串联起来组成的双口网络的开路阻抗矩阵 Z 等于两个子双口网络的开路阻抗矩阵 Z_a 和 Z_b 之和。即

$$Z = Z_a + Z_b$$

2. 双口网络的并联（图 8-3）

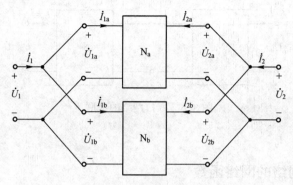

图 8-3 双口网络的并联

即当两个子双口网络满足端口条件时，它们并联起来组成的双口网络的短路导纳矩阵 Y 等于两个子双口网络的短路导纳矩阵 Y_a 和 Y_b 之和。即

$$Y = Y_a + Y_b$$

3. 双口网络的串并联（图 8-4）

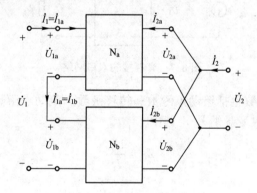

图 8-4 双口网络的串并联

等效参数 $H = H_a + H_b$。

4. 双口网络的并串联（图 8-5）

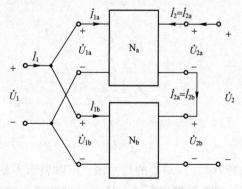

图 8-5 双口网络的并串联

243

等效参数 $H' = H'_a + H'_b$。

5. 双口网络的级联（图 8-6）

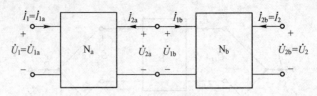

图 8-6　双口网络的级联

等效参数 $A = A_a A_b$。

8.3.4　双口网络的网络函数

在实际应用中，双口网络的输入端口通常接信号源，输出端口接负载，如图 8-7 所示，形成双口网络的有端接情况。其中 $\dot{U}_S$ 表示信号源电压相量，Z_S 表示信号源内阻抗，Z_L 表示负载阻抗。

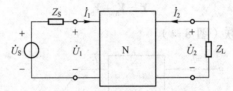

图 8-7　有端接的双口网络

双口网络的网络函数包括策动点函数和转移函数，策动点函数分为策动点（输入）阻抗 Z_{in} 和策动点（输入）导纳 Y_{in}，其中

$$Z_{in} = \frac{\dot{U}_1}{\dot{I}_1} \tag{8-1}$$

$$Y_{in} = \frac{1}{Z_{in}} = \frac{\dot{I}_1}{\dot{U}_1} \tag{8-2}$$

转移函数则包含以下四种：

电压比（电压增益）　　　　$$H_u = \frac{\dot{U}_2}{\dot{U}_1} \tag{8-3}$$

电流比（电流增益）　　　　$$H_i = \frac{\dot{I}_2}{\dot{I}_1} \tag{8-4}$$

转移阻抗　　　　　　　　　$$Z_T = \frac{\dot{U}_2}{\dot{I}_1} \tag{8-5}$$

转移导纳　　　　　　　　　$$Y_T = \frac{\dot{I}_2}{\dot{U}_1} \tag{8-6}$$

对负载 Z_L 来说，双口网络及其端接的信号源，可以表示为戴维南等效电路或诺顿等效电路，其中 Z_{eq} 是将输入端电源置零后，由输出端口向输入端看进去的等效阻抗，$\dot{U}_{oc}$

是负载端口的开路电压。

表 8-3 列出了用各种参数表示网络函数的公式，以备查用。

表 8-3　网络函数的表示式

网络函数	Z 参数	Y 参数	H 参数	A 参数
Z_{in}	$\dfrac{\Delta_Z + z_{11}Z_L}{z_{22} + Z_L}$	$\dfrac{y_{22} + Y_L}{\Delta_Y + y_{11}Y_L}$	$\dfrac{\Delta_H + h_{11}Y_L}{h_{22} + Y_L}$	$\dfrac{A_{12} + A_{11}Z_L}{A_{22} + A_{21}Z_L}$
Z_{eq}	$\dfrac{\Delta_Z + z_{22}Z_S}{z_{11} + Z_S}$	$\dfrac{y_{11} + Y_S}{\Delta_Y + y_{22}Y_S}$	$\dfrac{h_{11} + Z_S}{\Delta_H + h_{22}Z_S}$	$\dfrac{A_{12} + A_{22}Z_S}{A_{11} + A_{21}Z_S}$
$\dot{U}_{oc}$	$\dfrac{z_{21}}{z_{11} + Z_S}\dot{U}_S$	$\dfrac{-y_{21}\dot{U}_S}{y_{22} + \Delta_Y Z_S}$	$\dfrac{-h_{21}\dot{U}_S}{\Delta_H + h_{22}Z_S}$	$\dfrac{\dot{U}_S}{A_{11} + A_{21}Z_S}$
H_u	$\dfrac{z_{21}Z_L}{\Delta_Z + z_{11}Z_L}$	$-\dfrac{y_{21}}{y_{22} + Y_L}$	$\dfrac{-h_{21}}{\Delta_H + h_{11}Y_L}$	$\dfrac{Z_L}{A_{12} + A_{11}Z_L}$
H_i	$-\dfrac{z_{21}}{z_{22} + Z_L}$	$\dfrac{y_{21}Y_L}{\Delta_Y + y_{11}Y_L}$	$\dfrac{h_{21}Y_L}{h_{22} + Y_L}$	$\dfrac{-1}{A_{22} + A_{21}Z_L}$
Z_T	$\dfrac{z_{21}Z_L}{z_{22} + Z_L}$	$\dfrac{-y_{21}}{\Delta_Y + y_{11}Y_L}$	$\dfrac{-h_{21}}{h_{22} + Y_L}$	$\dfrac{Z_L}{A_{22} + A_{21}Z_L}$
Y_T	$-\dfrac{z_{21}}{\Delta_Z + z_{11}Z_L}$	$\dfrac{y_{21}Y_L}{y_{22} + Y_L}$	$\dfrac{h_{21}Y_L}{\Delta_H + h_{11}Y_L}$	$\dfrac{-1}{A_{12} + A_{11}Z_L}$

表中 $Y_L = 1/Z_L$ 为负载导纳，$Y_S = 1/Z_S$ 为信号源导纳。

8.3.5　有端接双口网络的分析

在对有端接的双口网络进行分析时，可采用三种方法。

（1）利用双口网络和端接部分的伏安关系进行分析，即根据双口网络 N 的特点，写出其伏安关系，与双口网络两端外接电路的伏安关系联立，求解各电压和电流。

比如图 8-7 所示的电路，若采用 Z 参数，其伏安关系为

$$\begin{cases} \dot{U}_1 = z_{11}\dot{I}_1 + z_{12}\dot{I}_2 \\ \dot{U}_2 = z_{21}\dot{I}_1 + z_{22}\dot{I}_2 \end{cases} \tag{8-7}$$

再考虑双口网络两端外接电路的伏安关系

$$\begin{cases} \dot{U}_1 = \dot{U}_S - Z_S\dot{I}_1 \\ \dot{U}_2 = -Z_L\dot{I}_2 \end{cases} \tag{8-8}$$

联立以上两组方程，可解得四个端口电压和电流。

（2）利用双口网络的输入端等效电路进行分析，即利用输入阻抗（导纳）Z_{in}（Y_{in}），画出输入端等效电路，如图 8-8（a）所示，求出输入端电压和电流。其中 Z_{in} 或 Y_{in} 可利用双口网络的任一种参数表示，如表 8-3 所示。

（3）利用双口网络的输出端等效电路即戴维南等效电路进行分析，即利用输出端等效阻抗 Z_{eq} 和开路电压 $\dot{U}_{oc}$，画出输出端等效电路，如图 8-8（b）所示，求出输出端电压

和电流。其中 Z_{eq} 和 $\dot{U}_{oc}$ 可利用双口网络的任一种参数表示，如表 8-3 所示。

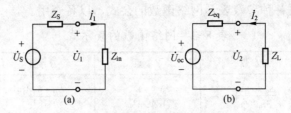

图 8-8　有端接双口网络的等效电路

8.4　例题详解

例 8-1　求图 8-9 所示双口网络的 Z 参数。

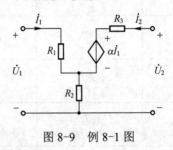

图 8-9　例 8-1 图

分析：求解双口网络的参数一般有三种方法：

（1）利用参数的定义求解。

（2）利用电路方程求解，即利用节点分析法或回路分析法得到双口网络的一种参数方程，参数方程的系数就是双口网络的参数。

（3）利用参数之间的转换关系，由某种参数转换得到所求参数。

解：本题利用上述三种方法中的前两种方法求解。

（1）利用 Z 参数定义。

在图 8-9 所示电路中，令 $\dot{I}_2 = 0$，于是

$$z_{11} = \left. \frac{\dot{U}_1}{\dot{I}_1} \right|_{\dot{I}_2 = 0} = R_1 + R_2$$

$$z_{21} = \left. \frac{\dot{U}_2}{\dot{I}_1} \right|_{\dot{I}_2 = 0} = \frac{\alpha \dot{I}_1 + R_2 \dot{I}_1}{\dot{I}_1} = \alpha + R_2$$

同样令 $\dot{I}_1 = 0$，于是

$$z_{12} = \left. \frac{\dot{U}_1}{\dot{I}_2} \right|_{\dot{I}_1 = 0} = R_2$$

$$z_{22} = \left. \frac{\dot{U}_2}{\dot{I}_2} \right|_{\dot{I}_1 = 0} = R_2 + R_3$$

（2）列电路方程。

对图 8-9 所示电路，以 $\dot{I}_1$ 和 $\dot{I}_2$ 为网孔电流，列方程

$$\begin{cases}(R_1+R_2)\dot{I}_1+R_2\dot{I}_2=\dot{U}_1\\R_2\dot{I}_1+\alpha\dot{I}_1+(R_2+R_3)\dot{I}_2=\dot{U}_2\end{cases}$$

整理得到

$$\begin{cases}(R_1+R_2)\dot{I}_1+R_2\dot{I}_2=\dot{U}_1\\(\alpha+R_2)\dot{I}_1+(R_2+R_3)\dot{I}_2=\dot{U}_2\end{cases}$$

上式也是 Z 参数方程，因此得 Z 参数矩阵为

$$\boldsymbol{Z}=\begin{bmatrix}R_1+R_2&R_2\\\alpha+R_2&R_2+R_3\end{bmatrix}\Omega$$

评注：本题含受控源，电路不具有互易性，在利用参数定义计算时，须进行 4 次运算。而电路仅含两个回路，所以利用列回路方程求参数较方便。

例 8-2 求图 8-10 所示各双口网络是否具有互易性和对称性。

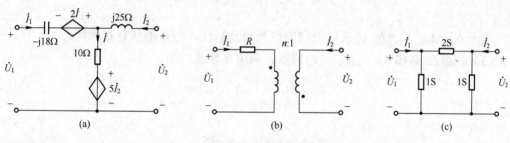

图 8-10　例 8-2 图

分析：互易性和对称性体现在参数上是各参数分别满足一定的关系，具体如表 8-2 所示。判断双口网络的互易性和对称性，需要求出双口网络的一种参数，然后根据参数的性质判断。

解：（1）根据图 8-10（a）所示电路特点，利用 Z 参数判断。列电路方程

$$\begin{cases}\dot{U}_1=-j18\dot{I}_1-2\dot{I}+10\dot{I}+5\dot{I}_2\\\dot{U}_2=j25\dot{I}_2+10\dot{I}+5\dot{I}_2\end{cases}$$

由于 $\dot{I}=\dot{I}_1+\dot{I}_2$，代入上式，整理得到

$$\begin{cases}\dot{U}_1=(8-j18)\dot{I}_1+13\dot{I}_2\\\dot{U}_2=10\dot{I}_1+(15+j25)\dot{I}_2\end{cases}$$

因此得 Z 参数矩阵为

$$\boldsymbol{Z}=\begin{bmatrix}8-j18&13\\10&15+j25\end{bmatrix}\Omega$$

由于 $z_{12}\neq z_{21}$，所以双口网络不具有互易性，也不具有对称性。

（2）根据图 8-10（b）所示电路特点，利用 H 参数判断。

$$\begin{cases} \dot{U}_1 = R\dot{I}_1 - n\dot{U}_2 \\ \dot{I}_2 = n\dot{I}_1 \end{cases}$$

因此得 H 参数矩阵为

$$\boldsymbol{H} = \begin{bmatrix} R & -n \\ n & 0 \end{bmatrix}$$

由于 $h_{12} = -h_{21}$，所以双口网络具有互易性，但是 $z_{11} \neq z_{22}$，所以不具有对称性。

也可以利用 A 参数判断。由于

$$\begin{cases} \dot{U}_1 = R\dot{I}_1 - n\dot{U}_2 = -n\dot{U}_2 + \left(-\dfrac{R}{n}\right)(-\dot{I}_2) \\ \dot{I}_1 = \dfrac{1}{n}\dot{I}_2 = -\dfrac{1}{n}(-\dot{I}_2) \end{cases}$$

得到传输参数矩阵

$$\boldsymbol{A} = \begin{bmatrix} -n & -\dfrac{R}{n} \\ 0 & -\dfrac{1}{n} \end{bmatrix}$$

由于 $\Delta_A = 1$，$h_{11} \neq h_{22}$，所以双口网络具有互易性，但是不具有对称性。

（3）根据图 8-10（c）所示电路特点，利用 Y 参数判断。

$$y_{11} = \left.\frac{\dot{I}_1}{\dot{U}_1}\right|_{\dot{U}_2=0} = 1 + 2 = 3\text{S}$$

$$y_{21} = \left.\frac{\dot{I}_2}{\dot{U}_1}\right|_{\dot{U}_2=0} = -2\text{S}$$

$$y_{12} = \left.\frac{\dot{I}_1}{\dot{U}_2}\right|_{\dot{U}_1=0} = -2\text{S}$$

$$y_{22} = \left.\frac{\dot{I}_2}{\dot{U}_2}\right|_{\dot{U}_1=0} = 1 + 2 = 3\text{S}$$

由于 $y_{12} = y_{21}$ 且 $y_{11} = y_{22}$，所以双口网络具有互易性和对称性。

评注：由本题应注意以下问题：

（1）由线性时不变的 R、L、C、耦合电感和理想变压器构成的无源双口网络，是互易双口网络。含受控源的双口网络通常是非互易的。

（2）对称性是指两个端口交换位置后，其特性不变。在结构和元件参数上对称的双口网络一定是对称的。

（3）对称双口一定是互易的，但互易双口不一定对称。

例 8-3　已知图 8-11 所示双口网络 N 的 H 参数矩阵为

$$\boldsymbol{H} = \begin{bmatrix} 8 & 5 \\ 1 & 5 \end{bmatrix}$$

248

若分别在入口串联2Ω电阻、出口并联5Ω电阻，求双口网络的 H 参数。

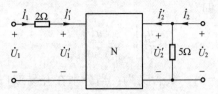

图 8-11   例 8-3 图

解：双口网络 N 的 H 参数方程为

$$\begin{cases} \dot{U}_1' = 8\dot{I}_1' + 5\dot{U}_2' \\ \dot{I}_2' = \dot{I}_1' + 5\dot{U}_2' \end{cases}$$

端口电压、电流关系为

$$\begin{cases} \dot{I}_1 = \dot{I}_1' \\ \dot{U}_1 = 2\dot{I}_1' + \dot{U}_1' \\ \dot{I}_2 = \dot{I}_2' + \dfrac{\dot{U}_2'}{5} \\ \dot{U}_2 = \dot{U}_2' \end{cases}$$

整理得

$$\begin{cases} \dot{U}_1 = 10\dot{I}_1 + 5\dot{U}_2 \\ \dot{I}_2 = \dot{I}_1 + 5.2\dot{U}_2 \end{cases}$$

所求 H 参数矩阵为

$$\boldsymbol{H} = \begin{bmatrix} 10 & 5 \\ 1 & 5.2 \end{bmatrix}$$

例 8-4   如图 8-12 所示线性电阻电路中，已知当 $u_1(t) = 30t$ ，$u_2(t) = 0$ 时，$i_1(t) = 5t$ ，$i_2(t) = -2t$ 。试求当 $u_1(t) = 30t + 60$ 及 $u_2(t) = 60t + 15$ 时 $i_1(t) = ?$

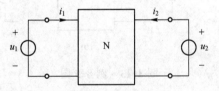

图 8-12   例 8-4 图

分析：由于电路为线性电阻电路，所以 N 为互易双口网络，本题将利用齐次性、叠加性和互易性求解。在利用互易性时，由于 $y_{12} = y_{21}$ ，即

$$\left. \frac{i_1}{u_2} \right|_{u_1=0} = \left. \frac{i_2}{u_1} \right|_{u_2=0}$$

所以，当 $u_1 = u_2$ 时，$i_1 = i_2$ 。其含义为：当分别在互易双口网络的两端加相同的电压

源时，在另一端的短路电流相等。

同样，由于 $z_{12} = z_{21}$，即

$$\left.\frac{u_1}{i_2}\right|_{i_1=0} = \left.\frac{u_2}{i_1}\right|_{i_2=0}$$

所以，当 $i_1 = i_2$ 时，$u_1 = u_2$。其含义为：当分别在互易双口网络的两端加相同的电流源时，在另一端的开路电压相等。

解： 本题以表 8-4 给出结果。最后结果为

$$i_1(t) = t + 9$$

表 8-4   例 8-4 表

依据	激励		响应	
	$u_1(t)$	$u_2(t)$	$i_1(t)$	$i_2(t)$
已知条件	$30t$	0	$5t$	$-2t$
齐次性	60	0	10	-4
叠加性	$30t + 60$	0	$5t + 10$	$-2t - 4$
互易性	0	$60t$	$-4t$	不能确定
互易性	0	15	-1	不能确定
叠加性	0	$60t + 15$	$-4t - 1$	不能确定
叠加性	$30t + 60$	$60t + 15$	$5t + 10 + (-4t - 1)$ $= t + 9$	不能确定

例 8-5   如图 8-13（a）所示双口网络 N，已知当 $i_1 = 2A$ 时，$u_1 = 10V$，$u_2 = 5V$。如果把 2A 电流源移到输出端，同时在输入端接 5Ω 电阻，求电阻 5Ω 中的电流。

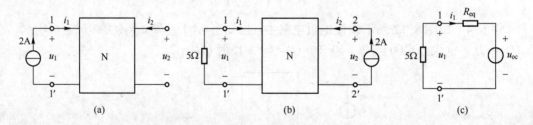

图 8-13   例 8-5 图

分析： 根据题意，所求为图 8-13（b）所示电路中的电流 i_1，根据已知条件，应求出 5Ω 电阻两端的戴维南等效电路，然后求解电流 i_1。

解：（1）先求 5Ω 电阻两端的戴维南等效电路，如图 8-13（b）所示电路中，将 5Ω 电阻断开，求 11′ 端的开路电压 u_{oc}。根据互易性，已知 $i_1 = 2A$ 时，22′ 的开路电压为 5V，则将 2A 电流源移到 22′ 端，11′ 端的开路电压为 5V，即

$$u_{oc} = 5V$$

求从 11′ 端看进去的戴维南等效电阻 R_{eq}，图 8-13（b）所示电路中，将 2A 电流源开路，

利用已知条件，当 11′ 端加 2A 电流源时，$u_1 = 10\text{V}$，所以

$$R_{\text{eq}} = \frac{u_1}{i_1} = \frac{10}{2} = 5\Omega$$

（2）画出 5Ω 电阻两端的戴维南等效电路，如图 8-13（c）所示，则

$$i_1 = \frac{u_{\text{oc}}}{5 + R_{\text{eq}}} = \frac{5}{5 + 5} = 0.5\text{A}$$

例 8-6　如图 8-14 所示电路，双口网络 N_2 的方程为

$$\begin{bmatrix} \dot{U}_1 \\ \dot{I}_2 \end{bmatrix} = \begin{bmatrix} 0.8 & 4.4 \\ -0.1 & 0.2 \end{bmatrix} \begin{bmatrix} \dot{I}_1 \\ \dot{U}_2 \end{bmatrix}$$

试求 N_1、N_2 和 N_3 各自发出或吸收的功率。

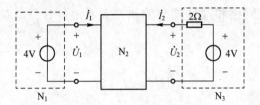

图 8-14　例 8-6 图

解：双口网络 N_2 的 H 参数方程为

$$\begin{cases} \dot{U}_1 = 0.8\dot{I}_1 + 4.4\dot{U}_2 \\ \dot{I}_2 = -0.1\dot{I}_1 + 0.2\dot{U}_2 \end{cases}$$

N_2 和 N_3 的伏安关系为

$$\begin{cases} \dot{U}_1 = 4\text{V} \\ \dot{U}_2 = 4 - 2\dot{I}_2 \end{cases}$$

联立以上两组方程，得到

$$\begin{cases} \dot{I}_1 = -6\text{A} \\ \dot{I}_2 = 1\text{A} \\ \dot{U}_1 = 4\text{V} \\ \dot{U}_2 = 2\text{V} \end{cases}$$

所以，N_1、N_2 和 N_3 吸收功率分别为

$$P_{N_1} = -U_1 I_1 = -4 \times (-6) = 24\text{W}$$

$$P_{N_2} = U_1 I_1 + U_2 I_2 = 4 \times (-6) + 2 \times 1 = -22\text{W}$$

$$P_{N_3} = -U_2 I_2 = -2 \times 1 = -2\text{W}$$

即 N_1 吸收功率 24W，N_2 产生功率 22W，N_3 产生功率 2W。

例 8-7　如图 8-15（a）所示电路，双口网络 N 的 Z 参数矩阵为

$$\boldsymbol{Z} = \begin{bmatrix} 1 & 2 \\ 2 & 3 \end{bmatrix} \Omega$$

$\dot{U}_S = 4\angle 0° \text{V}$，$R_S = 1\Omega$，$Z_L = 1 + \text{j}2(\Omega)$。试求 $\dot{I}_2$。

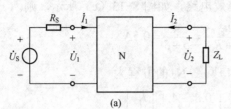 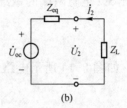

(a)   (b)

图 8-15　例 8-7 图

解：两种方法计算。

方法一：利用双口网络和端接部分的伏安关系进行计算。双口网络 N 的 Z 参数方程为

$$\begin{cases} \dot{U}_1 = \dot{I}_1 + 2\dot{I}_2 \\ \dot{U}_2 = 2\dot{I}_1 + 3\dot{I}_2 \end{cases}$$

端接部分伏安关系为

$$\begin{cases} \dot{U}_1 = 4 - \dot{I}_1 \\ \dot{U}_2 = -(1 + \text{j}2)\dot{I}_2 \end{cases}$$

联立以上两组方程，得到

$$\dot{I}_2 = \sqrt{2}\angle 135° \text{A}$$

方法二：利用戴维南等效电路进行计算。

输出端开路电压为

$$\dot{U}_{oc} = \frac{z_{21}}{z_{11} + R_S}\dot{U}_S = \frac{2}{1+1} \times 4\angle 0° = 4\angle 0° \text{V}$$

输出端等效阻抗为

$$Z_{eq} = \frac{\Delta_Z + z_{22}R_S}{z_{11} + R_S} = \frac{-1 + 3 \times 1}{1 + 1} = 1\Omega$$

其中 $\Delta_Z = 1 \times 3 - 2 \times 2 = -1$，画出戴维南等效电路，如图 8-15（b）所示，因此

$$\dot{I}_2 = -\frac{\dot{U}_{oc}}{Z_{eq} + Z_L} = -\frac{4\angle 0°}{1 + 1 + \text{j}2} = \sqrt{2}\angle 135° \text{A}$$

例 8-8　如图 8-16（a）所示电路，双口网络 N 的 A 参数矩阵为

$$A = \begin{bmatrix} 2 & 4 \\ 1 & 2 \end{bmatrix}$$

$\dot{U}_S = 40\angle 0° \text{V}$，$Z_S = 2 + \text{j}3(\Omega)$。试求：

（1）当 Z_L 为多大时，负载吸收的功率最大？并求此功率。

（2）此时电源的功率。

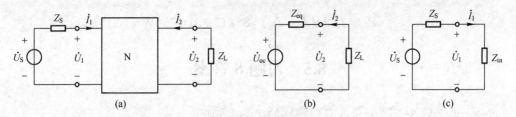

图 8-16　例 8-8 图

解：（1）先求输出端戴维南等效电路。输出端开路电压为

$$\dot{U}_{oc} = \frac{\dot{U}_S}{A_{11} + A_{21}Z_S} = \frac{40\angle 0^\circ}{2 + 2 + j3} = 8\angle -36.9^\circ V$$

输出端等效阻抗为

$$Z_{eq} = \frac{A_{12} + A_{22}Z_S}{A_{11} + A_{21}Z_S} = \frac{4 + 2\times(2+j3)}{2+2+j3} = 2\Omega$$

输出端戴维南等效电路如图 8-16（b）所示，所以当 $Z_L = R_L = Z_{eq} = 2\Omega$ 时，负载获取最大功率，此最大功率为

$$P_{max} = \frac{U_{oc}^2}{4R_L} = \frac{8^2}{4\times 2} = 8W$$

（2）利用双口网络和端接部分的伏安关系进行计算。

由（1）结果可知

$$\dot{U}_2 = \frac{Z_L\dot{U}_{oc}}{Z_{eq} + Z_L} = \frac{2\times 8\angle -36.9^\circ}{2+2} = 4\angle -36.9^\circ V$$

$$\dot{I}_2 = -\frac{\dot{U}_2}{Z_L} = \frac{4\angle -36.9}{2} = -2\angle -36.9A$$

由双口网络 N 的 A 参数方程得到

$$\begin{aligned}
\dot{I}_1 &= \dot{U}_2 + 2(-\dot{I}_2)\\
&= 4\angle -36.9^\circ + 2\times 2\angle -36.9^\circ\\
&= 8\angle -36.9^\circ A
\end{aligned}$$

还可以利用输入端等效电路计算 $\dot{I}_1$，输入端等效阻抗为

$$Z_{in} = \frac{A_{12} + A_{11}Z_L}{A_{22} + A_{21}Z_L} = \frac{4 + 2\times 2}{2 + 1\times 2} = 2\Omega$$

输入端等效电路如图 8-16（c）所示，因此

$$\dot{I}_1 = -\frac{\dot{U}_S}{Z_S + Z_{in}} = \frac{40\angle 0^\circ}{2 + j3 + 2} = 8\angle -36.9^\circ A$$

最后，电源产生功率为

$$P_{U_S} = U_S I_1 \cos\theta = 40\times 8\times 0.8 = 256W$$

其中 θ 为电源电压与电流的相位差。

或者，电源产生功率为电阻消耗的功率，即

$$P_{U_S} = I_1^2 \operatorname{Re}(Z_S + Z_{in}) = 8^2 \times (2+2) = 256\text{W}$$

8.5   习题 8 答案

8-1   求习题 8-1 图所示各双口网络的 Z 参数矩阵。

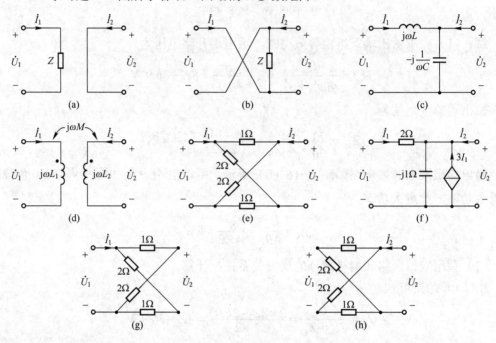

习题 8-1 图

解：（1）图（a）中，令 $\dot{I}_2 = 0$，于是

$$z_{11} = \left.\frac{\dot{U}_1}{\dot{I}_1}\right|_{\dot{I}_2=0} = Z \qquad\qquad z_{21} = \left.\frac{\dot{U}_2}{\dot{I}_1}\right|_{\dot{I}_2=0} = 0$$

同样令 $\dot{I}_1 = 0$，于是

$$z_{12} = \left.\frac{\dot{U}_1}{\dot{I}_2}\right|_{\dot{I}_1=0} = 0 \qquad\qquad z_{22} = \left.\frac{\dot{U}_2}{\dot{I}_2}\right|_{\dot{I}_1=0} = 0$$

也可以利用端口 VCR

$$\begin{cases} \dot{U}_1 = Z\dot{I}_1 \\ \dot{U}_2 = 0 \end{cases}$$

得到 Z 参数矩阵为

$$\boldsymbol{Z} = \begin{bmatrix} Z & 0 \\ 0 & 0 \end{bmatrix} \Omega$$

（2）图（b）中，令 $\dot{I}_2 = 0$，于是

$$z_{11} = \left.\frac{\dot{U}_1}{\dot{I}_1}\right|_{\dot{I}_2=0} = Z \qquad\qquad z_{21} = \left.\frac{\dot{U}_2}{\dot{I}_1}\right|_{\dot{I}_2=0} = -Z$$

同样令 $\dot{I}_1 = 0$，于是

$$z_{12} = \left.\frac{\dot{U}_1}{\dot{I}_2}\right|_{\dot{I}_1=0} = -Z \qquad\qquad z_{22} = \left.\frac{\dot{U}_2}{\dot{I}_2}\right|_{\dot{I}_1=0} = Z$$

也可以利用端口 VCR

$$\begin{cases} \dot{U}_1 = Z(\dot{I}_1 - \dot{I}_2) = Z\dot{I}_1 - Z\dot{I}_2 \\ \dot{U}_2 = Z(\dot{I}_2 - \dot{I}_1) = -Z\dot{I}_1 + Z\dot{I}_2 \end{cases}$$

得到 Z 参数矩阵为

$$\boldsymbol{Z} = \begin{bmatrix} Z & -Z \\ -Z & Z \end{bmatrix} \Omega$$

（3）图（c）中，令 $\dot{I}_2 = 0$，于是

$$z_{11} = \left.\frac{\dot{U}_1}{\dot{I}_1}\right|_{\dot{I}_2=0} = \mathrm{j}\omega L - \mathrm{j}\frac{1}{\omega C} = \mathrm{j}(\omega L - 1/\omega C) \qquad z_{21} = \left.\frac{\dot{U}_2}{\dot{I}_1}\right|_{\dot{I}_2=0} = -\mathrm{j}\frac{1}{\omega C}$$

同样令 $\dot{I}_1 = 0$，于是

$$z_{12} = \left.\frac{\dot{U}_1}{\dot{I}_2}\right|_{\dot{I}_1=0} = -\mathrm{j}\frac{1}{\omega C} \qquad\qquad z_{22} = \left.\frac{\dot{U}_2}{\dot{I}_2}\right|_{\dot{I}_1=0} = -\mathrm{j}\frac{1}{\omega C}$$

也可以利用端口 VCR

$$\begin{cases} \dot{U}_1 = \mathrm{j}\omega L\dot{I}_1 - \mathrm{j}\frac{1}{\omega C}(\dot{I}_1 + \dot{I}_2) = \mathrm{j}(\omega L - \frac{1}{\omega C})\dot{I}_1 - \mathrm{j}\frac{1}{\omega C}\dot{I}_2 \\ \dot{U}_2 = -\mathrm{j}\frac{1}{\omega C}(\dot{I}_1 + \dot{I}_2) = -\mathrm{j}\frac{1}{\omega C}\dot{I}_1 - \mathrm{j}\frac{1}{\omega C}\dot{I}_2) \end{cases}$$

因此得 Z 参数矩阵为

$$\boldsymbol{Z} = \begin{bmatrix} \mathrm{j}(\omega L - \dfrac{1}{\omega C}) & -\mathrm{j}\dfrac{1}{\omega C} \\ -\mathrm{j}\dfrac{1}{\omega C} & -\mathrm{j}\dfrac{1}{\omega C} \end{bmatrix} \Omega$$

（4）图（d）中，令 $\dot{I}_2 = 0$，于是

$$z_{11} = \left.\frac{\dot{U}_1}{\dot{I}_1}\right|_{\dot{I}_2=0} = \mathrm{j}\omega L_1 \qquad\qquad z_{21} = \left.\frac{\dot{U}_2}{\dot{I}_1}\right|_{\dot{I}_2=0} = \mathrm{j}\omega M$$

令 $\dot{I}_1 = 0$，于是

$$z_{12} = \left.\frac{\dot{U}_1}{\dot{I}_2}\right|_{\dot{I}_1=0} = \mathrm{j}\omega M \qquad\qquad z_{22} = \left.\frac{\dot{U}_2}{\dot{I}_2}\right|_{\dot{I}_1=0} = \mathrm{j}\omega L_2$$

也可以由耦合电感 VCR 得到 Z 参数矩阵为

$$\boldsymbol{Z} = \begin{bmatrix} \mathrm{j}\omega L_1 & \mathrm{j}\omega M \\ \mathrm{j}\omega M & \mathrm{j}\omega L_2 \end{bmatrix} \Omega$$

（5）图（e）中，令 $\dot{I}_2 = 0$，等效电路如图（g）所示，于是

$$\dot{U}_2 = 2 \times \frac{\dot{I}_1}{2} - 1 \times \frac{\dot{I}_1}{2} = \frac{1}{2}\dot{I}_1$$

$$z_{11} = \frac{\dot{U}_1}{\dot{I}_1}\bigg|_{\dot{I}_2=0} = 1.5\Omega \qquad z_{21} = \frac{\dot{U}_2}{\dot{I}_1}\bigg|_{\dot{I}_2=0} = 0.5\Omega$$

令 $\dot{I}_1 = 0$，等效电路如图（h）所示，于是

$$\dot{U}_1 = 2 \times \frac{\dot{I}_2}{2} - 1 \times \frac{\dot{I}_2}{2} = \frac{1}{2}\dot{I}_2$$

$$z_{12} = \frac{\dot{U}_1}{\dot{I}_2}\bigg|_{\dot{I}_1=0} = 0.5\Omega \qquad z_{22} = \frac{\dot{U}_2}{\dot{I}_2}\bigg|_{\dot{I}_1=0} = 1.5\Omega$$

因此得 Z 参数矩阵为

$$Z = \begin{bmatrix} 1.5 & 0.5 \\ 0.5 & 1.5 \end{bmatrix}\Omega$$

（6）图（f）中，令 $\dot{I}_2 = 0$，于是

$$z_{11} = \frac{\dot{U}_1}{\dot{I}_1}\bigg|_{\dot{I}_2=0} = 2 - j4(\Omega) \qquad z_{21} = \frac{\dot{U}_2}{\dot{I}_1}\bigg|_{\dot{I}_2=0} = -j4\Omega$$

令 $\dot{I}_1 = 0$，于是

$$z_{12} = \frac{\dot{U}_1}{\dot{I}_2}\bigg|_{\dot{I}_1=0} = -j(\Omega) \qquad z_{22} = \frac{\dot{U}_2}{\dot{I}_2}\bigg|_{\dot{I}_1=0} = -j\Omega$$

也可以通过列写端口 VCR 得到 Z 参数，即

$$\begin{cases} \dot{U}_1 = 2\dot{I}_1 + (-j1)(\dot{I}_1 + 3\dot{I}_1 + \dot{I}_2) = (2 - j4)\dot{I}_1 - j1\dot{I}_2 \\ \dot{U}_2 = (-j1)(\dot{I}_1 + 3\dot{I}_1 + \dot{I}_2) = -j4\dot{I}_1 - j1\dot{I}_2 \end{cases}$$

因此得 Z 参数矩阵为

$$Z = \begin{bmatrix} 2 - j4 & -j \\ -j4 & -j \end{bmatrix}\Omega$$

8-2 求习题 8-2 图所示各双口网络的 Y 参数矩阵。

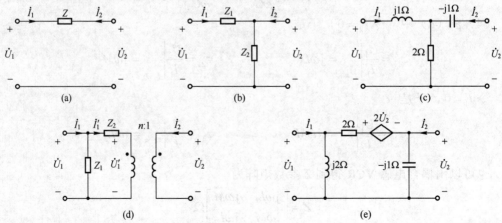

习题 8-2 图

解：（1）图（a）中，令 $\dot{U}_2 = 0$，于是

$$y_{11} = \left.\frac{\dot{I}_1}{\dot{U}_1}\right|_{\dot{U}_2=0} = \frac{1}{Z} \qquad\qquad y_{21} = \left.\frac{\dot{I}_2}{\dot{U}_1}\right|_{\dot{U}_2=0} = -\frac{1}{Z}$$

同样令 $\dot{U}_1 = 0$，于是

$$y_{12} = \left.\frac{\dot{I}_1}{\dot{U}_2}\right|_{\dot{U}_1=0} = -\frac{1}{Z} \qquad\qquad y_{22} = \left.\frac{\dot{I}_2}{\dot{U}_2}\right|_{\dot{U}_1=0} = \frac{1}{Z}$$

因此得 Y 参数矩阵为

$$Y = \begin{bmatrix} \dfrac{1}{Z} & -\dfrac{1}{Z} \\[2mm] -\dfrac{1}{Z} & \dfrac{1}{Z} \end{bmatrix} S$$

（2）图（b）中，令 $\dot{U}_2 = 0$，于是

$$y_{11} = \left.\frac{\dot{I}_1}{\dot{U}_1}\right|_{\dot{U}_2=0} = \frac{1}{Z_1} \qquad\qquad y_{21} = \left.\frac{\dot{I}_2}{\dot{U}_1}\right|_{\dot{U}_2=0} = -\frac{1}{Z_1}$$

同样令 $\dot{U}_1 = 0$，于是

$$y_{12} = \left.\frac{\dot{I}_1}{\dot{U}_2}\right|_{\dot{U}_1=0} = -\frac{1}{Z_1} \qquad\qquad y_{22} = \left.\frac{\dot{I}_2}{\dot{U}_2}\right|_{\dot{U}_1=0} = \frac{1}{Z_2} + \frac{1}{Z_1}$$

因此得 Y 参数矩阵为

$$Y = \begin{bmatrix} \dfrac{1}{Z_1} & -\dfrac{1}{Z_1} \\[2mm] -\dfrac{1}{Z_1} & \dfrac{1}{Z_2} + \dfrac{1}{Z_1} \end{bmatrix} S$$

（3）图（c）中，令 $\dot{U}_2 = 0$，于是

$$y_{11} = \left.\frac{\dot{I}_1}{\dot{U}_1}\right|_{\dot{U}_2=0} = \frac{1}{Z} = \frac{1}{\dfrac{2}{5} + j\dfrac{1}{5}} = 2 - j$$

由于 $\dot{I}_1 = (2-j)\dot{U}_1$，$\dot{I}_2 = -\dfrac{2}{2-j}\dot{I}_1$，所以

$$y_{21} = \left.\frac{\dot{I}_2}{\dot{U}_1}\right|_{\dot{U}_2=0} = \frac{-\dfrac{2}{2-j}\dot{I}_1}{Z\dot{I}_1} = -2$$

同样令 $\dot{U}_1 = 0$，于是

$$\dot{U}_2 = \left(\frac{j2}{2+j} - j\right)\dot{I}_2 = \frac{1}{2+j}\dot{I}_2 \qquad\qquad \dot{I}_1 = -\frac{2}{2+j}\dot{I}_2$$

$$y_{22} = \left.\frac{\dot{I}_2}{\dot{U}_2}\right|_{\dot{U}_1=0} = \frac{\dot{I}_2}{\dfrac{1}{2+j}\dot{I}_2} = 2 + j$$

由互易网络性质，得到

$$y_{12} = y_{21} = -2$$

因此得 Y 参数矩阵为

$$Y = \begin{bmatrix} 2-\mathrm{j} & -2 \\ -2 & 2+\mathrm{j} \end{bmatrix} \mathrm{S}$$

（4）图（d）中，写端口关于 Y 参数 VCR，得到

$$\begin{cases} \dot{I}_1 = \dfrac{\dot{U}_1}{Z_1} + \dot{I}_1' = \dfrac{\dot{U}_1}{Z_1} + \dfrac{\dot{U}_1 - \dot{U}_1'}{Z_2} \\[3mm] \dot{I}_2 = -n\dot{I}_1' = -n\dfrac{\dot{U}_1 - \dot{U}_1'}{Z_2} \end{cases} \qquad ①$$

理想变压器的 VCR 为

$$\begin{cases} \dot{U}_1' = n\dot{U}_2 \\[3mm] \dot{I}_1' = -\dfrac{1}{n}\dot{I}_2 \end{cases} \qquad ②$$

式②代入式①，整理得到

$$\begin{cases} \dot{I}_1 = \dfrac{\dot{U}_1}{Z_1} + \dot{I}_1' = \left(\dfrac{1}{Z_1} + \dfrac{1}{Z_2}\right)\dot{U}_1 - \dfrac{n}{Z_2}\dot{U}_2 \\[3mm] \dot{I}_2 = -\dfrac{n}{Z_2}\dot{U}_1 + \dfrac{n^2}{Z_2}\dot{U}_2 \end{cases}$$

因此得 Y 参数矩阵为

$$Y = \begin{bmatrix} \dfrac{1}{Z_1} + \dfrac{1}{Z_2} & -\dfrac{n}{Z_2} \\[3mm] -\dfrac{n}{Z_2} & \dfrac{n^2}{Z_2} \end{bmatrix} \mathrm{S}$$

（5）图（e）中，列写关于电压 $\dot{U}_1$、$\dot{U}_2$ 的节点方程，得到

$$\begin{cases} \left(\dfrac{1}{\mathrm{j}2} + \dfrac{1}{2}\right)\dot{U}_1 - \dfrac{1}{2}\dot{U}_2 = \dot{I}_1 + \dfrac{2\dot{U}_2}{2} \\[3mm] -\dfrac{1}{2}\dot{U}_1 + \left(\dfrac{1}{-\mathrm{j}1} + \dfrac{1}{2}\right)\dot{U}_2 = \dot{I}_2 - \dfrac{2\dot{U}_2}{2} \end{cases}$$

整理得

$$\begin{cases} \left(\dfrac{1}{\mathrm{j}2} + \dfrac{1}{2}\right)\dot{U}_1 - \dfrac{3}{2}\dot{U}_2 = \dot{I}_1 \\[3mm] -\dfrac{1}{2}\dot{U}_1 + \left(\dfrac{1}{-\mathrm{j}1} + \dfrac{3}{2}\right)\dot{U}_2 = \dot{I}_2 \end{cases}$$

因此得 Y 参数矩阵为

$$Y = \begin{bmatrix} 0.5 - \mathrm{j}0.5 & -1.5 \\ -0.5 & 1.5 + \mathrm{j} \end{bmatrix} \mathrm{S}$$

8-3　求习题 8-3 图所示电压控制电流源的 Y 参数、H 参数、A 参数和 Z 参数矩阵。

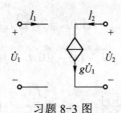

习题 8-3 图

解： 习题 8-3 图所示电压控制电流源的压控型伏安关系为

$$\begin{cases} \dot{I}_1 = 0 \\ \dot{I}_2 = g\dot{U}_1 \end{cases}$$

所以得 Y 参数矩阵为

$$Y = \begin{bmatrix} 0 & 0 \\ g & 0 \end{bmatrix}$$

将上述伏安关系整理为

$$\begin{cases} \dot{U}_1 = \dfrac{1}{g}\dot{I}_2 \\ \dot{I}_1 = 0 \end{cases}$$

因此得 A 参数矩阵为

$$A = \begin{bmatrix} 0 & -1/g \\ 0 & 0 \end{bmatrix}$$

而 H 参数、Z 参数均不存在。

8-4　求习题 8-4 图（a）、（b）所示双口网络的 A 参数和 H 参数。

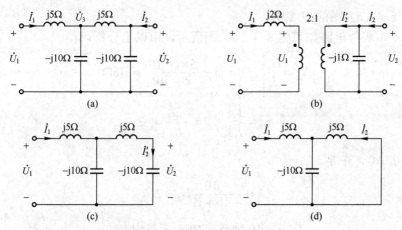

习题 8-4 图

解：（1）求习题 8-4 图（a）的 A 参数。

令 $\dot{I}_2 = 0$，等效电路如习题 8-4（c）图所示，于是

$$\dot{I}_2' = \frac{-\mathrm{j}10}{-\mathrm{j}10 + \mathrm{j}5 - \mathrm{j}10}\dot{I}_1 = \frac{2}{3}\dot{I}_1$$

$$\dot{U}_2 = -\mathrm{j}10\dot{I}_2' = -\mathrm{j}\frac{20}{3}\dot{I}_1$$

$$\dot{U}_1 = \mathrm{j}5\dot{I}_1 + (\mathrm{j}5 - \mathrm{j}10)\dot{I}_2' = \mathrm{j}\frac{5}{3}\dot{I}_1$$

$$A_{11} = \left.\frac{\dot{U}_1}{\dot{U}_2}\right|_{\dot{I}_2=0} = \frac{\mathrm{j}\dfrac{5}{3}\dot{I}_1}{-\mathrm{j}\dfrac{20}{3}\dot{I}_1} = -0.25$$

$$A_{21} = \left.\frac{\dot{I}_1}{\dot{U}_2}\right|_{\dot{I}_2=0} = \frac{\dot{I}_1}{-\mathrm{j}\dfrac{20}{3}\dot{I}_1} = \mathrm{j}0.15\mathrm{S}$$

令 $\dot{U}_2 = 0$，等效电路如习题 8-4 图（d）所示，于是

$$\dot{I}_2 = -\frac{-\mathrm{j}10}{-\mathrm{j}10 + \mathrm{j}5}\dot{I}_1 = -2\dot{I}_1$$

而

$$\dot{U}_1 = \mathrm{j}5\dot{I}_1 - \mathrm{j}5\dot{I}_2 = \mathrm{j}15\dot{I}_1$$

$$A_{12} = \left.\frac{\dot{U}_1}{-\dot{I}_2}\right|_{\dot{U}_2=0} = \frac{\mathrm{j}15\dot{I}_1}{2\dot{I}_1} = \mathrm{j}7.5\Omega$$

$$A_{22} = \left.\frac{\dot{I}_1}{-\dot{I}_2}\right|_{\dot{U}_2=0} = \frac{\dot{I}_1}{2\dot{I}_1} = 0.5$$

因此得 A 参数矩阵为

$$A = \begin{bmatrix} -0.25 & \mathrm{j}7.5 \\ \mathrm{j}0.15 & 0.5 \end{bmatrix}$$

求习题 8-4（a）图的 H 参数。

令 $\dot{U}_2 = 0$，等效电路如习题 8-4（d）图所示，由以上分析可得

$$h_{11} = \left.\frac{\dot{U}_1}{\dot{I}_1}\right|_{\dot{U}_2=0} = \mathrm{j}5 + \frac{\mathrm{j}5 \times (-\mathrm{j}10)}{\mathrm{j}5 - \mathrm{j}10} = \mathrm{j}15\Omega$$

$$h_{21} = \left.\frac{\dot{I}_2}{\dot{I}_1}\right|_{\dot{U}_2=0} = \frac{-2\dot{I}_1}{\dot{I}_1} = -2$$

同样令 $\dot{I}_1 = 0$，于是

$$\dot{U}_1 = \frac{-\mathrm{j}10}{-\mathrm{j}10 + \mathrm{j}5}\dot{U}_2 = 2\dot{U}_2$$

$$\dot{U}_2 = -\mathrm{j}10 \,/\!/ (\mathrm{j}5 - \mathrm{j}10)\dot{I}_2 = -\mathrm{j}\frac{10}{3}\dot{I}_2$$

$$h_{12} = \left.\frac{\dot{U}_1}{\dot{U}_2}\right|_{\dot{I}_1=0} = 2$$

$$h_{22} = \left.\frac{\dot{I}_2}{\dot{U}_2}\right|_{\dot{I}_1=0} = \mathrm{j}0.3$$

因此得 H 参数矩阵为

$$H = \begin{bmatrix} \mathrm{j}15 & 2 \\ -2 & \mathrm{j}0.3 \end{bmatrix}$$

（2）求习题 8-4 图（b）的 A 参数和 H 参数。

写端口 VCR，得到

$$\begin{cases} \dot{U}_1 = \mathrm{j}2\dot{I}_1 + \dot{U}' \\ \dot{I}_2 = \dot{I}_2' + \dfrac{\dot{U}_1}{-\mathrm{j}1} \end{cases} \qquad ①$$

理想变压器的 VCR 为

$$\begin{cases} \dot{U}_1' = 2\dot{U}_2 \\ \dot{I}_2' = -2\dot{I}_1 \end{cases} \qquad ②$$

将式②代入式①，整理得

$$\begin{cases} \dot{U}_1 = \mathrm{j}2\dot{I}_1 + 2\dot{U}_2 \\ \dot{I}_2 = -2\dot{I}_1 + \mathrm{j}1\dot{U}_2 \end{cases} \qquad ③$$

因此得 H 参数矩阵为

$$H = \begin{bmatrix} \mathrm{j}2 & 2 \\ -2 & \mathrm{j}1 \end{bmatrix}$$

将式③整理，得到

$$\begin{cases} \dot{U}_1 = \dot{U}_2 - \mathrm{j}1\dot{I}_2 \\ \dot{I}_1 = \mathrm{j}0.5\dot{U}_2 - 0.5\dot{I}_2 \end{cases}$$

因此得 A 参数矩阵为

$$A = \begin{bmatrix} 1 & \mathrm{j}1 \\ \mathrm{j}0.5 & 0.5 \end{bmatrix}$$

8-5 习题 8-5 图（a）所示双口网络由阻抗 Z 和双口网络 N_1 组成，已知 N_1 的 Y 参数矩阵为

$$Y = \begin{bmatrix} y_{11} & y_{12} \\ y_{21} & y_{22} \end{bmatrix}$$

求图示双口网络的 Y 参数矩阵。

解：将习题 8-5 图（a）所示的双口网络分解为习题 8-5 图（b）所示的两个双口网络的并联。其中

$$Y_{\mathrm{a}} = \begin{bmatrix} y_{11} & y_{12} \\ y_{21} & y_{22} \end{bmatrix}$$

$$Y_{\mathrm{b}} = \begin{bmatrix} 1/Z & -1/Z \\ -1/Z & 1/Z \end{bmatrix}$$

因此要求的 Y 参数矩阵为

$$\boldsymbol{Y} = \boldsymbol{Y}_\text{a} + \boldsymbol{Y}_\text{b} = \begin{bmatrix} y_{11} + 1/Z & y_{12} - 1/Z \\ y_{21} - 1/Z & y_{22} + 1/Z \end{bmatrix}$$

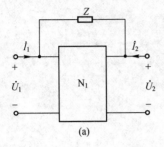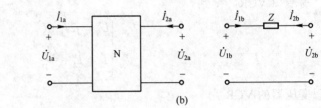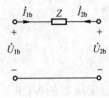

(a)　　　　　　　　　　　　　(b)

习题 8-5 图

8-6　用双口网络级联的方法求习题 8-6 图（a）所示双口网络的传输参数矩阵。

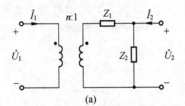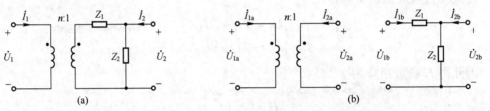

(a)　　　　　　　　　　　　　(b)

习题 8-6 图

解：将习题 8-6 图（a）所示的双口网络分解为习题 8-6 图（b）所示的双口网络 N_a 和 N_b 的级联。对双口网络 N_a，有

$$\boldsymbol{A}_\text{a} = \begin{bmatrix} n & 0 \\ 0 & 1/n \end{bmatrix}$$

对双口网络 N_b，令 $\dot{I}_{2\text{b}} = 0$，于是

$$\dot{U}_{2\text{b}} = \frac{Z_2}{Z_1 + Z_2}\dot{U}_{1\text{b}}$$

$$A_{11} = \frac{\dot{U}_{1\text{b}}}{\dot{U}_{2\text{b}}}\bigg|_{\dot{I}_{2\text{b}}=0} = \frac{Z_1}{Z_2} + 1 \qquad A_{21} = \frac{\dot{I}_{1\text{b}}}{\dot{U}_{2\text{b}}}\bigg|_{\dot{I}_2=0} = \frac{1}{Z_2}$$

令 $\dot{U}_{2\text{b}} = 0$，于是

$$A_{12} = \frac{\dot{U}_{1\text{b}}}{-\dot{I}_{2\text{b}}}\bigg|_{\dot{U}_{2\text{b}}=0} = Z_1 \qquad A_{22} = \frac{\dot{I}_{1\text{b}}}{-\dot{I}_{2\text{b}}}\bigg|_{\dot{U}_{2\text{b}}=0} = 1$$

$$\boldsymbol{A}_\text{b} = \begin{bmatrix} Z_1/Z_2 + 1 & Z_1 \\ 1/Z_2 & 1 \end{bmatrix}$$

$$\boldsymbol{A} = \boldsymbol{A}_\text{a}\boldsymbol{A}_\text{b} = \begin{bmatrix} n & 0 \\ 0 & 1/n \end{bmatrix}\begin{bmatrix} Z_1/Z_2 + 1 & Z_1 \\ 1/Z_2 & 1 \end{bmatrix} = \begin{bmatrix} nZ_1/Z_2 + n & nZ_1 \\ 1/nZ_2 & 1/n \end{bmatrix}$$

8-7　电路如习题 8-7 图所示，已知双口网络 N 的 H 参数矩阵为

$$H = \begin{bmatrix} 40 & 0.4 \\ 10 & 0.1 \end{bmatrix}$$

求电压转移函数 $H_u = \dfrac{\dot{U}_2}{\dot{U}_1}$。

解：由于

$$\Delta_H = h_{11}h_{22} - h_{12}h_{21} = 40 \times 0.1 - 10 \times 0.4 = 0$$

由表 8-3（对应教材中表 8-2），得到

$$H_u = \frac{\dot{U}_2}{\dot{U}_1} = \frac{-h_{21}}{\Delta_H + h_{11}Y_L} = \frac{-10}{40 \times \frac{1}{10}} = -2.5$$

8-8　电路如习题 8-8 图所示，已知某双口网络的 h 参数 $h_{11} = 0.5\text{k}\Omega$，$h_{12} = -2$，$h_{21} = 1$，$h_{22} = 1\text{mS}$，输出端接电阻 $R_L = 3\text{k}\Omega$，求输入阻抗 Z_{in}。

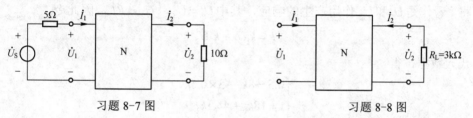

习题 8-7 图　　　　　　　　习题 8-8 图

解：由于

$$\Delta_H = h_{11}h_{22} - h_{12}h_{21} = 0.5 \times 10^3 \times 10^{-3} + 2 = 2.5$$

由表 8-3，得到

$$Z_{\text{in}} = \frac{\Delta_H + h_{11}Y_L}{h_{22} + Y_L} = \frac{2.5 + 0.5 \times 10^3 \times \frac{1}{3} \times 10^{-3}}{10^{-3} + \frac{1}{3} \times 10^{-3}} = 2\text{k}\Omega$$

8-9　电路如习题 8-9 图所示，N 为一线性电阻网络，已知当 $U_S = 8\text{V}$，$R = 3\Omega$ 时，$I = 0.5\text{A}$；$U_S = 18\text{V}$，$R = 4\Omega$ 时，$I = 1\text{A}$。问当 $U_S = 25\text{V}$，$R = 6\Omega$ 时，i 为多大？

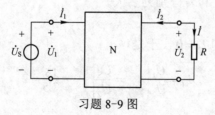

习题 8-9 图

解：本题可用两种方法求解。

（1）利用网络函数。

由表 8-3，得到电压比

$$H_u = \frac{\dot{U}_2}{\dot{U}_1} = \frac{Z_L}{A_{12} + A_{11}Z_L}$$

代入数据得

$$\begin{cases} \dfrac{3 \times 0.5}{8} = \dfrac{3}{A_{12} + 3A_{11}} \\ \dfrac{4 \times 1}{18} = \dfrac{4}{A_{12} + 4A_{11}} \end{cases}$$

解得 $A_{11} = 2$，$A_{12} = 10$。

由表 8-3，得到转移导纳

$$Y_{\text{T}} = \frac{\dot{I}_2}{\dot{U}_1} = -\frac{1}{A_{12} + A_{11}Z_{\text{L}}}$$

其中 $\dot{U}_1 = \dot{U}_{\text{S}} = 25\text{V}$，$Z_{\text{L}} = R = 6\Omega$，所以

$$\dot{I} = -\dot{I}_2 = \frac{\dot{U}_1}{A_{12} + A_{11}Z_{\text{L}}} = \frac{25}{10 + 2 \times 6} = \frac{25}{22} = 1.136\text{A}$$

（2）利用线性网络的叠加定理。

将 $\dot{I}$ 看作是 $\dot{U}_1$ 和 $\dot{U}_2$ 作用产生的响应，其中 $\dot{U}_1 = \dot{U}_{\text{S}}$，$\dot{U}_2 = R\dot{I}$，因此令

$$\dot{I} = k_1\dot{U}_1 + k_2\dot{U}_2$$

代入数据，得

$$\begin{cases} 0.5 = 8k_1 + 3 \times 0.5k_2 \\ 1 = 18k_1 + 4 \times 1k_2 \end{cases}$$

解得 $k_1 = 0.1$，$k_2 = -0.2$，因此当 $\dot{U}_{\text{S}} = 25\text{V}$，$R = 6\Omega$ 时，有

$$\dot{I} = 0.1\dot{U}_1 - 0.2\dot{U}_2 = 0.1 \times 25 - 0.2 \times 6\dot{I}$$

所以

$$\dot{I} = \frac{0.1 \times 25}{1 + 0.2 \times 6} = \frac{2.5}{2.2} = 1.136\text{A}$$

8-10　习题 8-9 图中，N 为一线性电阻网络，$U_{\text{S}} = 15\text{V}$，已知当 $R = \infty$ 时，$U_2 = 7.5\text{V}$；$R = 0$ 时，$I_1 = 3\text{A}$，$I_2 = -1\text{A}$。求

（1）双口网络的 Z 参数；

（2）当 $R = 2.5\Omega$ 时，I 和 I_1 分别为多大？

解：（1）求 Z 参数。

先求 A 参数，$R = \infty$ 即 $\dot{I}_2 = 0$，于是

$$A_{11} = \frac{\dot{U}_1}{\dot{U}_2}\bigg|_{\dot{I}_2=0} = \frac{\dot{U}_{\text{S}}}{\dot{U}_2}\bigg|_{\dot{I}_2=0} = \frac{15}{7.5} = 2$$

令 $\dot{U}_2 = 0$，于是

$$A_{12} = \frac{\dot{U}_1}{-\dot{I}_2}\bigg|_{\dot{U}_2=0} = \frac{15}{1} = 15$$

$$A_{22} = \frac{\dot{I}_1}{-\dot{I}_2}\bigg|_{\dot{U}_2=0} = 3$$

因为 N 为线性电阻网络，所以满足互易条件，因此有

$$\Delta_A = A_{11}A_{22} - A_{12}A_{21} = 1$$

解得

$$A_{21} = \frac{A_{11}A_{22}-1}{A_{12}} = \frac{1}{3}$$

因此传输参数矩阵为

$$A = \begin{bmatrix} 2 & 15 \\ 1/3 & 3 \end{bmatrix}$$

因此 Z 参数矩阵为

$$Z = \begin{bmatrix} A_{11}/A_{21} & \Delta_A/A_{21} \\ 1/A_{21} & A_{22}/A_{21} \end{bmatrix} = \begin{bmatrix} 6 & 3 \\ 3 & 9 \end{bmatrix} \Omega$$

（2）利用以上结果，可知 Z 参数方程为

$$\begin{cases} \dot{U}_1 = 6\dot{I}_1 + 3\dot{I}_2 \\ \dot{U}_2 = 3\dot{I}_1 + 9\dot{I}_2 \end{cases}$$

将 $\dot{U}_1 = \dot{U}_S = 15\text{V}$，$\dot{U}_2 = -2.5\dot{I}_2$ 代入，得到

$$\begin{cases} 15 = 6\dot{I}_1 + 3\dot{I}_2 \\ -2.5\dot{I}_2 = 3\dot{I}_1 + 9\dot{I}_2 \end{cases}$$

解得

$$\begin{cases} \dot{I}_1 = 2.875\text{A} \\ \dot{I}_2 = -0.75\text{A} \end{cases}$$

所以

$$\dot{I} = -\dot{I}_2 = 0.75\text{A}$$

8-11　电路如习题 8-11 图所示，已知双口网络 N 的 Z 参数矩阵为

$$Z = \begin{bmatrix} 5 & 2 \\ 11 & 6 \end{bmatrix} \Omega$$

$\dot{U}_S = 5\angle 0°\text{V}$，$R_S = 1\Omega$，$Z_L = 3 + \text{j}4(\Omega)$，求 $\dot{I}_2$。

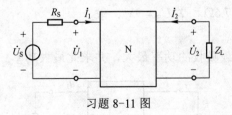

习题 8-11 图

解：可知 Z 参数方程为

$$\begin{cases} \dot{U}_1 = 5\dot{I}_1 + 2\dot{I}_2 \\ \dot{U}_2 = 11\dot{I}_1 + 6\dot{I}_2 \end{cases}$$

由于

$$\begin{cases} \dot{U}_1 = \dot{U}_S - R_S \dot{I}_1 = 5 - \dot{I}_1 \\ \dot{U}_2 = -Z_L \dot{I}_2 = -(3 + j4)\dot{I}_2 \end{cases}$$

整理得到

$$\begin{cases} 5 = 6\dot{I}_1 + 2\dot{I}_2 \\ 0 = 11\dot{I}_1 + (9 + j4)\dot{I}_2 \end{cases}$$

解得

$$\dot{I}_2 = 1.375\angle 143.1°\text{A}$$

8-12　如习题 8-11 图所示，已知双口网络 N 的 Y 参数矩阵为

$$Y = \begin{bmatrix} 1 & -2 \\ 3 & 2 \end{bmatrix}\text{S}$$

$\dot{U}_S = 4\angle -30°\text{V}$，$R_S = 1\Omega$，$Z_L = 0.2\angle 30°\Omega$，求 $\dot{U}_2$。

解：可知 Y 参数方程为

$$\begin{cases} \dot{I}_1 = \dot{U}_1 - 2\dot{U}_2 \\ \dot{I}_2 = 3\dot{U}_1 + 2\dot{U}_2 \end{cases}$$

由于

$$\begin{cases} \dot{I}_1 = \dfrac{\dot{U}_S - \dot{U}_1}{R_S} = 4\angle -30° - \dot{U}_1 \\ \dot{I}_2 = -\dfrac{\dot{U}_2}{Z_L} = -5\angle -30°\dot{U}_2 \end{cases}$$

整理得到

$$\begin{cases} 4\angle -30° = 2\dot{U}_1 - 2\dot{U}_2 \\ 0 = 3\dot{U}_1 + (6.33 - j2.5)\dot{U}_2 \end{cases}$$

解得

$$\dot{U}_2 = 0.62\angle 165°\text{V}$$

8-13　如习题 8-13 图示无源双口网络的传输参数为 $A_{11} = 2.5$，$A_{12} = 6\Omega$，$A_{21} = 0.5\text{S}$，$A_{22} = 1.6$，端接负载 $R_L = 7.6\Omega$，若 $U_S = 9\text{V}$，求

（1）负载吸收的功率；

（2）当 $R_L = ?$ 时，负载吸收的功率最大，并求此最大功率。

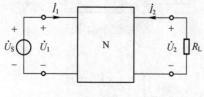

习题 8-13 图

解：（1）可知 A 参数方程为

$$\begin{cases} \dot{U}_1 = 2.5\dot{U}_2 + 6(-\dot{I}_2) \\ \dot{I}_1 = 0.5\dot{U}_2 + 1.6(-\dot{I}_2) \end{cases}$$

输出端开路电压为

$$\dot{U}_{\text{oc}} = \dot{U}_2\big|_{\dot{I}_2=0} = \frac{9}{2.5} = 3.6\text{V}$$

等效阻抗为

$$Z_{\text{eq}} = \frac{\dot{U}_2}{\dot{I}_2}\bigg|_{\dot{U}_1=0} = \frac{6}{2.5} = 2.4\Omega$$

负载吸收的功率为

$$P = I_2^2 R_{\text{L}} = \left(\frac{U_{\text{oc}}}{Z_{\text{eq}} + R_{\text{L}}}\right)^2 R_{\text{L}} = \left(\frac{3.6}{2.4 + 7.6}\right)^2 \times 7.6 = 0.985\text{W}$$

（2）当 $R_{\text{L}} = \text{Re}(Z_{\text{eq}}) = 2.4\Omega$ 时，R_{L} 吸收最大功率，此功率为

$$P = \frac{U_{\text{oc}}^2}{4R_{\text{L}}} = \frac{3.6^2}{4 \times 2.4} = 1.35\text{W}$$

8-14　如习题 8-13 图（a），双口网络 N 的 Z 参数矩阵为

$$\boldsymbol{Z} = \begin{bmatrix} 1.14 & 0.57 \\ 0.57 & 2.29 \end{bmatrix}\Omega$$

端接负载 R_{L}，若 $U_{\text{S}} = 4\text{V}$，求

（1）当 $R_{\text{L}} = ?$ 时，负载吸收的功率最大，并求此最大功率；

（2）此时电源的功率。

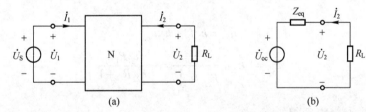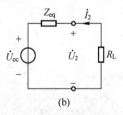

（a）　　　　　　　　　　　　（b）

习题 8-14 图

解： 电路重画为习题 8-14 图（a）。

（1）由于

$$\Delta_Z = z_{11}z_{22} - z_{12}z_{21} = 1.14 \times 2.29 \times -0.57 \times 0.57 = 2.2857$$

所以

$$Z_{\text{eq}} = \frac{\Delta_Z + z_{22}Z_{\text{S}}}{z_{11} + Z_{\text{S}}} = \frac{2.2857 + 2.29 \times 0}{1.14 + 0} = 2\Omega$$

当 $R_{\text{L}} = Z_{\text{eq}} = 2\Omega$ 时，负载吸收的功率最大。此时

$$\dot{U}_{oc} = \frac{z_{21}}{z_{11} + R_S}\dot{U}_S = \frac{0.57}{1.14 + 0} \times 4 = 2V$$

$$P_{max} = \frac{U^2_{oc}}{4R_L} = \frac{4}{4 \times 2} = 0.5W$$

（2）电路的戴维南等效电路如习题 8-14 图（b）所示，负载获取最大功率时

$$\dot{U}_2 = \frac{1}{2}\dot{U}_{oc} = 1V$$

$$\dot{I}_2 = -\frac{\dot{U}_{oc}}{2R_L} = -\frac{2}{2 \times 2} = -0.5A$$

利用 $\dot{U}_1 = z_{11}\dot{I}_1 + z_{12}\dot{I}_2$ ，其中 $\dot{U}_1 = \dot{U}_S = 4V$ ， $\dot{I}_2 = -0.5A$ ，得到

$$4 = 1.14\dot{I}_1 + 0.57 \times (-0.5)$$

解得 $\dot{I}_1 = 3.76A$ ，电源产生的功率为

$$P_S = U_S I_1 = 4 \times 3.76 = 15W$$

8-15 某共射极电路的晶体管参数为： $h_{11} = 2640\Omega$ ， $h_{12} = 2.6 \times 10^{-4}$ ， $h_{21} = 72$ ， $h_{22} = 16\mu S$ ， $R_L = 100k\Omega$ ，试问该放大电路的电压放大倍数是多少？

解： 已知共射极晶体管等效电路如图习题 8-15 图所示。

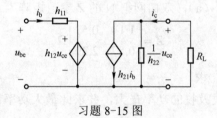

习题 8-15 图

由于

$$u_{be} = h_{11}i_b + h_{12}u_{ce} \qquad ①$$

$$u_{ce} = -h_{21}i_b \frac{1}{h_{22} + \frac{1}{R_L}} = -\frac{h_{21}R_L i_b}{h_{22}R_L + 1} \qquad ②$$

式②代入式①，整理得

$$u_{be} = h_{11}i_b - \frac{h_{12}h_{21}R_L i_b}{h_{22}R_L + 1} = \frac{h_{11} + h_{11}h_{22}R_L - h_{12}h_{21}R_L}{h_{22}R_L + 1}i_b = \frac{h_{11} + \Delta_H R_L}{h_{22}R_L + 1}i_b \qquad ③$$

由式②和式③得到电压放大倍数

$$H_u = \frac{u_{ce}}{u_{be}} = \frac{-h_{21}R_L}{h_{11} + \Delta_H R_L}$$

其中

$$\Delta_H = h_{11}h_{22} - h_{12}h_{21} = 2640 \times 16 \times 10^{-6} - 2.6 \times 10^{-4} \times 72 = 235.2 \times 10^{-4}$$

得到

$$H_u = \frac{u_{ce}}{u_{be}} = \frac{-h_{21}R_L}{h_{11} + \Delta_H R_L} = -\frac{72 \times 10^5}{2640 + 235.2 \times 10^{-4} \times 10^5} = -1442$$

8-16 某晶体管具有如下参数：$h_{11} = 2\text{k}\Omega$，$h_{12} = 10^{-4}$，$h_{21} = 120$，$h_{22} = 20\mu\text{S}$，将其用在共射极放大器中，提供 $1.5\text{k}\Omega$ 的输入电阻。

（1）确定负载电阻 R_L；

（2）如果该放大器由内阻为 600Ω 的 4mV 电压源驱动，试计算 H_i、H_u、Z_{eq}；

（3）试求负载两端的电压。

解： 电路如习题 8-16 图（a）所示。

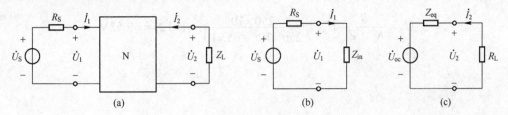

习题 8-16 图

（1）由表 8-3，输入阻抗（用 H 参数表示）为

$$Z_{in} = \frac{\Delta_H + h_{11}Y_L}{h_{22} + Y_L}$$

得到

$$Y_L = \frac{\Delta_H - h_{22}Z_{in}}{Z_{in} - h_{11}}$$

即

$$R_L = \frac{1}{Y_L} = \frac{Z_{in} - h_{11}}{\Delta_H - h_{22}Z_{in}}$$

其中

$$\Delta_H = h_{11}h_{22} - h_{12}h_{21} = 2 \times 10^3 \times 20 \times 10^{-6} - 10^{-4} \times 120 = 28 \times 10^{-3}$$

假设输入电阻为 $1.5\text{k}\Omega$，可以确定负载电阻 $R_L = 250\text{k}\Omega$，$Y_L = 4 \times 10^{-6}\text{S}$。

（2）如果该放大器由内阻为 600Ω 的 4mV 电压源驱动，即 $R_S = 600\Omega$，$\dot{U}_S = 4 \times 10^{-3}\text{V}$。

则

$$H_i = \frac{\dot{I}_2}{\dot{I}_1} = \frac{h_{21}Y_L}{h_{22} + Y_L} = \frac{120 \times 4 \times 10^{-6}}{20 \times 10^{-6} + 4 \times 10^{-6}} = 20$$

$$H_u = \frac{\dot{U}_2}{\dot{U}_1} = \frac{-h_{21}}{h_{11}Y_L + \Delta_H} = \frac{-120}{2 \times 10^3 \times 4 \times 10^{-6} + 28 \times 10^{-3}} = -3.33 \times 10^3$$

$$Z_{eq} = \frac{h_{11} + Z_S}{\Delta_H + h_{22}Z_S} = \frac{2 \times 10^3 + 600}{28 \times 10^{-3} + 20 \times 10^{-6} \times 600} = 65\text{k}\Omega$$

（3）求负载两端的电压 $\dot{U}_2$，如习题 8-16 图（b）所示，可以得到

$$\dot{U}_1 = \frac{Z_{in}}{R_S + Z_{in}}\dot{U}_S = \frac{1.5 \times 10^3}{600 + 1.5 \times 10^3} \times 4 \times 10^{-3} = 2.86 \times 10^{-3}\,\text{V}$$

因此，得到

$$\dot{U}_2 = H_u\dot{U}_1 = 2.86 \times 10^{-3} \times (-3.33 \times 10^3) = -9.52\,\text{V}$$

或者，如习题 8-16 图（c）所示，其中

$$\dot{U}_{oc} = \frac{-h_{21}}{\Delta_H + h_{22}Z_S}\dot{U}_S = \frac{-120}{28 \times 10^{-3} + 20 \times 10^{-6} \times 600} \times 4 \times 10^{-3} = -12\,\text{V}$$

因此，得到

$$\dot{U}_2 = \frac{R_L}{R_L + Z_{eq}}\dot{U}_{oc} = \frac{250 \times 10^3}{250 \times 10^3 + 65 \times 10^3} \times (-12) = -9.52\,\text{V}$$

附录　考研题及解答

A.1　考　研　题

1.（清华大学,2019年)理想压控电压源模型的输入电阻为(　　),输出电阻为(　　);理想流控电流源模型的输入电阻为(　　),输出电阻为(　　)。

2.（清华大学,2019年）一阶电路的响应都可以用三要素法求解。(　　)[填"正确"或"错误"]

3.（清华大学,2018年）两个容值均为1mF的电容串联后,对外等效电容容值为_____；两个电感值为1pH的电感并联后,对外等效电感值为_____。

4.（清华大学,2018年）题4图中$u(t)$的直流分量为_____,有效值为_____,绝对平均值为_____。

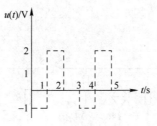

题 4 图

5.（清华大学,2018年）$C=1\mu F$, $t=0$时其初始值为100V,人体安全电压为36.8V。与其并联的泄漏电阻需满足R _____时,才能确保$t=1s$后对人体无安全隐患。（$e^{-1}=0.368$）

6.（清华大学,2018年）RLC串联二阶电路中, $L=10mH$, $C=1\mu F$。该电路处于欠阻尼状态,则电阻丝范围是_____。

7.（浙江大学2020）如题7图所示电路,已知当$R=1\Omega$, $u_{S1}=1V$时, $u=\frac{4}{3}V$,（1）求R为多大时, R上消耗功率最大,最大功率是多少？（2）求保持$R=1\Omega$不变,当u_{S1}增加1V时,电压u的值。

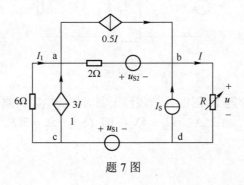

题 7 图

8.（浙江大学 2019）已知题 8 图中电压源 $U_S = 10V$，电流源 $I_S = 1A$，电阻 $R = 30\Omega$。试求：

（1）a–b 端口左侧戴维南等效电路图；

（2）欲使 $I_1 = 0$，则 α 应为多少，此时 I 为多少？

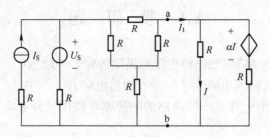

题 8 图

9．（浙江大学 2019）已知题 9 图中电压源 $U_{S1} = 8V$，电压源 $U_{S2} = 3V$，$R_1 = R_2 = R_3 = 2\Omega$，$R_4 = 6\Omega$，$L = 2H$，$C_1 = 1F$，$C_2 = 2F$，$t = 0$时，打开 S，试求：

（1）$U_L(t)$；

（2）$U_{C1}(t)$。

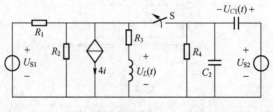

题 9 图

10．（浙江大学 2019）已知题 10 图中 P 为线性无源电路，11′ 端为 $U_S(t) = 1(t)V$ 时，22′ 端的开路零状态响应为 $U_{22'0}(t) = (1 - e^{-120t})1(t)V$，11′ 端为 $U_S(t) = 2e^{-40t}1(t)V$，22′ 端为开路，零状态响应为 $U_{22'd}(t) = (e^{-40t} - e^{-50t})1(t)V$，当在 22′ 接入 $R = 30\Omega$ 的电阻时，11′ 端为 $U_S(t) = (400\sqrt{2}\sin 80t)1(t)V$，且电流 $i(0^+) = 1A$，试求：22′ 端 $i(t)$ 的全响应电流。

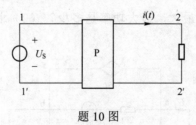

题 10 图

11.（浙江大学 2019）题 11 图中 N 为线性无源对称纯电阻网络，已知图（a）：$R_1 = 10\Omega$，$U_{S1} = 8V$，$U_{S2} = 2V$，$I_a = 1.25A$，$U_a = 5V$；图（b）：$R_2 = 5\Omega$，$R_3 = 2\Omega$，$I_S = 2A$。试求 I。

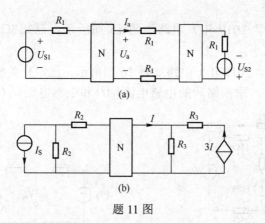

(a)

(b)

题 11 图

12.（浙江大学 2018 年）已知题 12 图（a），$R_1 = 25\Omega$，$R_2 = 100\Omega$，$R_3 = 20\Omega$，$U_S = 10\text{V}$，$\alpha = 10$；题 12 图（b）参数已经标注，求：

（1）图（b）中 CD 端的等效电阻；

（2）图（a）中 AB 以左的戴维南等效电路参数；

（3）将 CD 接在 AB 上，则 AB 端电压为多少？

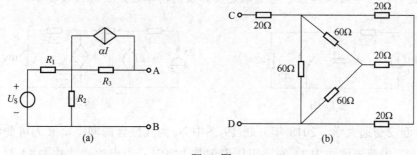

题 12 图

13.（西安交通大学 2019 年）已知电阻电路参数如题 13 图所示，求电流 i_1 和 i_2。

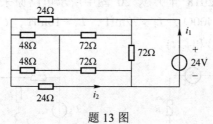

题 13 图

14.（西安交通大学 2019 年）电路如题 14 图（a）所示，已知网络 N 为线性无源电阻网络，当 $R_L = 25\Omega$ 时可获得最大功率 900W。断开 R_L 以后，电路如题 14 图（b）所示，如果保持电源输入功率不变，则需要在电源两端并联一个电阻，求 R 的大小。

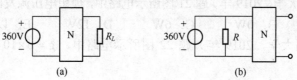

题 14 图

15. （西安交通大学 2019 年）电路如题 15 图所示，已知 3Ω 电阻所在支路上电流 $I=0$，求电源 U_{cd} 的大小。

16. （西安交通大学 2019 年）电路如题 16 图所示，已知开关 S 断开前电路已经处于稳态。S 在 $t=0$ 时打开，求换路后的电感电流 $i_L(t)$ 和电感电压 $U_L(t)$。

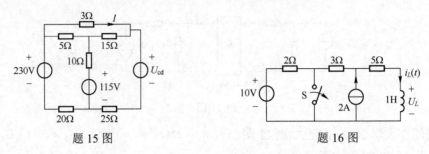

题 15 图   题 16 图

17. （西安交通大学 2019 年）在题 17 图所示电路中，电容无初始储能，求 $t \geqslant 0$ 时的电阻电压 U_R 与电容电压 U_C。

18. （西安交通大学，2018 年）求题 18 图中所示电路中独立电压源和独立电流源的功率，并说明独立电压源和独立电流源是实际发出功率还是实际吸收功率。

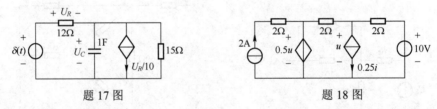

题 17 图   题 18 图

19. （西安交通大学，2018 年）题 19 图中 N_S 为线性含源网络，R 为可变电阻。调节电阻 R，当电流表读数为 2A 时，电压表读数为 20V；当电流表读数为 4A 时，电压表读数为 10V，电阻 R 为多大时，可获得最大功率？并求此最大功率值。

20. （西安交通大学，2018 年）题 20 图中所示电路原来已处于稳态，$U_S=80V$，$R=10\Omega$，$R_1=30\Omega$，$R_2=400\Omega$，$L_1=72mH$，$L_2=10mH$，$C=1\mu F$，$t=0$ 时开关 S 由 1 合向 2，试求 $t>0$ 后的 $u_C(t)$ 和 $i_2(t)$。

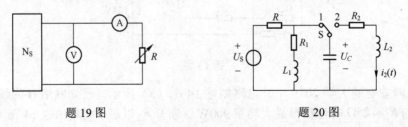

题 19 图   题 20 图

21. （上海交通大学，2019 年）题 21 图所示电路中，理想电压源发出的功率为（　　）。

　　A. $-12W$　　B. $0W$　　C. $6W$　　D. $12W$　　E. 以上都不对

22. （上海交通大学，2019 年）题 22 图所示电路中，$g=6\times10^{-3}S$，则 a、b 端等效电阻为（　　）。

　　　A. $0.5k\Omega$　　B. $1k\Omega$　　C. $2k\Omega$　　D. $4k\Omega$　　E. 以上都不对

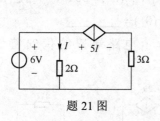

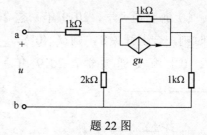

题 21 图   题 22 图

23.（上海交通大学，2019 年）题 23 图所示无限电阻网络中，所有电阻阻值均为 1Ω，则图中电流 $i=$（ ）A。

A．0.5   B．1   C．1.5   D．2

E．以上都不对

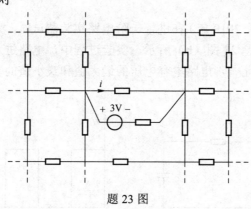

题 23 图

24.（上海交通大学，2019 年）题 24 图所示电路中，N 为只含线性电阻的网络，已知输出电压 $u=\frac{1}{2}U_S$，若在输出端接上 5Ω 电阻，则 $u=\frac{1}{6}U_S$，问在输出端接上 10Ω 电阻时，输出电压 u 和 U_S 的关系为（ ）。

A．$u=\frac{1}{3}U_S$ B．$u=\frac{1}{4}U_S$ C．$u=\frac{1}{5}U_S$ D．$u=\frac{1}{6}U_S$

E．以上都不对

25.（上海交通大学，2019 年）题 25 图所示电路中，$R_1=R_2=R_3=R_4$，$I=2A$，若将理想电流源置零，则此时 $I=3A$，那么理想电流源的大小 $I_S=$（ ）。

A．4A   B．2A   C．–2A   D．–4A

E．以上都不对

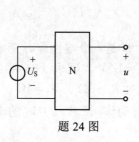

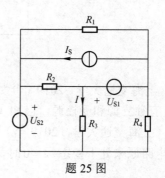

题 24 图   题 25 图

26．（上海交通大学，2019年）题26图所示电路中$U_{C1}(0^-) = 50V$，C_2没有充电，在$t = 0$时刻，合上开关S，则$U_{C1}(0^+) =$ _____，$U_{C2}(0^+) =$ _____。

27．（上海交通大学，2019年）题27图所示电路端口的伏安特性方程为 _____。

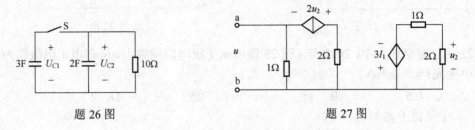

题26图　　　　　　　题27图

28．（上海交通大学，2019年）在进行一阶电路实验测试时，实验电路如题28图（a）所示，输入电压波形如题28图（b）所示。实验过程中，电路进入稳态后电容电压的最小值大于零时，试分析此一阶电路电容电压的最大值和最小值的表达式，并画出电容电压波形示意图。

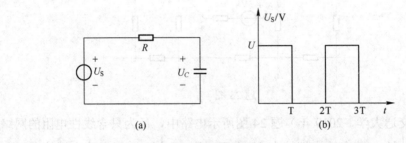

(a)　　　　　　　(b)

题28图

29．（上海交通大学，2019年）在题29图所示电路中，直流电压源E_1接与电路并达到稳定，当$t = 0$时开关S换到E_2，试求$t \geqslant 0^+$时的$u_{C1}(t)$，$u_{C2}(t)$。

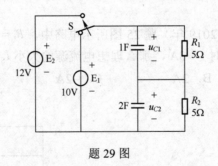

题29图

30．（上海交通大学，2019年）如题30图所示电路，N是一个线性非时变电阻电路，其中不含有独立源和受控源，已知（a）中$I_{1a} = 1A$，$u_{2a} = 1.5V$，试求（b）中的u_{1b}。

31．（上海交通大学，2019年）如题31图所示，已知$R_1 = 3\Omega$，$R_2 = 1\Omega$，$L = 1H$，$C = 1F$，电路原来处于稳态，$t = 0$时，联锁装置开关S同时动作，试求$t \geqslant 0$时的电流$i_L(t)$。

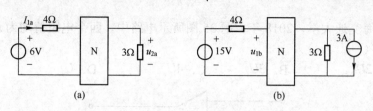

题 30 图

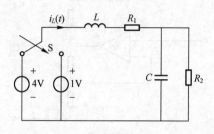

题 31 图

32. （上海交通大学，2018 年）题 32 图所示电路中，电流 I 为（　　）。

    A. $-4A$ B. $-\dfrac{13}{4}A$ C. $\dfrac{13}{4}A$ D. $4A$

33. （上海交通大学，2018 年）题 33 图所示电路中，已知 $U_2 = 2V$，$I_1 = 1A$，则电压源 U_S 为（　　）。

    A. $9V$ B. $-5V$ C. $-7V$ D. $7V$

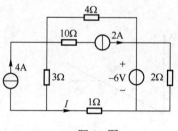 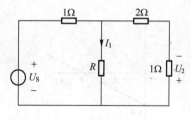

            题 32 图   题 33 图

34. （上海交通大学，2018 年）题 34 图中 N 为纯电阻网络，已知图（a）中 $i_S = 2A$，$U_1 = 1V$，$i_R = 2A$。若在右边电阻支路串联一个 1V 电压源，如图（b）所示，则此时电流源两端的电压 U_1' 为（　　）。

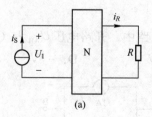 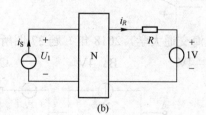

题 34 图

    A. $-2V$ B. $0V$ C. $2V$ D. 难以确定

35. （上海交通大学，2018 年）题 35 图所示电路中，四个电阻值均为 R，电路的输出电压 U_o 为（　　）。

A. $2U_i$　　　　B. $3U_i$　　　　C. $4U_i$　　　　D. U_i

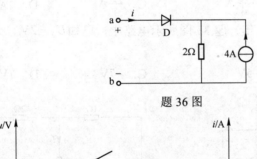

题 35 图

36. （上海交通大学，2018 年）题 36 图所示电路中，D 为理想二极管，则 ab 端口的 $u-i$ 曲线为（　　）。

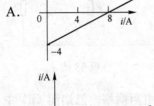

题 36 图

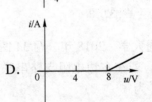

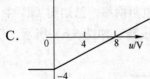

37. （上海交通大学，2018 年）题 37 图所示电路中，开路电压 U_{AB} 为（　　）。

A. −4V　　　　B. 4V　　　　C. 7V　　　　D. −7V

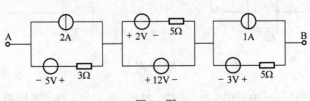

题 37 图

38. （上海交通大学，2018 年）题 38 图所示电路为一无限阶梯电路，已知 $R_1 = 1\Omega$，$R_2 = 2\Omega$，则 ab 端口等效电阻 R_{ab} 为_____。

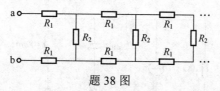

题 38 图

39. （上海交通大学，2018 年）题 39 图所示电路中，已知 $R_1 = 4\Omega$，$R_2 = 3\Omega$，$U_S = 2V$，$I_S = 1A$，则电路中独立电流源 I_S 两端的电压 U_2 为_____。

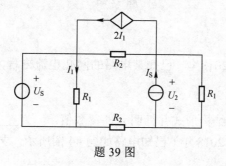

题 39 图

40. （上海交通大学，2018 年）题 40 图所示电路，方格电阻网络图向四周均匀无限延伸。图中其余未标注的电阻均为 1Ω，则流过 0.5Ω 电阻的电流 I 为_____。

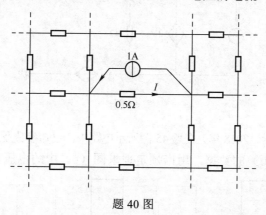

题 40 图

41. （上海交通大学，2018 年）题 41 图所示电路原处于稳态，在 $t = 0$ 时将开关 S 断开，求电路换路后 $u(0_+) = $_____，$i(0_+) = $_____。

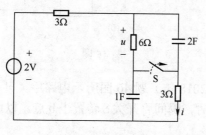

题 41 图

42.（上海交通大学，2018年）题42图所示电路原处于稳态，在$t=0$时开关S断开，此时右边二阶电路为_____响应。

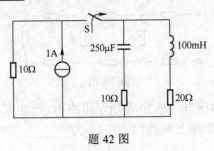

题 42 图

43.（上海交通大学，2018年）已知某电路的网孔电流方程为 $\begin{cases} 3I_1 - I_2 - 2I_3 + U = 7 \\ -I_1 + 6I_2 - 3I_3 = 0 \\ -2I_1 - 3I_2 - 6I_3 - U = 7 \\ I_1 - I_3 = 7 \end{cases}$

请画出该电路的一种可能结构形式并标明元件参数值：_____。

44.（上海交通大学，2018年）已知电路如题44图所示，求ab端的戴维南等效电路。

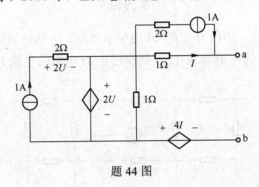

题 44 图

45.（上海交通大学，2018年）在题45图所示电路中，已知参数及测量结果如图（a）、（b）所示。根据图（a）、（b）的数据，用诺顿定理求图（c）中的电压U。

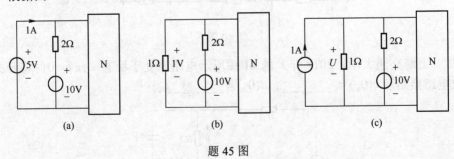

(a)　　　　(b)　　　　(c)

题 45 图

46.（上海交通大学，2018年）题46图所示电路中，开关原位与a相接且电路已处于稳态，当u_C达到最大值时，瞬间将开关S转置于b点。以此时为计时起点，试求$t>0$时，u_0的表达式。

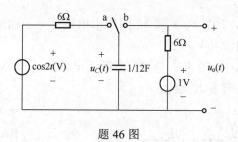

题 46 图

47.（信息工程大学，2017 年）电路如题 47 图所示，已知 $U_S = -19.5\text{V}$，$U_1 = 1\text{V}$，求电阻 R 的大小。

48.（信息工程大学，2017 年）题 48 图所示电路中，N 为线性含独立源的电阻网络。开关 S 闭合且 $R_L = \infty$ 时，测得 $U = 29\text{V}$；当 $R_L = 4\Omega$ 时，R_L 可以获得最大功率。求当开关 S 断开时，R_L 取何值时可以获得最大功率？此最大功率为多少？

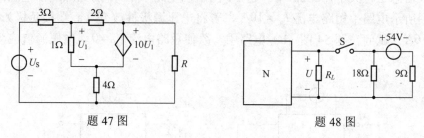

题 47 图　　　　　　　　　　题 48 图

49.（信息工程大学，2017 年）题 49 图所示电路中，已知 $u_{cd}(0_+) = 18\text{V}$，求 $u_{ab}(t)$，$t > 0$。

50.（信息工程大学，2019 年）题 50 图所示电路中，R 可调，问 β 值为多少可使 u_R 为定值？u_R 的值是多少？

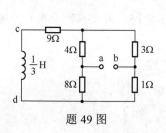

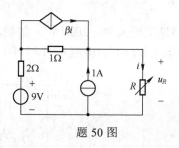

题 49 图　　　　　　　　　　题 50 图

51.（信息工程大学，2019 年）题 51 图所示电路中，已知 $i = 5\text{A}$，$u_S = 8\text{V}$，$R_1 = R_2 = R_3 = R_4 = 1\Omega$。试求移去电压源 u_S 后的电流 u_{ab}。

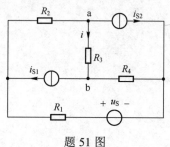

题 51 图

52．（信息工程大学，2019 年）题 52 图所示电路已处于稳态，在 $t=0$ 时将开关 S 闭合，试求流过开关 S 的电流 $i(t)$ 。

53．（信息工程大学，2020 年）题 53 图所示电路中，300V 电源不稳定，假设它突然升高到 360V，计算 U_0 有多大变化。

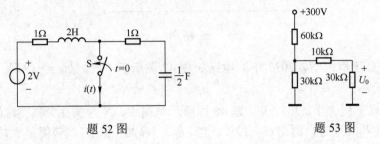

题 52 图　　　　　　　　　题 53 图

54．（信息工程大学，2020 年）题 54 图所示电路中，N_0 为无源线性电阻网络，题 54（a）图所示电路中短路电流 $I_{sc}=10A$，若将电压源极性改变（a 端接负极），则短路电流 $I_{sc}=6A$。试问在题 54 图（b）电路中，欲使短路电流 $I_{sc}=0$，电压源值应为原来的多少倍？

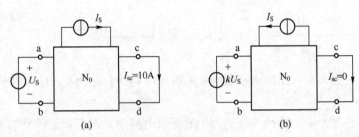

(a)　　　　　　　　　(b)

题 54 图

55．（信息工程大学，2020 年）如题 55 图所示电路，开关 S 闭合前已达稳态，$t=0$ 时开关 S 闭合，求 $t>0$ 的电流 $i_L(t)$ 和 $u(t)$ 。

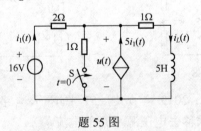

题 55 图

A.2 参 考 答 案

1. ∞；0；0；∞。

2. 错误。

3. $\dfrac{1}{2}$pF，$\dfrac{1}{2}$mH。

4. $\dfrac{1}{3}$V，$\dfrac{\sqrt{15}}{3}$V，1V。

5. $R \leqslant 10^6 \Omega$。

6. $0 \leqslant R \leqslant 200 \Omega$。

7. **解：**（1）除源后电路如解 7(1)-1 图所示。

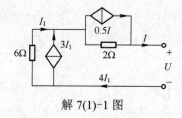

解 7(1)-1 图

$$R_{eq} = \frac{U}{-I} = \frac{-0.5 \times 2 - 6I_1}{-I} = \frac{6I_1 + 4I_1}{4I_1} = 2.5\Omega$$

等效电路如解 7(1)-2 图所示。

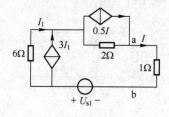

解 7(1)-2 图

$$U_{oc} = R_{eq} \times i + u = \frac{4}{3}R_{eq} + u = \frac{14}{3}\text{V}$$

$$P = \frac{U^2}{4R_{eq}} = 2.18\text{W}$$

（2）如解 7(2)-1 图和解 7(2)-2 图所示。

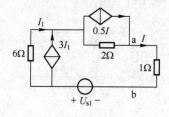

解 7(2)-1 图

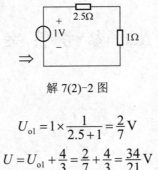

解 7(2)-2 图

$$U_{o1} = 1 \times \frac{1}{2.5+1} = \frac{2}{7} \text{V}$$

$$U = U_{o1} + \frac{4}{3} = \frac{2}{7} + \frac{4}{3} = \frac{34}{21} \text{V}$$

8. **解**：(1) 此处有一个三角形负载，且大小一样，首先进行如解 8(1)-1 图到解 8(1)-2 图的 Y-Δ 变换，并注意到，最左边的电流源串联了一个电阻，因此这个电阻为虚元件，接着进行电源变换即可得到戴维南等效电路，如解 8(1)-3 图所示。

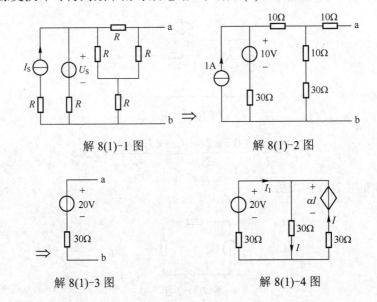

解 8(1)-1 图   解 8(1)-2 图

解 8(1)-3 图   解 8(1)-4 图

（2）由 $I_1 = 0$，由题 8(1)-4 图左回路知 $20 = 30I$，得 $I = \frac{2}{3}$A，对右回路列写 KVL 方程得 $\alpha I - 30I = 20$，得 $\alpha = 60$。

9. **解**：(1) $t < 0$ 时，求电感支路左侧戴维南等效电路。

求 U_{oc} 有 KVL 易得 $R_1 \times i - R_2 \times 3i = U_{S1}$，得 $i = -2\text{A}$，$U_{oc} = -R \times 3i = 12\text{V}$

利用加压求流法求 R_{eq}，如解 9-1 图所示：

解 9-1 图

由图可知 $I = 2i$，$U = -2i = -I$；

$$R_{eq} = \frac{U}{I} = -1\Omega。$$

将原电路图等效成解 9-2 图：

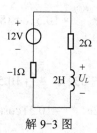

解 9-2 图

$i_L(0_-) = \dfrac{12}{-1+2//6} \times \dfrac{6}{2+6} = 18\text{A}$ （电容此时是开路状态的）；

$U_{C2}(0_-) = 18 \times 2 = 36\text{V}$；

$U_{S2} - U_{C1}(0_-) = U_{C2}(0_-) \Rightarrow U_{C1}(0_-) = -33\text{V}$。

$t>0$ 时 K 打开，等效电路为解 9-3 图所示，由换路定则，有 $i_L(0_+) = i_L(0_-) = 18\text{A}$；

$\tau_L = \dfrac{L}{R} = \dfrac{2}{2-1} = 2\text{S}$；

$i_L(\infty) = 12\text{A}$；

由三要素法则， $i_L(t) = 12 + 6\text{e}^{-\frac{t}{2}}\varepsilon(t)(\text{A})$；

$U_L(t) = L\dfrac{\text{d}i_L}{\text{d}t} = -6\text{e}^{-\frac{t}{2}}\varepsilon(t)(\text{V})$。

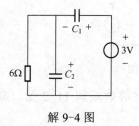

解 9-3 图

（2）右侧电路在开关打开后等效为解 9-4 图的双一阶电路，由于回路中存在纯电容与电压源回路，因此采用电荷守恒去确定初值：

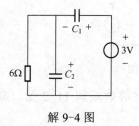

解 9-4 图

$$\begin{cases} U_{C1}(0_+) + U_{C2}(0+) = U_{S2} \\ -C_1 \times U_{C1}(0+) + C_2 \times U_{C2}(0+) = -C_1 \times U_{C1}(0_-) + C_2 \times U_{C2}(0_-) \end{cases}$$

解得 $U_{C1}(0_+) = -33\text{V}$；

$\tau_C = (C_1 + C_2) \times R_4 = 18\text{s}$；

$U_{C2}(\infty) = 0\text{V}, U_{C1}(\infty) = 3\text{V}$；

$U_{C1}(t) = 3 - 36\mathrm{e}^{-\frac{t}{18}}\varepsilon(\mathrm{t})(\mathrm{V})$。

10．**解**：先求零状态响应 $i_{ZS}(t)$。

由题意 $u_S(S) = \dfrac{1}{S}$ 时 22′ 开路电路 $u_{oc}(s) = \dfrac{1}{S} - \dfrac{1}{S+120}$；

则 $u_S(s) = \dfrac{2}{40+S}$ 时 $u'_{oc}(s) = \dfrac{\dfrac{1}{S} - \dfrac{1}{S+120}}{\dfrac{1}{S}} \times \dfrac{2}{S+40} = \dfrac{240}{(S+40)(S+120)}$；

短路电流 $I_{sc}(s) = \dfrac{1}{S+40} - \dfrac{1}{S+50} = \dfrac{10}{(S+40)(S+50)}$；

则 22′ 左侧戴维南等效电路 $Z_{eq}(s) = \dfrac{u'_{oc}(s)}{I_{SC}(s)} = \dfrac{24(S+50)}{S+120}$。

当 $u_S(s) = 400\sqrt{2} \times \dfrac{80}{S^2 + 80^2}$ 时 $u''_{oc}(s) = \dfrac{32000\sqrt{2} \times 120}{(S+120)(S^2+80^2)}$；

则 $I_{ZS}(s) = \dfrac{u''_{oc}(s)}{Z_{eq}(s)+R} = \dfrac{\dfrac{32000\sqrt{2} \times 120}{(S+120)(S^2+80^2)}}{30 + \dfrac{24(S+50)}{S+120}} = \dfrac{32000\sqrt{2} \times 120}{(54S+4800)(S^2+80^2)}$

$= \dfrac{7.032}{S + \dfrac{800}{9}} + \dfrac{5.262\angle -132°}{S - 80\mathrm{j}} + \dfrac{5.262\angle 132°}{S + 80\mathrm{j}}$；

$$i_{ZS}(t) = 7.032\mathrm{e}^{-\frac{800t}{9}} + 10.51\cos(80t - 132°)(\mathrm{A})$$

零输入响应 $i_{Zin}(t) = K \cdot \mathrm{e}^{-\frac{800t}{9}}(\mathrm{A})$；

全响应 $i(t) = i_{ZS}(t) + i_{Zin}(t) = (K + 7.032)\mathrm{e}^{-\frac{800t}{9}} + 10.51\cos(80t - 132°)(\mathrm{A})$。

将 $i(0_+) = 1\mathrm{A}$ 代入，得 $i(t) = 8.032\mathrm{e}^{-\frac{800t}{9}} + 10.51\cos(80t - 132°)(\mathrm{A})$。

11．**解**：

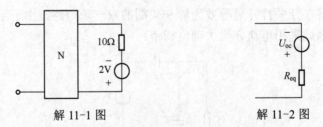

解 11-1 图　　　　　　　　　　　　解 11-2 图

将解 11-1 图应用戴维南定理等效成解 11-2 图，则题 11 图（a）可简化为解 11-3 图所示电路：

解 11-3 图

286

列写 KVL 方程得：

$$\begin{cases} \dfrac{5u_{oc}}{20+2R_{eq}}=1.25 \\ 4u_{oc}-1.25R_{eq}=27.5 \end{cases}$$

$U_{oc}=10\text{V};$

$R_{eq}=10\Omega_{o}$

根据上面的结果，可对题 11 图（b）进行如下简化，如解 11-4 图和解 11-5 图所示。

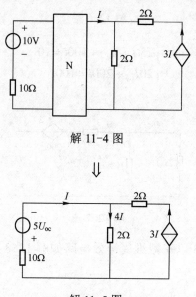

解 11-4 图

⇓

解 11-5 图

列写 KVL 方程可得 $10I+5U_{oc}=-4I\times2;I=-2.78\text{A}_{o}$

12. **解**：（1）如解 12-1 图至解 12-3 图所示，用电桥平衡，原电路等效为：

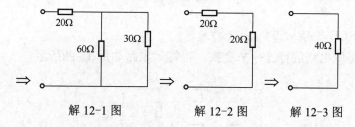

解 12-1 图　　　　　解 12-2 图　　　　　解 12-3 图

（2）① 解 12-4 图可等效为解 12-5 图：

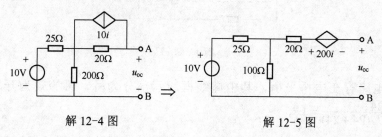

解 12-4 图　　　　　　　解 12-5 图

$$i = \frac{10}{125} = \frac{2}{25}\,\mathrm{A}\,; \quad 200i + U_{\mathrm{oc}} = 100i\,;$$

得 $U_{\mathrm{oc}} = -8\mathrm{V}$。

② 如解 12-6 图所示。

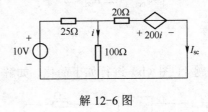

解 12-6 图

$$\begin{cases} 25(i + I_{\mathrm{sc}}) + 100i = 10 \\ 20I_{\mathrm{sc}} + 200i = 100i \end{cases}$$

③ 如解 12-7 图所示。

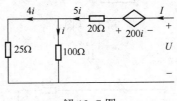

解 12-7 图

$U = 0$，$R_{\mathrm{eq}} = 0$ 所以 AB 以左戴维南等效电路如解 12-8 图所示。

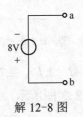

解 12-8 图

（3）AB 与 CD 相接后得 $U_{\mathrm{AB}} = -8\mathrm{V}$。

13．**解**：将原电路进行 $\Delta \to Y$ 变换，得等效电路如解 13 图所示。

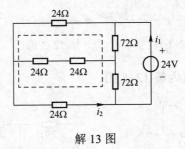

解 13 图

由图知电路存在电桥平衡，其中虚线框所示部分为桥，可等效为开路，则有：

$$i_1 = \frac{24}{(24 + 24)\,/\!/\,(24 + 24)} = 1\mathrm{A}\,;$$

$$i_2 = \frac{1}{2}i_1 = \frac{1}{2}\text{A}。$$

14．**解**：因为当 $R_L = 25\Omega$ 时其获得最大功率 $P_{\max} = 900\text{W}$ ，则由最大功率定理知：

$$P_{\max} = \frac{U_{oc}^2}{4R_{eq}} = \frac{U_{oc}^2}{4R_L} = 900\text{W} \Rightarrow \begin{cases} U_{oc} = 300\text{V} \\ R_{eq} = 25\Omega \end{cases}$$

此时易知 $\begin{cases} U_{RL} = 150\text{V} \\ I_{RL} = 6\text{A} \end{cases}$

将各电量标注于解 14-1 图和解 14-2 图中：

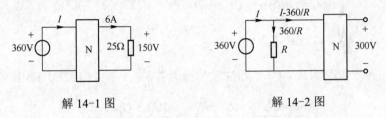

解 14-1 图　　　　　　　　　　解 14-2 图

由特勒根定理知： $360 \times \left[-\left(I - \frac{360}{R} \right) \right] + 150 \times 0 = 360 = 360 \times (-I) + 300 \times 6$ ，解得当 $R = 72\Omega$ 时可保持电源输出的功率不变，若 $U_{oc} = -300\text{V}$ ，亦可得到相同结论。

15．**解**：将原电路进行 $Y \rightarrow \Delta$ 变换，可得等效电路解 15-1 图；将解 15-1 图作电源转移，可得等效电路解 15-2 图：

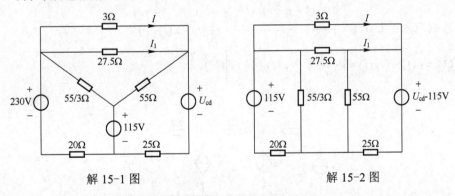

解 15-1 图　　　　　　　　　　解 15-2 图

因为 $I = 0$ ，则 $I_1 = 0$ ，故电路必须满足：

$$U_{oc} = \frac{\frac{55}{3}}{20 + \frac{55}{3}} \times 115 - \frac{55}{55 + 25} \times (U_{cd} - 115) = 0$$

得 $U_{cd} = 195\text{V}$

则当 $U_{cd} = 195\text{V}$ 时，可使得支路电流 $I = 0$ 。

16．**解**：在开关 S 闭合时，易得 $i_L(0_-) = \frac{3}{3+5} \times 2 = \frac{3}{4}\text{A}$ ，根据换路定律，在开关打开后， $i_L(0_+) = i_L(0_-) = \frac{3}{4}\text{A}$ 。由电源等效变换，可将原电路等效变换如解 16 图所示。

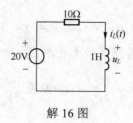

解 16 图

此时易知 $i_L(\infty) = \dfrac{20}{10} = 2\text{A}$, $\tau = \dfrac{L}{R_{\text{eq}}} = \dfrac{1}{10}\text{s}$。由三要素法知：

$$i_L(t) = i_L(\infty) + [i_L(0_+) - i_L(\infty)]e^{-\frac{t}{\tau}} = \left(2 - \frac{5}{4}e^{-10t}\right)(\text{A})$$

则：$u_L(t) = \dfrac{\mathrm{d}i_L(t)}{\mathrm{d}t} = 12.5e^{-10t}(\text{V})$。

17. **解**：先求阶跃响应 $\varepsilon_1(t)$，则冲激响应为 $\dfrac{\mathrm{d}\varepsilon_1(t)}{\mathrm{d}t}$。此时 KCL、KVL 可得：

$$\begin{cases} \dfrac{U_R}{12} = \dfrac{\mathrm{d}U_C}{\mathrm{d}t} + \dfrac{U_R}{10} + \dfrac{U_C}{15} \Rightarrow \dfrac{\mathrm{d}U_C}{\mathrm{d}t} + \dfrac{U_C}{20} = -\dfrac{1}{60} \\ U_R = 1 - U_C \end{cases}$$

又该响应为阶跃响应，可知边界条件 $U_C(0_+) = U_C(0_-) = 0\text{V}$。

于是阶跃响应 $U_C(t) = \dfrac{1}{3}(1 - e^{-\frac{1}{20}t})\varepsilon(t)(\text{V})$。

冲激响应为：$U_C(t) = \dfrac{\mathrm{d}\left[\dfrac{1}{3}(1 - e^{-\frac{1}{20}t})\varepsilon(t)\right]}{\mathrm{d}t} = \dfrac{1}{60}e^{-\frac{1}{20}t}\varepsilon(t)(\text{V})$

则 $U_R = \delta(t) - U_C(t) = \left[-\dfrac{1}{60}e^{-\frac{1}{20}t}\varepsilon(t) + \delta(t)\right](\text{V})$。

18. **解**：

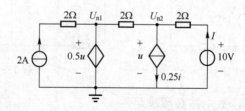

解 18 图

列写节点电压方程：

$$\begin{cases} U_{\text{n1}} = 0.5u \\ -\dfrac{1}{2}U_{\text{n1}} + \left(\dfrac{1}{2} + \dfrac{1}{2}\right)U_{\text{n2}} = -0.25I + \dfrac{10}{2} \\ U_{\text{n2}} = u \\ 10 = 2I + U \end{cases}$$

解得：$U_{\text{n1}} = 3\text{V}$, $U_{\text{n2}} = 6\text{V}$

电流源功率 $P_{2A} = 2 \times (2 \times 2 + 0.5u) = 14\text{W}$ （发出）；

电压源功率 $P_{10V} = 1 \times (2I + u) = 20\text{W}$ （发出）。

19．**解**：设 N_S 的戴维南等效电路为 U_{oc}、R_{eq}。

$$\begin{cases} \dfrac{U_{oc}}{R_{eq} + R_1} \times R_1 = 20 \\ \dfrac{U_{oc}}{R_{eq} + R_2} \times R_2 = 10 \end{cases}, \begin{cases} \dfrac{U_{oc}}{R_{eq} + R_1} = 2\text{A} \\ \dfrac{U_{oc}}{R_{eq} + R_2} = 4\text{A} \end{cases}$$

联立得：$U_{oc} = 30\text{V}, R_{eq} = 5\Omega$。

当 $R = 5\Omega$ 时，$P_{max} = \dfrac{30^2}{4 \times 5} = 45\text{W}$。

20．**解**：$U_C(0_+) = U_C(0_-) = \dfrac{80}{12 + 30} \times 30 = 60\text{V}$。

如解 20 图所示，S 由 1 合向 2 后：

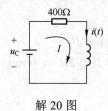

解 20 图

$$400i + L_2 \frac{\mathrm{d}i(t)}{\mathrm{d}t} = u_C$$

$$i = -C \frac{\mathrm{d}u_C}{\mathrm{d}t}$$

$$L_2 C \frac{\mathrm{d}^2 u_C}{\mathrm{d}t^2} + 400 \frac{\mathrm{d}u_C}{\mathrm{d}t} + u_C = 0$$

$$\lambda_1 = -2679.49, \lambda_2 = -37320.51$$

$$u_C = A_1 \mathrm{e}^{-2679.49t} + A_2 \mathrm{e}^{-37320.51t}$$

$$\therefore A_1 = 64.64, A_2 = -4.64$$

$$u_C = 64.64\mathrm{e}^{-2679.49t} - 4.64\mathrm{e}^{-37320.51t}$$

$$i_2(t) = -C \frac{\mathrm{d}u_C}{\mathrm{d}t} = 0.173\mathrm{e}^{-2679.49t} - 0.173\mathrm{e}^{-37320.51t}$$

21．B

解析：

如解 21 图所示，有

$2I = 5I + 3I_1$；

所以 $I_1 = -I$。

$I_S = I_1 + I = 0$；

所以 $P = 6 \times 0 = 0\text{W}$。

22．A

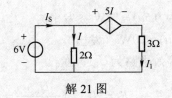

解 21 图

解析:

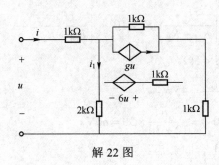

解 22 图

如解 22 图所示，有

$$\begin{cases} u = 2i_1 + i \\ 2i_1 = 2(i - i_1) - 6u \end{cases}$$

得：$i = 2u$；

$$R_{eq} = \frac{u}{i} = 0.5\text{k}\Omega。$$

23. B

解析:

电阻为 1Ω 的无限电阻网络可以等效为 $\frac{1}{2}\Omega$ 的电阻，那么就可以拆成两个 1Ω 并联，即端口 a,b 之间的 1Ω 不变，端口 a,b 向外的无限电阻网络等效为 1Ω 电阻，如解 23-2 图所示：

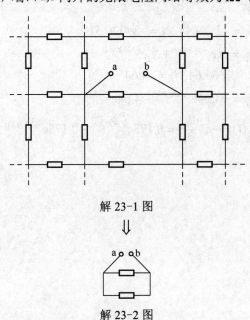

解 23-1 图

⇓

解 23-2 图

最后根据电源等效变换，就可以画出如解 23-3 图至解 23-5 图所示的等效电路：

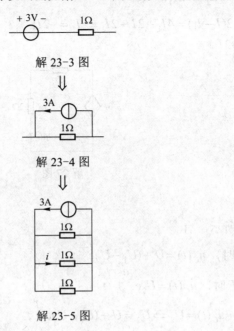

解 23-3 图

⇓

解 23-4 图

⇓

解 23-5 图

则 $i=1$A。

24．B

解析：原图等效为解 24 图所示：

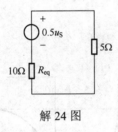

解 24 图

25．A

解析：I_S 单独作用：

$I=-1$A；

$-\dfrac{1}{4}I_S=-1$；

所以 $I_S=4$A。

26．30V，30V

解析：

$C_1 u_{C1}(0_-)+C_2 u_{C2}(0_-)=(C_1+C_2)u_{C1}(0_+)$；

$u_{C1}(0_+)=u_{C2}(0_+)=30$V。

27．$u=-2I$

解析：如解 27 图所示，有

$-3I_1 = \dfrac{3}{2}u_2 \Rightarrow u_2 = -2I_1$;

$I_1 = -2u_2 + 2(I - I_1) = 4I_1 + 2I - 2I_1 \Rightarrow I_1 = -2I$;

得 $u = I_1 = -2I$。

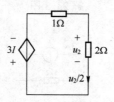

解 27 图

28. 解：

如解 28 图所示，有

① $0 < t < T$ 时， $u_C(t) = U + (U_1 - U)\mathrm{e}^{-\frac{t}{\tau}}$；

② $T < t < 2T$ 时， $u_C(t) = U_2 \mathrm{e}^{-\frac{(t-T)}{\tau}}$；

当 $t = T$ 时， $u_C(t) = U_2 \Rightarrow U_2 = U + (U_1 - U)\mathrm{e}^{-\frac{T}{\tau}}$；

当 $t = 2T$ 时， $u_C(t) = U_1 \Rightarrow U_1 = U_2 \mathrm{e}^{-\frac{T}{\tau}}$；

联立 $\begin{cases} U_2 = U + (U_1 - U)\mathrm{e}^{-\frac{T}{\tau}} \Rightarrow U_1 = \dfrac{\mathrm{e}^{-\frac{T}{\tau}}}{1 + \mathrm{e}^{-\frac{T}{\tau}}}U, \quad U_2 = \dfrac{1}{1 + \mathrm{e}^{-\frac{T}{\tau}}}U \\ U_1 = U_2 \mathrm{e}^{-\frac{T}{\tau}} \end{cases}$

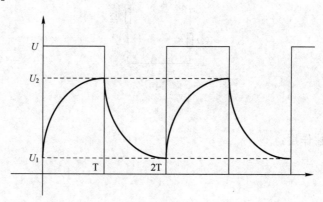

解 28 图

29. 解： $u_{C1}(0_-) = 5\mathrm{V}, u_{C2}(0_-) = 5\mathrm{V}$

$\begin{cases} C_1 u_{C1}(0_-) - C_2 u_{C2}(0_-) = C_1 u_{C1}(0_+) - C_2 u_{C2}(0_+) \\ u_{C1}(0_+) + u_{C2}(0_+) = 12\mathrm{V} \end{cases}$

$\therefore \begin{cases} 5 - 2 \times 5 = u_{C1}(0_+) - 2u_{C2}(0_+) \\ u_{C1}(0_+) + u_{C2}(0_+) = 12\mathrm{V} \end{cases}$

$$\Rightarrow \begin{cases} u_{C2}(0_+) = \dfrac{17}{3}\text{V} \\ u_{C1}(0_+) = \dfrac{19}{3}\text{V} \end{cases}$$

$u_{C1}(\infty) = u_{C2}(\infty) = 6\text{V}$。

除源后电路如解 29-1 图所示，可等效为解 29-2 图。

$$C_{\text{eq}} = 3\text{F}, \quad R_{\text{eq}} = 2.5\Omega \Rightarrow \tau = R_{\text{eq}}C_{\text{eq}} = \frac{15}{2}\text{s};$$

得 $u_{C1}(t) = 6 + \dfrac{1}{3}\text{e}^{-\frac{2}{15}t}, \quad t \geqslant 0$；$u_{C2}(t) = 6 - \dfrac{1}{3}\text{e}^{-\frac{2}{15}t}, \quad t \geqslant 0$。

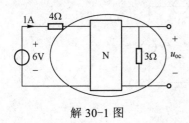 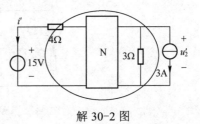

解 29-1 图　　　　　　解 29-2 图

30．如解 30-1 图和解 30-2 图所示。

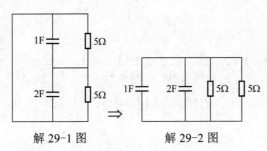

解 30-1 图　　　　　　解 30-2 图

解：

$\because U_1 = 6\text{V}, i_1 = -1\text{A}, u_2 = 1.5\text{V}, i_2 = 0$。

$u_1' = 15\text{V}, i_2' = 3\text{A}$；

$\therefore 6i_1' + 4.5 = -15$

$i_1' = -3.25\text{A}$

得 $u_{1b} = 15 - 3.25 \times 4 = 2\text{V}$。

31．**解：** 开关未动作前，有

$i_L(0_-) = \dfrac{4}{3+1} = 1\text{A}, u_C(0_-) = 1\text{V}$。

开关 S 闭合后运算电路（见解 31 图）：

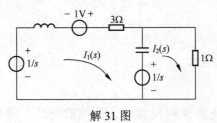

解 31 图

$$\because \begin{cases} \left(s+3+\dfrac{1}{s}\right)I_1(s)-\dfrac{1}{s}I_2(s)=1 \\ -\dfrac{1}{s}I_1(s)+\left(\dfrac{1}{s}+1\right)I_2(s)=\dfrac{1}{s} \end{cases}$$

$$\therefore \Delta = \begin{vmatrix} s+3+\dfrac{1}{s} & -\dfrac{1}{s} \\ -\dfrac{1}{s} & \dfrac{1}{s}+1 \end{vmatrix} = s+\dfrac{4}{s}+4$$

$$\therefore \Delta_1 = \begin{vmatrix} 1 & -\dfrac{1}{s} \\ \dfrac{1}{s} & \dfrac{1}{s}+1 \end{vmatrix} = \dfrac{1}{s}+\dfrac{1}{s^2}+1$$

$$I_1(s)=I_L(s)=\frac{\Delta_1}{\Delta}=\frac{s^2+s+1}{s(s^2+4s+4)}=\frac{\dfrac{1}{4}}{s}+\frac{\dfrac{3}{4}}{s+2}+\frac{-\dfrac{3}{2}}{(s+2)^2}$$

$$\therefore I_L(t)=\frac{1}{4}+\left(\frac{3}{4}-\frac{3}{2}t\right)e^{-2t}, t \geqslant 0$$

32．B

解析：先将电路等效化简（见解 32 图）：

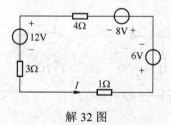

解 32 图

$$I=-\frac{12+8+6}{4+3+1}=-\frac{13}{4}\text{A}$$

33．C

解析：如解 33 图所示，有

解 33 图

$$\because I_2=\frac{2}{1}-1=1\text{A};$$

$$\therefore U_S=-\left(2+\frac{2}{1}\times 2+1\right)=-7\text{V}。$$

34．C

解析：求解 34-1 图电流源两端看进去的等效电路，外加电源法求 R_{eq} 即解 34-2

图，有

$$R_{eq} = \frac{1}{2} = 0.5\Omega;$$

N 为纯电阻网络，所以线框的网络互易。

故 $\frac{2}{2} = \frac{U_{oc}}{1}$

$U_{oc} = 1V$。

等效电路如解 34-3 图所示。

$U_1' = 2 \times 0.5 + 1 = 2V$。

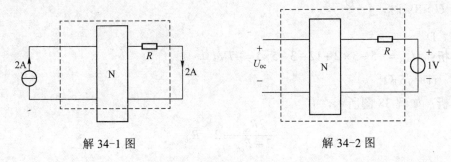

解 34-1 图   解 34-2 图

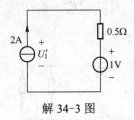

解 34-3 图

35. A

解析：如解 35 图所示，有

$$\begin{cases} i_1 R + i_2 R = U_i \\ U_o = i_1 2R + i_2 2R = 2U_i \end{cases} \quad (i_1 \neq i_2)$$

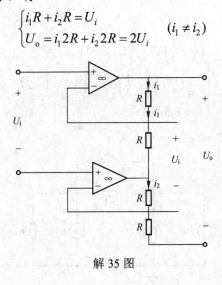

解 35 图

36. D

解析：先将电路等效，见解 36 图：

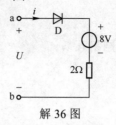

解 36 图

① $U \leqslant 8V$ 时，二极管 D 截止，$i = 0$；

② $U > 8V$ 时，$i = \dfrac{U-8}{2}$。

37. D

解析： $U_{AB} = -5 - 3 \times 2 + 12 - 3 - 5 \times 1 = -7V$。

38. $(1+\sqrt{5})\Omega$

解析： 如解 38 图所示，有

$$\frac{2R_{eq}}{2+R_{eq}} + 2 = R_{eq}$$

$${R_{eq}}^2 - 2R_{eq} - 4 = 0;$$

$$R_{eq} = \frac{2+\sqrt{4+16}}{2} = (1+\sqrt{5}) \ （舍负）。$$

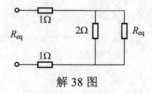

解 38 图

39. 2V

解析： 如解 39 图所示，有

$$\begin{cases} \left(\dfrac{1}{3}+\dfrac{1}{4}\right)U_1 - \dfrac{1}{4}U_3 = -1 \\ -\dfrac{1}{4}U_1 + \left(\dfrac{1}{3}+\dfrac{1}{4}\right)U_3 - \dfrac{1}{3} \times 2 = 1 - 2I_1 \\ I_1 = 0.5A \end{cases}$$

联立方程得 $U_3 - U_1 = 2 = U_2$。

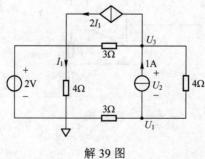

解 39 图

40. $\dfrac{2}{3}$A

解析：如解 40-1 图所示，有

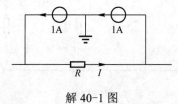

解 40-1 图

$R = 1\Omega$ 时，$I = \dfrac{1}{4} + \dfrac{1}{4} = 0.5\text{A}$;

所以从 R 两端看进去的等效电阻为 R_{eq}。

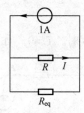

解 40-2 图

$R = 1\Omega$ 时，$I = 0.5\text{A}$ 得 $R_{\text{eq}} = 1\Omega$。

所以当 $R = 0.5\Omega$ 时，$I = \dfrac{1}{1 + 0.5} = \dfrac{2}{3}\text{A}$。

41. $u(0_+) = 0.8\text{V}$，$i(0_+) = 0.1\text{A}$

解析：$U_{1\text{F}}(0_-) = \dfrac{1}{4} \times 2 = 0.5\text{V}$，$U_{2\text{F}}(0_-) = \dfrac{1}{2} \times 2 = 1\text{V}$; $t = 0^+$ 时刻如解 41 图所示。

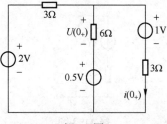

解 41 图

$\left(\dfrac{1}{3} + \dfrac{1}{6} + \dfrac{1}{3}\right)U_1 = \dfrac{2}{3} + \dfrac{0.5}{6} + \dfrac{1}{3}$

$U_1 = 1.3\text{V}$;

$u(0_+) = 1.3 - 0.5 = 0.8\text{V}$;

$i(0_+) = \dfrac{1.3 - 1}{3} = 0.1\text{A}$。

42. 欠阻尼

解析：$R_{\text{eq}} = 30\Omega < 2\sqrt{\dfrac{L}{C}} = 40\Omega$。

43. 如解 43 图所示。

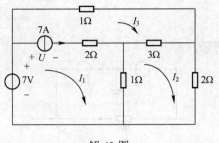

解 43 图

44．**解**：求开路电压 U_{oc}

$U_{oc} = -I + 2U + 4I;$

$I = 1\text{A}, U = 2\text{V};$

$U_{oc} = 7\text{V}_{\circ}$

外加电源法求 R_{eq}，独立电源置零时，$U=0$，如解 44-1 图所示。

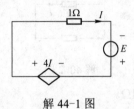

解 44-1 图

$$E = -4I + I = -3I;$$

$$R_{eq} = \frac{E}{I} = -3\Omega_{\circ}$$

等效电路如解 44-2 图所示。

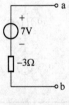

解 44-2 图

45．**解**：如解 45-1 图至解 45-5 图所示。

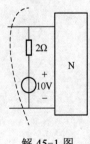

解 45-1 图

求虚线右边网络的诺顿等效电路

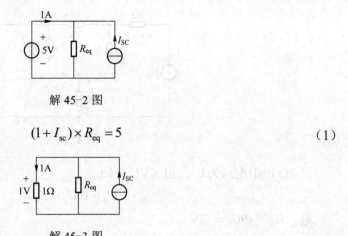

解 45-2 图

$$(1 + I_{sc}) \times R_{eq} = 5 \qquad (1)$$

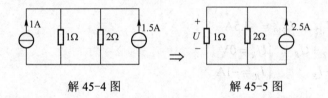

解 45-3 图

$$(I_{sc} - 1) \times R_{eq} = 1 \qquad (2)$$

联立（1）、（2）得：$I_{sc} = 1.5A, R_{eq} = 2\Omega$。

C 图等效为：

解 45-4 图　　　　　　解 45-5 图

$$U = \frac{2}{1 \times 2} \times 2.5 = \frac{5}{3} V。$$

46. 解： 换路前电路如解 46 图所示。

解 46 图

$$U_C = \frac{-j6}{6 - 6j} \times 1\angle 0° = \frac{\sqrt{2}}{2} \angle -45°A$$

$$U_C(0_-) = \frac{\sqrt{2}}{2} V, U_C(0_+) = \frac{\sqrt{2}}{2} V$$

$$U_o(0_+) = U_C(0_+) = \frac{\sqrt{2}}{2} V, \quad U_o(\infty) = 1V, \quad Z = \frac{1}{12} \times 6 = \frac{1}{2} S$$

$$U_o(t) = \left[1 + \left(\frac{\sqrt{2}}{2} - 1 \right) e^{-2t} \right] \varepsilon(t) V。$$

47. **解：** 如解 47 图

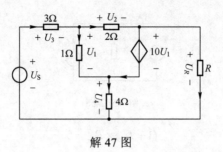

解 47 图

设 2Ω 电阻电压为 U ，由 KVL 可知：

$$U_2 + 10U_1 = U_1$$

则： $U_2 = -9U_1 = -9\text{V}$

由 KCL 可知： $I_{3\Omega} = I_{1\Omega} + I_{2\Omega} = \dfrac{U_1}{1} + \dfrac{U_2}{2} = 1 + (-4.5) = -3.5\text{A}$

对于左边网络，由 KVL 可知：

$U_S = U_3 + U_1 + U_4$

$U_3 = 3 \times (-3.5) = -10.5\text{V}$

$\therefore U_4 = -10\text{V}$

$I_{受控} + I_{1\Omega} = I_{4\Omega} \Rightarrow I_{受控} = -3.5\text{A}$

$\begin{cases} U_S = U_3 + U_2 + U_R \\ I_{2\Omega} = I_{受控} + I_R \end{cases} \Rightarrow \begin{cases} U_R = 0\text{V} \\ I_R = -1\text{A} \end{cases}$

则 $R = \infty$ 。

48. **解：** 如解 48 图所示。

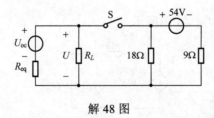

解 48 图

当开关 S 闭合， $R_L = 4\Omega$ 时， R_L 可以获得最大功率，由最大功率传输定理可知：

$$R_{eq} // 18\Omega // 9\Omega = 4\Omega$$

可知 $R_{eq} = 12\Omega$ 。

开关 S 闭合且 $R_L = \infty$ 时，测得 $U = 29\text{V}$ ，由 KCL 可知：

$$\frac{29 - U_{oc}}{12} + \frac{29}{18} = \frac{54 - 29}{9} \Rightarrow U_{oc} = 15\text{V}$$

当开关 S 断开时， $R_L = R_{eq} = 12\Omega$ 时，可以获得最大功率，此时最大功率为：

$$P_{max} = \frac{U_{oc}}{4R_L} = \frac{15^2}{4 \times 12} = 4.6875\text{W}$$

49. 如解 49 图所示。

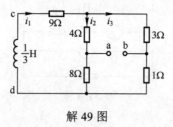

解 49 图

解： $u_{cd}(0_+) = 18V$

$u_{cd}(\infty) = 0V$

$R_{eq} = (4+8) // (3+1) + 9 = 12\Omega$

$\tau = \dfrac{L}{R_{eq}} = \dfrac{1}{36}s$

$\therefore u_{cd}(t) = 18e^{-36t}$

$i_1 = \dfrac{u_{cd}(t)}{12} = \dfrac{3}{2}e^{-36t}A;$

$i_2 = i_1(t) \times \dfrac{1+3}{(4+8) \times (3+1)} = \dfrac{3}{2}e^{-36t} \times \dfrac{4}{16} = \dfrac{3}{8}e^{-36t}A$

$i_3 = i_1(t) \times \dfrac{4+8}{(4+8) \times (3+1)} = \dfrac{3}{2}e^{-36t} \times \dfrac{12}{16} = \dfrac{9}{8}e^{-36t}A$

$\therefore u_{ab} = u_a - u_b = 8i_2 - i_3 = \dfrac{15}{8}e^{-36t} \quad (t > 0)$

50. 如解 50 图所示。

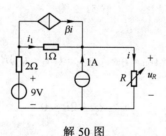

解 50 图

解： 由 KVL 和 KCL 可知：

$$\begin{cases} 2(i_1 + \beta i) + i_1 + iR = 9 & (1) \\ \beta i + i_1 + 1 = i & (2) \end{cases}$$

将式（2）代入式（1）可得：

$$(3 + R - \beta)i = 12$$

$$u_R = Ri$$

所以：当 $\beta = 3$ 时可使 u_R 为定值，且定值为 12V。

51. 解： 原电路等效为解 51-1 图。

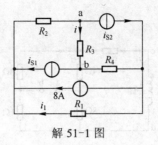

解 51-1 图

对于节点 a，由 KCL 可知：

$$i_{S1} + i_1 + 8 = i + i_{S2}$$

由 KVL 可知：

$$i_1 R_1 + (i_{S1} + i_1 + 8)R_2 + iR_3 + (i - i_{S1})R_4 = 0$$

代入已知条件可知：

$$\begin{cases} i_{S1} - i_{S2} = 6A \\ i_1 = -9A \end{cases}$$

当移去电压源 u_S 后，原电路变为解 51-2 图所示。

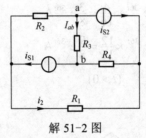

解 51-2 图

由 KVL 可知：

$$(i_{S1} - i_2)R_2 + (i_{S1} - i_2 - i_{S2})R_3 + (-i_2 - i_{S2})R_4 - i_2 R_4 = 0$$

整理得：

$$i_{S1} - i_{S2} - 2i_2 = 0$$

$$i_2 = 3A$$

$$I_{ab} = i_{S1} - i_{S2} - i_2 = 3A$$

所以 $U_{ab} = I_{ab} R_3 = 3V$。

52.

解：$u_C(0_-) = u_C(0_+) = 2V$

$\tau_1 = \dfrac{1}{RC} = 2s$

$u_C(t) = 2e^{-\frac{1}{2}t}$

$i_C(t) = C\dfrac{\mathrm{d}u_C(t)}{\mathrm{d}t} = \dfrac{1}{2} \times 2 \times \left(1 - \dfrac{1}{2}\right)e^{-\frac{1}{2}t}$

$\qquad = -\dfrac{1}{2}e^{-\frac{1}{2}t}$

$i_L(0_-) = i_L(0_+) = 0\text{A};$

$i_L(\infty) = 2\text{A}$

$\tau_2 = \dfrac{L}{R} = 2\text{s};$

$i_L(t) = 2 - 2\mathrm{e}^{-\frac{1}{2}t};$

$i(t) = i_C(t) + i_L(t) = -\dfrac{1}{2}\mathrm{e}^{-\frac{1}{2}t} + 2 - 2\mathrm{e}^{-\frac{1}{2}t} = 2 - \dfrac{5}{2}\mathrm{e}^{-\frac{1}{2}t}$ $\quad (t > 0)$。

53.

解：当电源为300V时，有

$$U_0 = \frac{300}{(30+10)//30+60} \times \frac{3}{30+40} \times 30 = 5\text{V}$$

当电源升高到360V时，有

$$U_0' = \frac{360}{(30+10)//30+60} \times \frac{3}{30+40} \times 30 = 6\text{V}$$

所以电压U_0变大1V。

54.

解：设$I_{sc} = k_1 U_S + k_2 I_S$，由题意可知：

$$\begin{cases} 10 = k_1 U_S + k_2 I_S \\ 6 = -k_1 U_S + k_2 I_S \end{cases} \Rightarrow \begin{cases} k_1 U_S = 2 \\ k_2 I_S = 8 \end{cases}$$

设电压源值变为原来的k倍，则：$kk_1 U_S - k_2 I_S = 0$

将以上求的结果代入即可得：$k = 4$

所以电压源应为原来的4倍。

55. **解**：当$t < 0$时，电路为解55-1图。

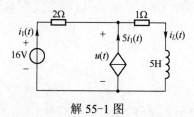

解 55-1 图

$\because 2i_1 + (5i_1 + i_1) = 16$

$\therefore i_1 = 2\text{A}$

$i_L(0_+) = i_L(0_-) = 6i_1 = 12\text{A};$

当$t > 0$时，电路为解55-2图。

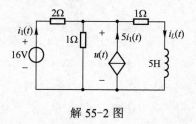

解 55-2 图

$i_L(\infty) = 9.6\text{A};$

时间常数 $\tau = \dfrac{L}{R_{eq}} = \dfrac{45}{7}\text{s};$

$$i_L(t) = 9.6 + 2.4\mathrm{e}^{-\frac{7}{45}t}, \quad t > 0 \tag{1}$$

对电路右边回路，由 KVL 可知：

$$u(t) = i_L(t) + L\frac{\mathrm{d}i_L(t)}{\mathrm{d}t} \tag{2}$$

将式（1）代入式（2）可得：

$$u(t) = 9.6 + \frac{8}{15}\mathrm{e}^{-\frac{7}{45}t}, \quad t > 0$$

参 考 文 献

[1] 常青美，等. 电路分析基础[M]. 北京：国防工业出版社，2017.

[2] 李建兵，王妍，等. 电路基础综合实践[M]. 北京：清华大学出版社，2022.

[3] 俎云霄，李巍海，等. 电路分析基础[M]. 2 版. 北京：电子工业出版社，2014.